Go语言与云原生系列



# Prometheus 原理与实战

## 云原生架构监控利器

张居晓　朱荣鑫　胡　博◎编著

中国铁道出版社有限公司
CHINA RAILWAY PUBLISHING HOUSE CO., LTD.
北　京

## 内 容 简 介

本书以 Prometheus 在云原生架构中的应用为主线，详细介绍了 Prometheus 的基本概念、核心功能、整体架构及部署方式。通过实际案例深入解析了 PromQL 查询、Alertmanager 告警、服务发现和 Exporter 技术与组件。此外，本书还涵盖了 Prometheus 与可视化工具 Grafana 的集成、Pushgateway 的使用以及 Prometheus 高可用集群的优化与实践。

本书适合工程技术人员，特别是正在实践或准备实践云原生监控的架构师和开发人员阅读。希望本书能为读者提供一些经验和灵感，帮助他们少走弯路，从而提升技术人员的开发体验和应用服务监控的效率。

**图书在版编目（CIP）数据**

Prometheus 原理与实战 ： 云原生架构监控利器 / 张居晓，朱荣鑫，胡博编著. -- 北京 ： 中国铁道出版社有限公司, 2025. 5.
ISBN 978-7-113-31734-8

Ⅰ. TP277.2

中国国家版本馆 CIP 数据核字第 2024435W00 号

书　　名：Prometheus 原理与实战：云原生架构监控利器
　　　　　Prometheus YUANLI YU SHIZHAN：YUNYUANSHENG JIAGOU JIANKONG LIQI
作　　者：张居晓　朱荣鑫　胡　博

---

**责任编辑：**荆　波　包　宁　　**编辑部电话：**（010）51873202　　**电子邮箱：**the-tradeoff@qq.com
**封面设计：**郭瑾萱
**责任校对：**刘　畅
**责任印制：**赵星辰

---

**出版发行：**中国铁道出版社有限公司（100054，北京市西城区右安门西街 8 号）
**网　　址：**https://www.tdpress.com
**印　　刷：**河北燕山印务有限公司
**版　　次：**2025 年 5 月第 1 版　2025 年 5 月第 1 次印刷
**开　　本：**787 mm×1 092 mm　1/16　**印张：**20　**字数：**413 千
**书　　号：**ISBN 978-7-113-31734-8
**定　　价：**99.00 元

---

# 前　言

随着云计算、容器化技术和 Kubernetes 的广泛应用，企业在软件开发和部署过程中迎来了新的挑战和机遇。现代企业越来越依赖微服务架构，以实现更高的灵活性和可扩展性。然而，微服务架构的复杂性也带来了监控和管理上的新难题。每个微服务都可能独立部署、更新和扩展，这种高频率的变动要求监控系统具备更强的适应能力。Prometheus 作为一款专为云原生环境设计的监控系统，凭借其强大的功能和高灵活性，迅速成为 DevOps 团队和 SRE（site reliability engineering）工程师的首选。

在云原生架构中，容器和 Kubernetes 环境作为基础运行环境，传统的一体化架构被拆分成众多分散的微服务。这种架构提高了系统的弹性和可扩展性，但也增加了监控的复杂性。微服务的频繁变更和扩缩容导致采集的目标信息不断变化，这对时序监控系统提出了几个关键要求：

- 采集运行在跨多个宿主机上的海量 pod 容器的数据；
- 及时感知和响应这些容器的变化；
- 构建完整的 Kubernetes 监控生态，适应云原生监控场景；
- 提供灵活且高效的查询和告警机制，能够快速定位和解决问题；
- 支持多种数据存储和处理方式，以满足不同规模和复杂度场景下的需求。

Prometheus 与传统监控系统不同，其设计初衷是解决云原生监控的需求。其独特的设计和功能使其在云原生环境中表现出色。Prometheus 的优势包括：

- 服务发现：自动发现和监控 Kubernetes 中的服务，无须手动配置，适应频繁变动的云原生环境；
- metrics 自暴露与 Pull 模式采集：Prometheus 通过拉取（Pull）模式采集数据，确保数据的一致性和实时性；
- 采集鉴权支持：支持多种认证和授权机制，确保监控数据的安全性；
- 标签 relabel 能力：强大的标签处理和重定义功能，灵活管理和过滤监控数据，适应复杂的监控需求。

此外，Prometheus 还与多种可视化和告警工具无缝集成，如 Grafana 和 Alertmanager，为用户提供直观的监控视图和灵活的告警配置。这些特性使得 Prometheus 不仅能够满足复杂的监控需求，还能大大提升运维效率和系统可靠性。

Prometheus 的高效性和灵活性使其成为现代云原生架构中不可或缺的监控工具。通过自动化的服务发现和强大的数据处理能力，Prometheus 帮助企业在复杂多变的云原生环境中保持系统的高可用性和稳定性。它不仅解决了微服务架构带来的监控难题，还为企业提供了一套完整、灵活、高效的监控解决方案，从而助力企业在快速发展的技术潮流中保持竞争力。

本书讲解围绕 Prometheus 的应用与实践展开。首先介绍监控的相关概念，包括云原生基础架构的组成、挑战及监控的必要性、为什么云原生架构需要与之匹配的云原生监控，以及 Prometheus 为了云原生监控做了哪些适配。接着介绍 Prometheus 的基本概念和使用，包括 Prometheus 的核心功能、整体架构及部署方式。通过案例实践，深入介绍 Prometheus 涉及的 PromQL 查询、Alertmanager 告警、服务发现和 Exporter 技术和组件。特别是，PromQL 的时序数据查询、运算符、函数等内容，将通过实际案例进行详细解析。随后，本书较为全面地阐述了 Prometheus 监控实战的内容，包括 Prometheus 的安装与使用、配置及案例介绍，详细解析了 Prometheus 配置文件，展示了监控主机的效果。同时，还介绍了 Prometheus 的告警配置、服务发现机制与 Exporter 的自定义及高级应用。

在进阶部分，书中详细讲解了 Prometheus 与可视化工具 Grafana 的集成，介绍了 Grafana 的安装与使用、配置文件解析及如何使用 Prometheus 与 Grafana 配合实现可视化监控。此外，Pushgateway 的概述、集成及数据管理也是本书的重点之一。进一步地，本书还探讨了 Prometheus 的存储机制与原理，包括本地存储、远程存储及高可用查询，分析了 Prometheus 在大规模场景下的优化手段及高可用技术选型，介绍了 Thanos 技术架构及实战应用。最后，书中详述了如何全方位监控 Kubernetes 集群，包括 Kubernetes 资源监控、HPA 配置及实战案例，通过具体的实战，帮助读者掌握 Kubernetes 集群的监控技术。

本书适合工程技术人员和高校电子信息工程、自动化专业的学生阅读，特别是正在实践或准备实践云原生监控的架构师和开发人员。希望本书能为读者提供一些经验和灵感，帮助他们少走弯路，从而提升技术人员的开发体验和应用服务监控的效率。

能够完成本书需要感谢很多人，好友张天在本书的撰写之前和之后提供了很多内容组织方面的建议，花了很多休息时间帮助审稿，感谢张天老师提供的帮助；感谢笔者所在的公司为我们提供了很好的平台，并且积累了很多 Prometheus 云原生监控实践的经验。

写书是一件枯燥的事情，将一本书从想法、策划到出版非常不易，编辑老师给了作者很大的信心和帮助。在内容和结构组织上，笔者也是同本书责任编辑荆波老师反复进行了讨论和校正，感谢中国铁道出版社有限公司各位工作人员为本书的出版所做的努力。

编　者

2024 年 12 月

# 目　录

# 第 1 章　云原生监控概述

随着云原生技术的快速发展，监控解决方案的选择和应用变得日益重要。在动态和复杂的云原生环境中，有效的监控不仅是保障系统稳定运行的关键，也是优化资源配置和提升服务质量的重要手段。接下来，我们介绍在云原生领域广受赞誉的监控组件 Prometheus。

## 1.1　云原生基础架构的概念

云原生（cloud native）这个概念最早是由 Pivotal 公司的 Matt Stine（马特・斯泰恩）提出的。发展至今，云原生架构已然成为互联网行业的技术热点，并在很大程度上推动了 IT 成本的降低和企业的发展。不过为便于读者更好地理解和学习这部分内容，先来快速了解一下相关的架构演进及其设计思想。

在云原生架构之前（即传统非云原生应用），底层平台负责向上层应用服务提供基本运行资源，而应用则需要满足业务需求和非业务需求，比如 PHP 开发中是采用 Openstack 或者 VMware vSphere 等虚拟化技术为 LMAP（Linux+MySQL+Apache+PHP）应用提供硬件资源。

在 SOA（service oriented architecture，面向服务的体系结构）、微服务时代，部分功能会以后端服务的方式存在，在应用中被简化为面向客户端的调用代码，然后应用将这些功能连同自身的业务实现代码一起打包，比如 Java 的 jar 包。而云的出现，不但提供了各种资源，还提供了基础设施、中间件等各种能力，从而使得应用专注于业务需求的实现。

随着云原生技术理念在行业内进一步实践发展，云原生架构完成了 IT 架构在云计算时代的进化升级。对企业而言，新旧 IT 架构的转型与企业数字化的迫切需求也为云原生技术提供了很好的契机，使得云原生技术在行业内的应用持续深化。

可以对比篮球比赛来理解，篮球比赛分为上半场和下半场，在这里云原生就是云计算的下半场。在这“下半场”中，是否上云已经很少被提及了，因为云的概念已经渗透各行各业，特别是 2017 年以后，云计算技术已然成为企业发展“战术”的一部分。

近几年，云原生不仅火而且还有点被过度消费，很多软件都打着云原生的旗号。但究其本质，云原生本身并不能称为是一种架构，它首先是一种基础设施，运行在其上的应用称为云原生应用，只有符合云原生设计哲学的应用架构才称为云原生应用架构。

鉴于云原生的重要性，在讲解云原生的具体概念之前，首先介绍一下云原生出现的背景以及其背后的诉求，这样才能知其然并知其所以然。

### 1.1.1 云原生出现的背景

移动互联网时代是业务高速发展的时期，不同于传统的应用，移动互联网提供了新的用户体验，即以移动端为中心，通过软件对各行各业进行渗透。在巨大的用户基数下，快速变更和不断创新的需求给软件开发方式带来巨大推动力，传统软件开发方式受到巨大挑战。面对业务的快速迭代以及团队规模的不断扩大，降低沟通协作成本并加快产品的交付速度、为用户呈现更好的体验是各个互联网公司都在努力的方向。

在这样的背景下，微服务和云原生的概念开始流行。系统架构与团队的组织架构密切相关（见图1-1），其实半个世纪前提出的康威定律（组织内人与人的沟通方式决定了他们如何参与系统设计）也早就说明了这一点，这奠定了微服务架构的理论基础。通过服务的拆分，每个小团队对应一个服务，增加了内聚性，减少了开会的频次，提高了沟通效率。快速交付意味着更新的频次也高了，更新也容易造成服务的故障问题，这时更新与高可用之间需要权衡。而云原生架构的基础设施和工具可以减少更新导致的故障问题，保证服务的高可用。

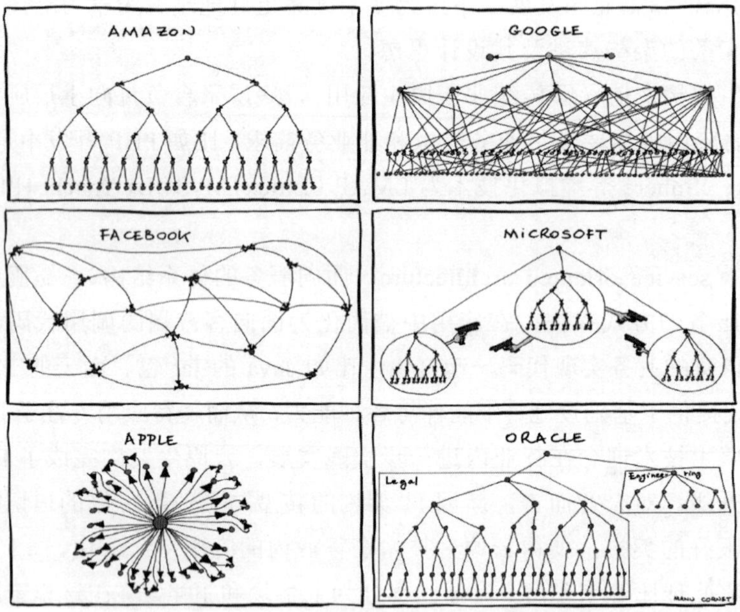


图 1-1

### 1.1.2 云原生解决了哪些问题

企业在数字化转型中普遍面临 IT 系统架构缺乏弹性、业务交付周期长、运维效率低、可靠性低等痛点和挑战。具体来说，主要有以下诉求：

- 产品快速迭代，更快的上线速度；
- 系统的高可用，发生故障时能够自动恢复与回滚；

● 快速解决问题，细致的故障探测和发现；

● 避免雪崩，发生故障时能自动隔离；

● 系统弹性伸缩，简便快速的水平扩容。

将软件迁移到云上是应对以上痛点和挑战，满足诉求的自然演化方式，在过去 20 年间，IaaS、PaaS 和 SaaS 让应用的构建和部署越来越轻量、越来越快捷；而底层基础设施和平台则越来越强大，以不同形态的云对上层应用提供强力支撑。云计算的第一个浪潮是关于成本和业务敏捷性，这使得云计算的基础设施更加廉价。

很多企业倾向于使用微服务架构来开发应用。微服务开发快速，职责单一，能够更快速地被客户所采纳。同时，这些应用能够通过快速迭代的方式得到进化，并赢得客户的认可。而云原生可以打通微服务开发、测试、部署、发布的整个流程环节，所以企业可以通过云原生的一系列技术，如基于容器的敏捷基础设施、微服务架构、DevOps（development 和 operation 的组合词，开发和运营维护的总称。）等解决企业面临的那些 IT 痛点，满足其背后的诉求。

### 1.1.3　不断更新的云原生定义

自从云原生被提出，其定义就一直在持续更新，这也说明了云原生的概念随着技术的发展而不断被深刻认知。

作为云原生应用的提出者，Matt Stine 于 2015 年在其《迁移到云原生应用架构》一书中探讨了云原生应用架构的几个主要特征：符合 12 因素应用、面向微服务架构、敏捷架构、基于 API（application programming interface，应用程序编程接口）的协作和抗脆弱性。

Pivotal 公司推出了 Pivotal Cloud Foundry 云原生应用平台和 Spring 开源 Java 开发框架，成为云原生应用架构中的先驱者和探路者。在 Pivotal 的官方网站上，对云原生的介绍主要包括 DevOps、持续集成、微服务架构和容器化等四个要点，如图 1-2 所示。

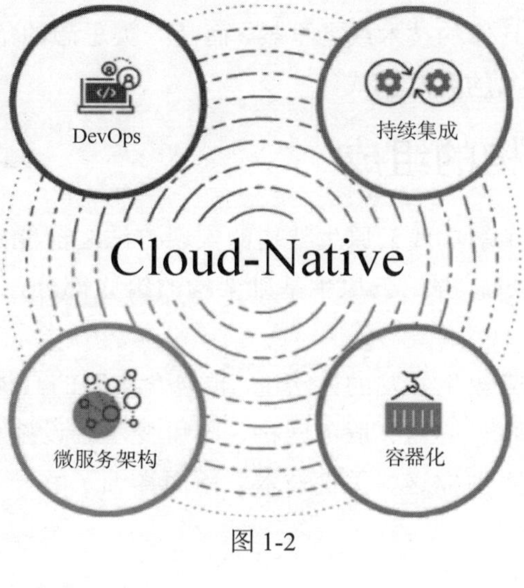


图 1-2

云原生计算基金会（CNCF）最开始（2015 年成立之初）对云原生的定义则包含应用容器化、面向微服务架构和应用支持容器的编排调度这三个方面。时间到了 2018 年，云原生生态不断壮大，Cloud Native Landscape 中的云原生项目涉及领域也不断变大，同时 CNCF 基金会中的会员以及容纳的项目越来越多。显然，之前的定义已经和当前的景观图不符，为了实现云原生生态的发展，CNCF 于 2018 年 6 月通过了对云原生重新定义的提案，v1.0 版本定义如下：

云原生技术有利于各组织在公有云、私有云和混合云等新型动态环境中，构建和运行可弹性扩展的应用。云原生的代表技术包括容器、服务网格、微服务、不可变基础设施和声明式 API。

这些技术能够构建容错性好、易于管理和便于观察的松耦合系统。结合可靠的自动化手段，云原生技术使工程师能够轻松地对系统作出频繁和可预测的重大变更。

云原生计算基金会致力于培育和维护一个厂商中立的开源生态系统，来推广云原生技术。我们通过将最前沿的模式民主化，让这些创新为大众所用。

这个定义不同于以往的严谨定义，并未深挖云原生的实质。可以看出，CNCF 的主要目的在于形成云原生工具生态，更加侧重工程实践。

上面定义中所述的五个代表技术基本都和 k8s 有关联。k8s 是 kubernetes 的简称，是云原生基金会的第一个孵化项目，事实上云原生的五个代表技术都是在围绕着 k8s 建立云原生生态。其中：

- 容器是 k8s 的底层引擎；
- 服务网格则是建立在 k8s 上的针对请求的扩展功能；
- 不可变基础设施是现代运维的基石；
- 声明式 API 是 k8s 的编码方式；
- 微服务是一种软件架构，云原生中的微服务扩大了云原生的版图。

云原生并不是一种具体的技术或者框架，而是一类思想的集合，可以说云原生在一定层面上重构了互联网产品的开发模式。

## 1.2 云原生架构的组成

为帮助读者在正式了解实践云原生架构的实现方法之前能建立起系统性思维，本节将继续“云原生”这个话题，介绍云原生基础架构的组成部分，以及构建出来的云原生应用的特征。

云原生中既有指导云原生开发的方法论，也包含实践的具体技术。上一节中简单介绍了云原生定义中的微服务、容器、服务网格、不可变基础设施和声明式 API 等五个代表技术，构建云原生应用主要靠这些关键技术。下面详细了解一下它们。

## 1.2.1　微服务

传统的单体应用开发简单，但随着业务复杂度的提升，其弊端逐渐显现，开发效率和系统应用的可扩展性等方面出现严重问题。微服务架构（见图 1-3）的出现就解决了这些问题，它根据领域模型将巨大的单体分成界限清晰的微服务，并保持每个服务独立可以迭代。

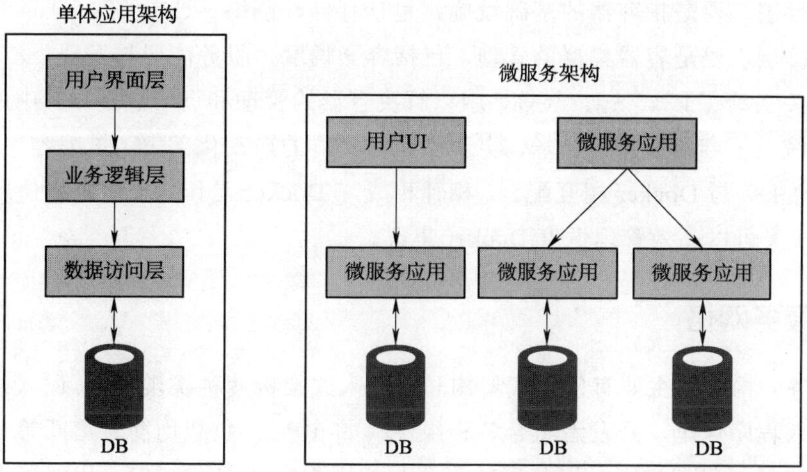


图 1-3

相比传统的单体应用架构，微服务架构具有服务高度自治、高效迭代、易于扩展和支持多语言编程等优点。

但是从另一个角度来看，微服务架构的灵活、开发的敏捷也带来了一些新的问题，如数量众多的微服务运维、分布式系统固有的复杂性，以及分布式事务、服务之间的调用等。单体应用可能只需部署至一个应用服务器集群，而微服务架构则需要开发维护很多个独立的服务，并且还可能需要支持多种语言和环境，其中的构建、测试、部署和运行成本提高了不少。

## 1.2.2　容器

容器是为了解决微服务架构下大量应用部署的问题而引入的，它是一种轻量级的虚拟化技术，能够在单一主机上提供多个隔离的操作系统环境，通过一系列的命名空间隔离进程，每个容器都有唯一的可写文件系统和资源配额。

容器化功能比较强大，不仅能解决虚拟机所能够解决的问题，同时也能够解决虚拟机由于资源要求过高而无法解决的问题。它具有隔离应用依赖、创建应用镜像并进行复制、创建容易分发的即启即用的应用、支持实例简单、快速地扩展等特点。

Docker 是当前流行的开源应用容器引擎，基于 Docker 容器化技术，用户可以将微服务及其所需的所有配置、依赖关系和环境变量打包成容器镜像，并轻松移植到全新的安装了 Docker 的服务器节点上，运维人员无须关心底层操作系统，且无须重新配置环境，这使得容器成为部署单个微服务的最理想工具。

但仅仅有容器还是不够的，毕竟人工部署成本高且易出错。因此容器技术又被分为运行和编排两层，其中：

- 运行层主要是指容器的基础设施，包括存储、网络、CPU 等；
- 编排层主要是容器集群的管理，包括容器调度、服务注册与发现、资源的管理等，相关工具有 k8s、Swarm 等，用以解决容器的管理和调度问题；其中的 k8s 目前基本统一了容器编排的市场，实现了容器集群的自动化部署、扩缩容和维护等功能。

就这样 k8s 与 Docker 相互配合，相辅相成， Docker 是作为 k8s 内部使用的低级别组件，而 k8s 又可以高效管理调度 Docker 集群。

### 1.2.3 服务网格

微服务架构实践主要有侵入式架构和非侵入式架构两种实现形式。侵入式架构是指服务框架嵌入程序代码，开发者组合各种组件（如 RPC、负载均衡、熔断等）来实现微服务架构。非侵入式架构则是以代理的形式与应用程序部署在一起，代理接管应用程序的网络且对应用程序透明，这时开发者只需要关注自身业务即可，这种方式以服务网格（service mesh）为代表。

服务网格产品的存在和具体工作模式对运行于其上的云原生应用来说是透明无感知的，但是在运行时这些能力都动态赋能给了应用，从而帮助应用在轻量化的同时依然可以继续提供原有的功能，如图 1-4 所示。

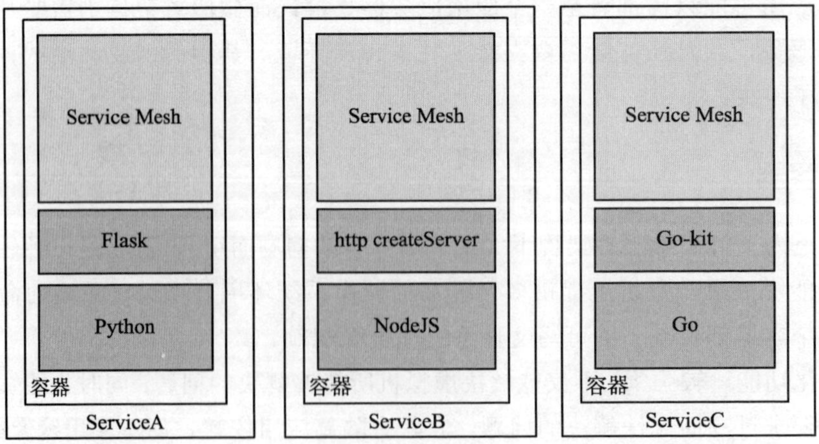


图 1-4

服务网格提供了分布式环境中几大核心问题的解决方案，比如服务间通信、限流、统一认证等功能，使得微服务的开发者更加关注业务，降低了微服务的门槛。

服务网格目前的发展也比较火热，有多款开源软件，Linkerd 最早加入 CNCF，其他还有 Istio、Envoy、Dubbo Mesh 等。同时，为了让服务网格有更好的底层支撑，又将其运行在 k8s 上。k8s 对于资源的动态调度有极强的能力，用户可以快速编排出复杂环境和复杂依赖关系的应用程序，同时开发者又无须过分关心应用程序的监控、扩展性、服务发现和分布式追踪这些烦琐的事情，从而更专注于程序开发。

### 1.2.4　不可变基础设施与 DevOps

Chad Fowler 于 2013 年提出了不可变基础设施（immutable infrastructure）的构想，主要强调基础设施的状态性质。具体来说：一旦创建基础设施的实例，其将会变成只读状态，如果后续需要修改和升级，则需要使用新的实例替换旧实例。这种模式使得 DevOps 更加容易实践，可以为运维人员减少配置管理的负担。

而 DevOps 是一组过程、方法与系统的统称，用于促进开发、技术运营和质量保障（QA）部门之间的沟通、协作与整合。DevOps 在一定程度上可以解决开发者与运维人员之间的协作问题，增强开发团队与运维部门之间的沟通和交流，如图 1-5 所示。

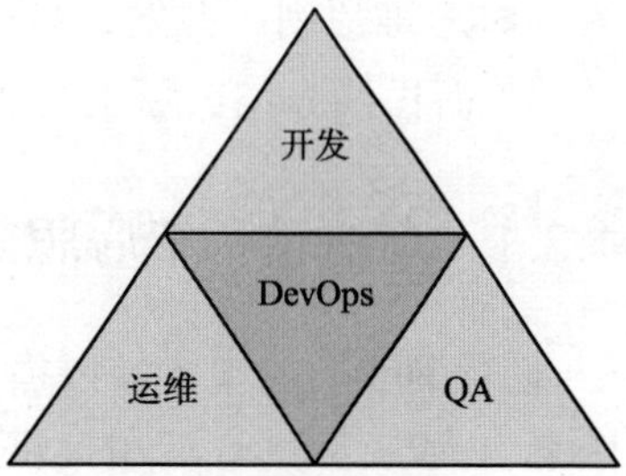

图 1-5

你可能对精益软件开发中的敏捷并不陌生，其中 Scrum 是敏捷的一种具体实践，而 DevOps 则很好地补充了敏捷。DevOps 的目标是缩短开发周期，增加部署频率，更可靠地发布升级系统应用。DevOps 和云原生架构的结合能够实现精益产品开发流程，帮助软件产品及其开发持续改进，适应快速变化的市场，从而为企业提供更小的试错成本。

### 1.2.5　声明式 API

声明式设计（declarative）是指通过向工具描述自己想要让事物达到的目标状态，然后由这个工具自己内部去计算如何令这个事物达到目标状态。简言之，声明式设计中，描述的是目标状态，即 How；与之相对的是过程式设计（imperative），它所描述的是一系列的动作，即 What。这一系列的动作如果被正确执行，最终结果就是这个事物达到了你期望的目标状态。

声明式 API 和命令式 API 是两种不同的编程方式。在声明式 API 中，你声明了系统要执行的操作，然后系统将不断向该状态驱动；而在命令式 API 中，你可以直接发出服务器要执行的命令，如“运行实例”“停止实例”等。SQL 就是一种常见的声明式编程语言，开发者可以自行指定获取所需的数据。在声明式语言中，描述一般为“创建三个 Web 实例的集群”，而不是把创建 Web 实例的命令运行三次组成一个集群。

声明式设计是一种设计理念，同时也是一种工作模式，它使用户的系统更加健壮。分布式系统环境可能会出现各种不确定的故障，面对这些组件故障，如果使用声明式 API ，查看对应组件的 API 服务器状态，再确定需要执行的操作即可；而使用命令式 API 时，恢复组件则会变得比较困难。

## 1.3 云原生应用的特征：云原生与“12 因素”

Heroku 于 2012 年提出“12 因素”（12-factors）的云应用设计理念，（Heroku 曾于 2009 年推出公有云 PaaS），这些设计理念指导开发者利用云平台来开发易于维护、更具可靠性和扩展性的云原生应用。下面先来简单介绍一下“12 因素”都是什么，让大家有个轮廓性了解，具体如下：

- 与编码相关：基准代码、构建发布运行、开发/生产环境等价，与源码管理相关；
- 与部署相关：显式依赖、配置、独立进程、后端服务、端口绑定，与微服务该如何部署以及如何处理依赖相关；
- 运维原则：并发、易处理、日志、管理进程，与如何简化微服务的运维相关。

下面详细介绍云原生与“12 因素”的关系。

### 1.3.1 方法论和核心思想

“12 因素”适用于任何语言开发的后端应用，并提供了很好的方法论和核心思想。“12 因素”为构建 SaaS 应用提供了如下方法论：

- 使用声明式格式来搭建自动化，从而使新的开发者花费最少的学习成本来加入这个项目；
- 和底层操作系统保持简洁的契约，在各个系统中提供最大的可移植性；
- 适合在现代的云平台上部署，避免对服务器和系统管理的额外需求；
- 最小化开发和生产之间的分歧，持续部署以实现最大灵活性；
- 可以在工具、架构和开发实践不发生重大变化的前提下实现扩展。

### 1.3.2 编码、部署和运维原则

“12 因素”理论适用于以任意语言编写，并使用任意后端服务（如数据库、消息队列、缓存等）的应用程序，它是关于如何编码、部署和运维的原则。这些是软件交付生命周期中最常见的场景，为多数开发者和 DevOps 整合团队所熟知，如图 1-6 所示。

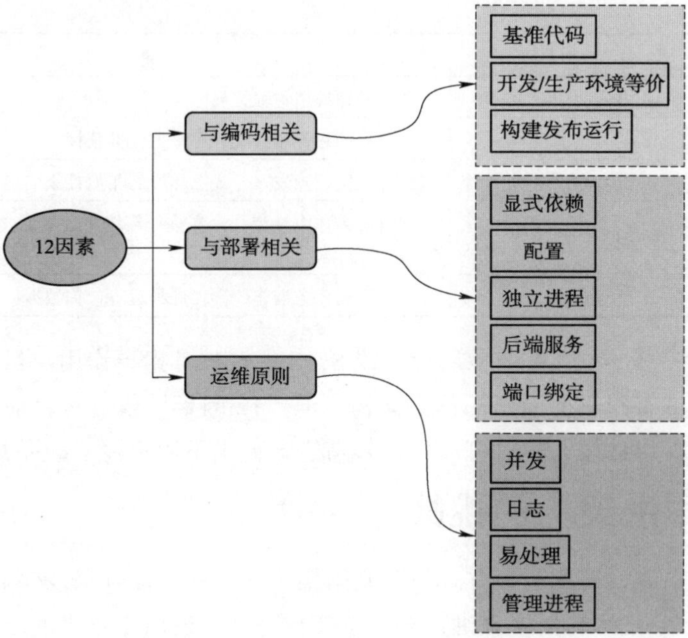


图 1-6

### 1.3.3 “12 因素”具体内容

通过前面的学习，读者已经简单了解了“12 因素”是什么，也掌握了其特点，下面通过表 1-1 详细介绍“12 因素”的具体内容。

表 1-1 “12 因素”具体内容与说明

| 因素名称 | 中文名称 | 说　明 |
| --- | --- | --- |
| Codebase | 基准代码 | 一份基准代码，多份部署。在统一的代码库中为代码配置、测试和脚本部署建立独立的项目和模块 |
| Dependencies | 显式依赖 | 通过 Bundler、NPM 等工具隔离依赖性，不依赖于部署环境 |
| Config | 配置 | 通过操作系统级的环境变量将配置信息或其他可能存在的不同信息（如开发环境、预生产环境、生产环境）应用到各个部署环境中 |
| Backing services | 后端服务 | 数据库、缓存等均被作为附加资源在不同环境中被同等调用，每个不同的后端服务都是一份资源 |
| build, release, run | 构建发布运行 | 基准代码进行部署需要三个步骤，构建阶段，将代码仓库转化为可执行包的过程；发布阶段，将构建的结果和当前部署所需的配置相结合，并能够立刻在运行环境中投入使用；运行阶段，是指针对选定的发布版本在执行环境中启动一系列应用程序的进程 |
| Processes | 独立进程 | 以一个或多个无状态进程运行应用 |
| Port binding | 端口绑定 | 互联网应用可以通过端口绑定提供服务并随时监听所有发送至该端口的请求 |

续表

| 因素名称 | 中文名称 | 说　　明 |
|---|---|---|
| Concurrency | 并发 | 通过进程模型进行扩展 |
| Disposability | 易处理 | 快速启动和优雅终止，可最大化健壮性 |
| Dev/prod parity | 开发/生产环境等价 | 保持开发、预发布、线上环境的相似性来实现持续交付与部署 |
| Logs | 日志 | 把日志当作事件流，允许执行环境通过集中式服务来收集、聚合、检索和分析日志 |
| Admin processes | 管理进程 | 后台管理任务当作一次性进程运行，如数据库迁移 |

“12 因素”对于构建 Web 应用程序或 SaaS 平台具有指导作用。虽说距离提出已有多年，可能有些细节跟不上最新的体系架构，但“12 因素”依旧是目前最多系统的云原生应用开发指南。用户在开发时可以依旧参考它，但也不用拘泥于教条规则。

## 1.4　云原生架构的挑战

云原生架构对云计算服务方式与互联网架构进行整体性升级，深刻改变着整个商业世界的 IT 根基。从技术的角度来讲，云原生架构是基于云原生技术的一组架构原则和设计模式的集合，旨在将云应用中的非业务代码部分进行最大化的剥离，从而让云设施接管应用中原有的大量非功能特性（如弹性、韧性、安全、可观测性、灰度等），使业务不再受非功能性业务中断困扰的同时，具备轻量、敏捷、高度自动化的特点。简单地说，就是帮助企业的业务功能迭代更快、系统能承受住各种量级流量冲击的同时，构建系统的成本更低。

云原生架构在代码中通常包括业务代码、第三方软件、处理非功能特性的代码等三部分内容，其中“业务代码”指实现业务逻辑的代码；“第三方软件”是业务代码中依赖的所有第三方库，包括业务库和基础库；“处理非功能特性的代码”指实现高可用、安全、可观测性等非功能性能力的代码。

这三部分中只有业务代码是为业务真正带来价值的，另外两个部分都只算附属物，但随着软件规模的增大、业务模块规模变大、部署环境增多以及分布式复杂性增强，今天的软件构建变得越来越复杂，对开发人员的技能要求也越来越高。云原生架构相比较传统架构前进了一大步，即从业务代码中剥离了大量非功能性特性到 IaaS 和 PaaS 中，从而减少业务代码开发人员的技术关注范围，通过云服务的专业性提升应用的非功能性能力。

从传统研发模式过渡到云原生时代，抑或传统应用和云原生长期并存过程中，云原生应用的实现、集成、部署、运维都面临较大的挑战。

### 1. 传统架构的应用与云原生应用长期并存的整合问题

虽然云原生可以覆盖绝大部分应用场景，甚至以往比较难解决的问题在云原生下都可迎刃而解。但有些应用场景在云原生下并无决定性优势，且存在迁移成本，加之传统应用在系统架构上的约束，这些将导致存量传统应用与云原生应用长期并存。如何整合这两种应用的研发链路，以及基础设施层面的互联互通，是云原生实践带来的一个挑战。

### 2. 研发环境的成熟度问题

云原生新应用的实践或传统应用的云原生化，不仅仅是基础设施和平台的变化，在架构设计、开发方式、测试联调、部署维护等各阶段和各方面都要基于云的特点做出相应调整。传统线下 IDE 工具链将无能为力，在 DevOps 这条工具链上，需要一个集成度高、操作路径短的研发环境。

### 3. 研发模式、组织阵型与云原生的适配问题

云原生通常以微服务架构进行服务开发，函数计算更细粒度到函数级别。松耦合的架构方式会减轻因需求变更导致的系统迭代成本，并加快交付速度。微服务使得单个服务的开发团队更小，也更加独立，这种松耦合+独立小型的团队使得持续更新和敏捷协作成为可能。在这种情况下，云端出现的问题解决会更突出，在线协作将比线下交流会有更高的效能。

### 4. 可观测性问题

云原生架构的可观测性确实是一个非常大的问题，虽然业界也有可观测性方案，但是 opentelemetry 目前较为成熟的是 trace，log 还不够成熟；metrics 目前还是 Prometheus 比较成熟。所以目前大多数的业界平台都是混着用。虽然 opentelemetry 声称是要统一这三者，但是从实际技术角度和目前发展情况来看，还需要时日才能成熟。

鉴于云原生应用部署的复杂性和生成的大量数据，在云原生架构中定位处理一个应用程序的问题是比较困难的。需要一种不同的方法来解决 k8s 可观测性挑战。当然与云原生跨代优势相比，这四点只能算“最后一公里”的问题，丝毫不影响云原生化的优势。

本书的重点就是聚焦于云原生架构的可观测性。监控和预警平台是互联网公司较为重要的后端架构组成之一，是整个运维乃至整个产品生命周期中最重要的一环，它能够事前及时预警发现故障，事后提供翔实的数据用于追查定位问题。

## 1.5 为什么需要监控平台

监控和预警平台的重要性在《SRE：Google 运维解密》一书中就有体现：开发人员可以通过监控和预警平台了解服务内部的实际运行状态，通过对指标的观察可以预判所出现问题的可能原因，并且能够在系统发生故障时快速通知相关的人员。

以电商公司为例，由于公司的业务快速发展，公司对现有服务集群和物理主机进行业务监控，特别是业务都上云之后，监控变得尤为重要。对于开发人员来说，了解监控的基本功能使用及其原理，在遇到问题时能够快速运用现有的监控系统组件协助排查问题；对于传统的运维人员来说，了解最新的云原生监控的特点和实现方案，为后面的监控升级奠定基础。

在系统构建时的正常流程中，通常是不允许未被监控的系统或应用上线的，因为未被监控的系统存在不可预知性、未知故障等不稳定因素，且无法及时被发现并排除。这对整个架构或系统来说都是很大的风险隐患。所以原则上需要对整个架构或系统进行监控，随时监测系统各方面的指标是否正常，以提高整个系统的稳定性。

### 1．构建监控体系的目的

监控系统可以在运营级别（基本配置即可）和应用级别（二次开发，通过端口进行日志上报）对服务器、操作系统、中间件、应用进行全面的监控及报警，对系统正常运行的作用非常重要。建立完善的监控体系，可以达到以下四个目的：

- 数据可视化。开发人员可以通过可视化仪表盘直观地了解系统的运行状态、资源使用情况和内部性能指标等信息。
- 跟踪和分析程序的长期指标趋势。监控系统通过对监控样本数据的长期收集和统计，来进行长期趋势分析以及预判操作。例如，开发人员可以通过对磁盘空间占用增长率长期数据的分析，提前预测需要在哪个时间点对磁盘进行清理操作。
- 故障和异常告警。当系统将要或者已经出现故障或异常状态时，监控系统能迅速感知并通知开发人员，从而能够让开发人员对问题进行快速处理，避免出现对业务的严重影响。
- 故障和异常分析与定位。当故障或者异常发生后，开发人员可以通过当时的监控数据对其进行调查和处理，最终找到故障和异常产生的根源问题。

### 2．云原生监控的挑战

传统的监控系统在大规模和复杂的业务及平台场景中，在设计和实现上就会面临重大挑战，而在云原生架构下，如何实现高效、稳定的监控系统，其面临的挑战将会更严峻。

（1）监控维度更复杂

在云原生架构下，一方面，除了业务本身，还增加了集群、节点、命名空间、Service、Pod 等众多维度；另一方面，节点上承载微服务的容器密度较传统应用部署变得更大，而且容器生命周期变得极短，这就意味着短时间内有大量的容器ID、Pod 名称、标签等信息在不断变化。这些对监控系统来说，都将是一个挑战。

（2）资源消耗更大

在云原生架构中，以 k8s 为代表的编排平台，为云原生应用的配置、部署、运行等提供了极大的动态性和灵活性。这在提升了监控系统复杂性的同时，也提升了其对资源的消耗，如何在获取最佳监控数据的同时，能够尽可能地降低资源开销，降低对业务系统和平台造成的影响，也将是实现良好监控系统的一个重大挑战。

总的来说，监控是为了实时收集数据，通过报警及时发现问题，及时处理。数据为优化也可以提供依据。

## 1.6 SRE 理念与监控的几个原则

SRE理念源自 Google。副总裁 Benjamin Sloss Treynor 的主要工作是确保 Google 网站不掉线。但是他发现面向全球的互联网高并发量的系统运维难度很大，很难达到永不掉线。因此，他通过不断观察和探索，坚持创新，提出了 SRE（site reliability engineer，站点可靠性工程师）的理念。他是一名工程师，可以使用计算机和软件工程手段设计和研发大型、分布式计算机软件系统。也就是说，他具有一定的软件开发能力，又有很强的运维实践经验。

SRE 关注的焦点是可靠性，包括架构设计、运维流程优化，做到足够可靠。SRE的主要工作是运维分布式集群系统上的具体业务服务，SRE是一种职业，专注于整个软件系统的生命周期管理。从最初的规划、设计、研发、上线、运维、优化、架构等的维护都在 SRE，与 DevOps 的理念非常接近。SRE 与 DevOps 的区别是，SRE 是运维拥抱研发，DevOps 是研发拥抱运维。

SRE 团队的工作职责包括可用性改进、延迟优化、性能优化、效率优化、变更管理、监控、紧急事务处理以及容量规划与管理。SRE 方法论是所有 SRE 团队共同的一套完整的沟通准则和行事规范。SRE 的作用包括：

- 规定了 SRE 是如何操作 Google 生产环境的；
- 规定了 SRE 如何和产品研发部门、测试部门、最终用户进行有效沟通；
- 帮助每个 SRE 团队保持良好的研发和运维工作平衡。

总的来说，SRE 包括如下的几个原则：

- 拥抱风险；
- 简单化：系统架构、流程、作业标准等简单化；
- 服务质量目标；
- 自动化：推动自动化，降低出错率，提升效率；
- 发布工程：做到持续集成、持续发布，高效率地发布软件；
- 消除琐事：提升琐事的效率，省出时间做更有价值的事；
- 分布式系统监控：第一时间发现问题，快速解决问题。

SRE代表了对行业现存管理大型复杂服务的最佳实践的一个重要突破。由一个简单的想法“我是一个软件工程师，这是我如何来应付重复劳动的办法”而生，SRE模型已经发展成一套指导思想、一套方法论、一套激励方法和一个拥有广阔空间的独立职业。

## 1.7 监控的主要内容

监控可以用来收集、处理、汇总，并且显示关于某个系统的实时量化数据，包括基础监控和业务监控。

### 1．基础监控

基础监控包括CPU、Load、内存、磁盘、IO、网络相关、内核参数、ss 统计输出、端口采集、核心服务的进程存活信息采集、关键业务进程资源消耗、NTP offset 采集、DNS 解析采集等。

### 2．业务监控

顾名思义，业务监控是针对业务需要监控的接口，比如响应时间等。可以根据业务的需要，上报相关数据到监控组件，并通过监控组件查看结果。对于 Java 语言往往会有 JVM（Java virtual amchine，Java 虚拟机）监控。以 Java 作为主要开发语言的大多数公司，对于 JVM 的监控不可或缺。每个 JVM 应用的参数，比如 GC、类加载、JVM 内存、进程、线程，都要上报给监控组件。同样地，对于 Web 服务的监控也需要上报，例如请求的数量和类型、错误的数量和类型，以及处理用时、应用服务器的存活时间等。

在深入探讨监控系统的关键指标之前，首先需要理解监控的两种基本类型：黑盒监控和白盒监控。这两种监控方法从不同的角度对系统进行观察和分析，它们在确保系统稳定性和性能方面扮演着关键的角色。理解这两种监控方式的特点和差异，对于设计有效的监控策略至关重要。

## 1.7.1 黑盒监控与白盒监控

黑盒监控是一种面向现象的监控方法，它关注的是目前正在发生的事项，而非预测未来可能发生的事件。这种监控方式专注于系统当前的故障，通常在某个问题已经发生并造成一定影响时才会触发警报。它不涉及对系统内部工作原理的理解，而是像黑盒子一样，只关注输出的结果。

与之相对的是白盒监控，这种监控方法依赖于对系统内部信息的深入检测。这包括了对系统日志的分析、抓取提供指标信息的HTTP 节点等。白盒监控更侧重于预测和识别即将出现的问题，以及可能被重试机制掩盖的问题。

## 1.7.2 四个黄金指标

在了解了黑盒监控和白盒监控的基本概念后，我们将转向监控系统的核心——四个黄金指标：延迟、流量、错误和饱和度。这些指标为用户提供了一个全面评估系统健康状况的框架。下面详细介绍这四个指标，帮助读者更好地理解它们在实际监控过程中的应用和重要性。

### 1．延迟

服务处理某个请求所需要的时间。这里区分成功和失败请求很重要。把握原则：慢错误要比快错误更糟糕！但是快错误也会产生误导性错误。

**2. 流量**

使用系统中的某个高层次的指标针对系统负载需求所进行的度量。对 Web 服务器来说，该指标通常是每秒 HTTP 请求数量。

**3. 错误**

请求失败的速率，可能是显式失败，也可能是隐式失败，或者策略原因导致的失败。

**4. 饱和度**

衡量服务器有多"满"。通常指系统中最为受限的某种资源的某个具体指标的度量。

## 1.8　常见监控软件的介绍与对比

常用的监控开源组件有 Cacti、Nagios、Open-falcon、Zabbix 和 Prometheus 等。下面逐一介绍这几种监控组件。

### 1.8.1　Cacti

Cacti 是用 PHP 语言实现的一款软件，它的主要功能是用 snmp 服务获取数据，然后用 RRDtool 存储和更新数据。Cacti 主要用于网络设备、主机系统的监控，其主要优点如下：

（1）基于 RRDtool 使效率提高

Cacti 基于 RRDtool 存储监控数据，在查询指定时间段的监控数据时不用浏览整个数据文件，和 mrtg 的文本 log 相比具有更高的效率。监控曲线图片的生成并不像 mrtg 那样和数据采集同步并定时生成，而是通过 RRDtool 提供的图片生成工具使用 PHP 脚本生成动态 Web 图片。

（2）监控项目曲线图多样化

RRDtool 的图片生成工具提供了多种参数，这样可以动态设置更多样式的曲线图，也可以将若干监控项目集中显示在一张图片中，例如，如果要同时显示 http/ftp/dns 多种协议的流量时就可以派上用场。当然，其他如颜色、曲线样式、图片大小格式、说明文字等都可以定制产生。

（3）可扩展性

Cacti 支持超过 20 种插件，丰富的插件资源大大提高了 Cacti 的功能可扩展性。

（4）基于 Web 配置与监控，操作简单

Cacti 是一种 Web 方式的软件，监控项目的新建、配置、管理、监控都是基于 Web 方式来操作的，这对于使用者来说是非常舒服的。

当然，Cacti 也存在缺点，例如，新建模板、获取 OID（object identifier，对象标识符）值都非常烦琐，使用的 SNMP 协议的安全性不高等。

### 1.8.2　Nagios

Nagios 是一款免费的开源 IT 基础设施监控系统，能够跨平台使用，插件多，报警功

能强大。它通过安装插件和编写监控脚本，可以实现对目标灵活的监控。适合监视大量服务器上面的大批服务是否正常。

### 1．架构组成

Nagios 通常由一个主程序（Nagios）、一个插件程序（Nagios-plugins）和四个可选的附件组成。Nagios 的监控工作都是通过插件实现的，因此，Nagios 和 Nagios-plugins 是服务器端工作所必需的组件。其他四个附件见表 1-2。

表 1-2　Nagios 中四个附件的功能说明

| 附件名称 | 功能说明 |
|---|---|
| NRPE | 用来在监控的远程 Linux/UNIX 主机上执行脚本插件以实现对这些主机资源的监控 |
| NSCA | 用来让被监控的远程 Linux/UNIX 主机主动将监控信息发送给 Nagios 服务器（这在冗余监控模式中特别要用到） |
| NSClient++ | 用来监控 Windows 主机时安装在 Windows 主机上的组件 |
| NDOUtils | 用来将 Nagios 的配置信息和各 event 产生的数据存入数据库，以实现这些数据的快速检索和处理 |

表 1-2 的四个附件中，NRPE 和 NSClient++工作于客户端，NDOUtils 工作于服务器端，而 NSCA 则需要同时安装在服务器端和客户端。

### 2．优缺点分析

Nagios 部署方便，可以用不同分层管理上万台机器，无须逐个添加配置； ganglia 服务端能通过一台客户端收集到同一个网段的所有客户端的数据；ganglia 集群服务端能够通过一台服务端收集到它下属的所有客户端数据。

不足之处是没有内置的消息系统，无法报警，无法查询历史数据；事务控制台功能弱、插件易用性差；对性能、流量等指标处理不太适用。

## 1.8.3　Open-falcon

Open-falcon 是由小米公司推出的一款运维监控软件，如图 1-7 所示。作为一款企业级的解决方案，它以高可用性和可扩展性而闻名。虽然 Open-falcon 推出时间不长，用户群体正在逐步扩大，但它已展现出强大的监控能力。

Open-falcon 的优点：作为企业级监控软件，Open-falcon 展现了其多方面的技术优势。它的多元化数据收集能力，包括对 falcon-agent、SNMP 的支持，以及主动数据推送和用户自定义插件的灵活性，为广泛的监控需求提供了强有力的支持。此外，其对每周期亿级数据的处理能力、灵活的策略和告警系统，以及单机 200 万 metric 的处理能力，充分体现了其卓越的性能。Open-falcon 采用的 RRDtool 数据归档策略，以及多维度的定制化数据展示，进一步增强了其作为一个高效、可靠监控工具的地位。

Open-falcon 的缺点：尽管 Open-falcon 具有显著优势，但作为一款新兴的软件，它也面临着一些挑战。由于发布时间相对较短，部分功能还在持续的完善过程中。此外，其在数据维度上的局限性，特别是在dashboard上报中主要限于时间维度（分钟粒度），这限制了其在更广泛数据分析方面的应用。同时，Open-falcon目前还缺乏支持多种基础服务监控的插件，这在一定程度上限制了其适用范围。

综合来看，Open-falcon作为一款发展中的企业级监控工具，已经在多个关键领域展现出强大的能力，尽管它仍有待进一步地完善和发展，但其潜力和未来的成长空间是显而易见的。

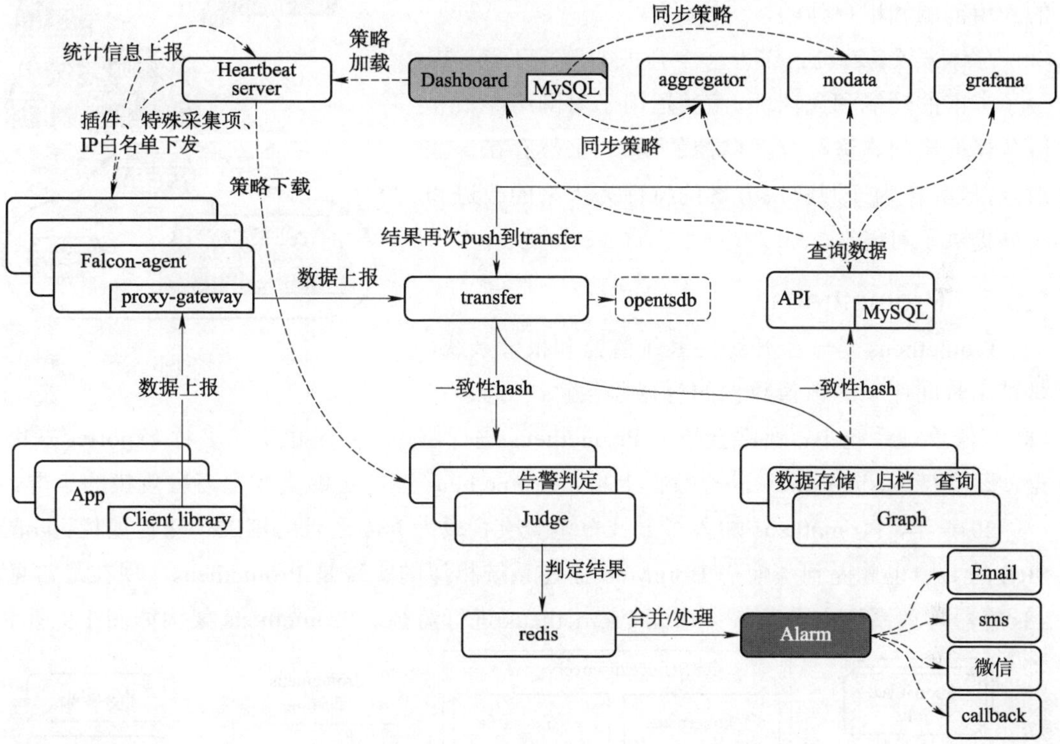


图 1-7

## 1.8.4　Zabbix

Zabbix 是一种企业级的分布式开源监控解决方案，如图 1-8 所示，专门设计用于监控各种网络参数以及服务器的健康度和完整性。它采用灵活的通知机制，支持基于邮件的警报配置，针对几乎所有类型的事件都能实现快速响应，从而有效应对服务器问题。Zabbix的一个显著特点是其能够基于存储的数据提供全面的报告和高效的数据可视化功能，使其成为进行容量规划的理想工具。

Zabbix 的核心功能包括支持主动轮询和被动捕获两种监控方式。所有的报告、统计信息和配置参数均可通过其基于 Web 的前端页面访问，这确保了无论在何地，用户都能轻松评估网络状态和服务器健康状况。一旦进行适当配置，Zabbix 在监控 IT 基础设施方面能够发挥关键作用，无论是小型组织还是大型企业均可从中受益。

尽管 Zabbix 在网络监控和服务器健康检查方面表现卓越，但它也存在一些局限。这些包括多项修改不够方便、缺乏告警收敛功能、数据汇总功能的缺失、数据报表需要二次开发，以及在处理大数据量时展示性能可能受限，直接从数据库读取数据时容易出现响应缓慢的情况。这些缺点在一定程度上限制了 Zabbix 的应用范围和用户体验。

总体来说，Zabbix 作为一个强大的监控工具，提供了丰富的功能和灵活性，尤其适用于对网络参数和服务器健康状态进行全面监控的场景。虽然存在一些缺点，但其作为开源解决方案的特性为未来的改进和扩展提供了可能。

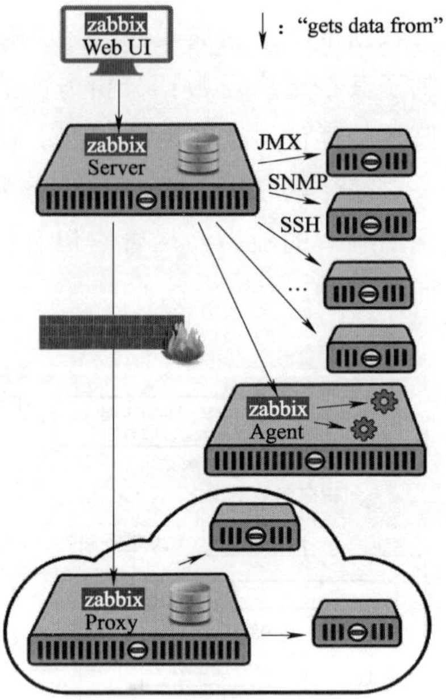


图 1-8

### 1.8.5 Prometheus

Prometheus 是一个开源的系统监控和报警系统，是基于时间序列的数值数据的容器监控解决方案。在 k8s 容器管理系统中，通常会搭配 Prometheus 进行监控，同时也支持多种 exporter 采集数据，还支持 pushgateway 进行数据上报，Prometheus 性能足够支撑上万台规模的集群。

2016 年，Prometheus 加入了云计算基金会，成为 k8s 之后的第二个托管项目。google SRE 的书中也曾提到与他们 BorgMon 监控系统相似的实现是 Prometheus。现在最常见的 k8s 容器管理系统中，通常会搭配 Prometheus 进行监控。Prometheus 架构如图 1-9 所示。

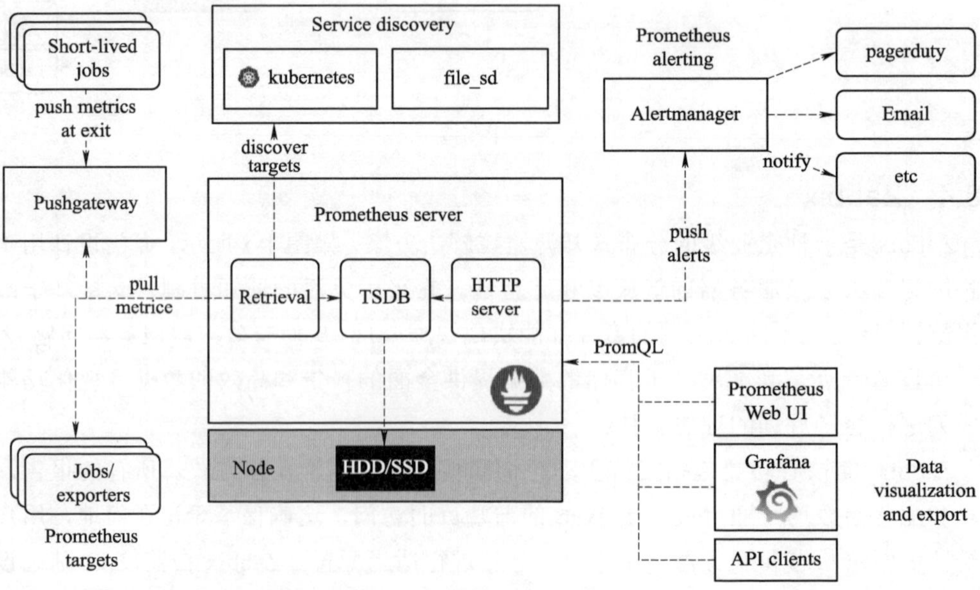


图 1-9

表 1-3 显示了图 1-9 中各个模块的作用。

表 1-3 Prometheus 架构中主要模块说明

| 模块名称 | 功能说明 |
|---|---|
| Prometheus server | 收集和存储时间序列数据主服务器 |
| Pushgateway | 支持短期工作的推送网关 |
| Alertmanager | 用于处理警报的警报管理器 |

Prometheus 是由 Go 语言编写的监控工具，天然对高性能支持较好，除此之外，Prometheus 在处理高频请求和大数据量方面表现出色。它支持多种客户端（SDK，software development kit），适用于不同的编程环境。同时，Prometheus 能够以 pull（拉取）和 push（推送）两种模式收集数据，提供了高度的灵活性。它与 Grafana 等数据展示工具的兼容性，使得数据的可视化展示更加丰富和直观。自动服务发现功能大大减少了配置的复杂性，特别是在动态变化的云环境中。其设计理念专门针对分布式系统和微服务，使其非常适合现代的云计算环境。此外，作为存储后端的时序数据库优化了监控数据的存储和查询效率。

尽管 Prometheus 在许多方面表现出色，但它在处理长期数据存储时可能面临挑战，特别是在大规模的环境中。其基础告警规则相对简单，对于更复杂的告警场景可能需要额外的集成或工具支持。高可用性的配置和维护相对较为复杂，可能对初学者构成挑战。在数据迁移和备份方面，Prometheus 可能不如某些其他解决方案成熟，特别是在处理大量数据时。此外，Prometheus 本身不提供原生的集群管理功能，大规模部署时可能需要依赖其他工具或解决方案。

总体来看，Prometheus 以其高性能和灵活的监控能力在众多企业和开发者中备受青睐，尽管存在一些局限性，但其在现代云原生环境中的应用潜力仍然巨大。

### 1.8.6 几种监控组件的选型

通过对上面几种监控组件的介绍，读者大致了解了各个组件的基本功能和优缺点。对用户来说，较为完善的功能在项目中的使用将会更加容易，实现开箱即用，降低成本。

监控组件选型时切忌一味地追求性能或者功能，性能可以优化，功能可以二次开发。如果要在功能和性能方面做一个抉择的话，那么首选性能，因为总体上来说，性能优化的空间没有功能扩展的空间大。然而对于长期发展而言，生态又比性能以及功能都重要。

接下来从性能、存储、告警、生态及使用率、图形化等方面对这几种组件进行选型对比，具体见表 1-4。

从性能来看，Prometheus 和 Open-falcon 表现更为出色；Zabbix 使用 MySQL 存放监控历史数据，具有写入瓶颈。Zabbix 的部分数据采集会通过服务器端主动探测（拉取）的方式，当目标机器量大了之后，拉取任务经常出现积压。

表 1-4　常用监控组件对比

| 组件名称 | 性能 | 存储 | 告警 | 生态及使用率 | 图形化与运维管理 |
|---|---|---|---|---|---|
| Nagios | 中 | RRD 或不存储 | 支持 | 生态较弱，使用率较低 | 支持较弱 |
| Open-falcon | 高 | MySQL、Redis、OpenTSDB 等 | 支持 | 生态一般，使用率一般 | 支持较好 |
| Cacti | 中 | RRD | 支持 | 生态一般，使用率较低 | 支持一般 |
| Zabbix | 低 | MySQL 等多种数据库 | 支持 | 生态一般，使用率高 | 支持一般 |
| Prometheus | 高 | OpenTSDB | 支持 | 生态好，使用率高 | 支持较好 |

数据存储方面，Prometheus 自研了一套高性能的时序数据库，在 V3 版本可以达到每秒千万级别的数据存储，通过对接第三方时序数据库扩展历史数据的存储；而 Zabbix 采用关系数据库保存。相对来说，Prometheus 的存储更为高效和灵活。

对于告警的功能，这几种组件都支持，具体来说，Prometheus支持告警的高可用，Zabbix 和 Open-falcon 支持告警通知次数的收敛。

生态与使用率方面，Prometheus 在这几个组件中生态好，使用率高。Nagios 和 Cacti 使用率相对低一些。

运维管理方面，Zabbix 管理成本高昂，其模板不支持继承，Nagios 的管理采用的是文件编辑，图形化功能较弱。Prometheus 和 Open-falcon 对运维管理的支持相对较好。

那么为什么说 Prometheus 是为云原生监控而生？你有没有思考过这句话意味着什么呢？这就需要分析云原生环境的特殊性。在云原生中使用容器编排 k8s 和容器环境作为基础运行环境。另一方面，巨石应用拆分成众多业务内聚的微服务。同时，对于微服务的变更和扩缩容是特别频繁的，也就导致采集的目标信息变化频繁。这就给时序监控系统提出了如下要求：

- 需要采集运行在跨多个宿主机上的海量 Pod 容器；
- 需要及时感知到它们的变化；
- 同时要构建完整的 k8s 监控生态。

综上而言，结合云原生环境的监控复杂度以及资源消耗，Prometheus 相对更加适合作为云原生监控的组件。本书也是以该方案展开，从实践和原理来介绍云原生架构的监控。

当然，监控组件的选型还需要尽量贴合团队的自身技术体系栈。各个组件各有优缺点，可能并不存在完全符合当前业务和团队的实际状况。专业的监控架构是综合实际使用情况去做设计、做规划的，可以根据实际情况结合使用多种监控。

## —— 小　结 ——

本章首先介绍了云原生架构的相关背景定义以及云原生架构面临的挑战，接着介绍了监控平台的理念和监控的主要内容，并对主要的监控组件进行了对比。由于在云原生环境中监控变得更复杂了。所以需要一个在设计之初就适合云原生监控场景的系统，Prometheus 就是这样一个监控组件。下一章将围绕 Prometheus 展开，介绍其核心功能与特性。

# 第 2 章　Prometheus 概述

Prometheus 通过其一系列组件提供了一个端到端的监控解决方案，从指标的暴露到抓取、存储、可视化，再到监控告警，它构建了一套完善的监控体系。这种体系不仅让用户能够实时掌握系统状态，还能帮助用户快速定位并解决问题。下面具体介绍 Prometheus 的整体架构、构成的组件以及适用场景等。

## 2.1　Prometheus 是一款什么样的组件

2012 年，Prometheus 由 SoundCloud 公司着手开发，后续又被多家公司和组织接受和采用，最终将其独立为开源项目，并成立独立公司来运作。开源之后，Prometheus 项目及其社区一直非常活跃，并获得众多开发人员的支持和参与。

第 1 章中简单介绍了 Prometheus 的架构与优缺点，为了便于读者学习和理解，再次对 Prometheus 的架构图（见图 1-9）进行介绍。从图中可以看出，Prometheus 提供了从指标暴露到指标抓取、存储和可视化，以及最后的监控告警等一系列组件。Prometheus 可以直接或通过 Pushgateway 从相应的 jobs 抓取 metrics 指标。Prometheus 在本地存储所有抓取的数据，为了实现数据的聚合或生成新的时间序列记录，或生成警报，会对这些数据运行相应的 rule。

Prometheus以其高效的监控和灵活的警报系统，在开源服务监控领域取得了显著成功。其优点包括一个多维数据模型，允许通过 metric名称和一组键值对来存储和查询多种数据格式。PromQL 提供了一个强大的工具，用于在多个维度上灵活查询数据，极大地增强了数据检索的能力。由于不依赖于分布式存储，Prometheus的单节点架构简化了部署和运维流程。它支持 Push 和 Pushgateway 的结合使用，适应特殊网络环境下的数据收集需求。服务发现和静态配置使得监控目标的动态配置变得简单快捷。此外，Prometheus支持广泛的可视化选项，使得数据展示直观易懂。最关键的是，Prometheus使用基于 HTTP 的拉模型（Pull）来采集数据，这意味着任何能提供 HTTP 接口的服务都可以轻松接入监控系统，显著降低了接入成本并简化了开发流程，便于应用系统的快速集成。

## 2.2　Prometheus 的整体架构与组成

Prometheus 属于典型的 C/S 架构，其生态圈中包含了多个组件，其中许多组件是可选的。

从 Prometheus 的架构图（见图 1-9）可以看出，为了保证拓展性和可靠性，Prometheus

除了提供核心的 server 外还提供了很多生态组件。如 Prometheus server、exporters、Pushgateway、PromQL、Alertmanager 以及 Service Discovery 等。

前面讲过，Prometheus 的基本原理是通过 HTTP 协议周期性抓取被监控组件的状态，任意组件只要提供对应的 HTTP 接口就可以接入监控。不需要任何 SDK 或者其他集成过程。这样做非常适合做虚拟化环境监控系统，如 VM、Docker、k8s 等。输出被监控组件信息的 HTTP 接口称为 exporter。目前，互联网公司常用的组件大部分都有 exporter 可以直接使用，比如 MySQL、Haproxy、Nginx、Linux 系统信息（包括磁盘、内存、CPU、网络等）。

### 2.2.1 Prometheus server

Prometheus server 是 Prometheus 组件的核心部分，负责实现对监控数据的获取、存储及查询。它可以通过静态配置管理监控目标，也可以配合使用 Service Discovery 的方式动态管理监控目标，并从这些监控目标中获取数据，其工作原理如图 2-1 所示。

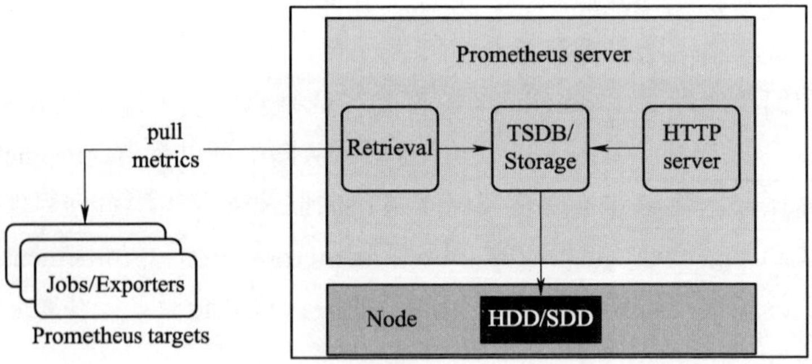


图 2-1

其次，Prometheus server 需要对采集到的数据进行存储，Prometheus server 本身就是一个实时数据库，将采集到的监控数据按照时间序列的方式存储在本地磁盘中。Prometheus server对外提供了自定义的 PromQL，实现对数据的查询以及分析。另外，Prometheus server 的联邦集群能力可以使其从其他 Prometheus server 实例中获取数据。

### 2.2.2 Exporters

如图 2-2 所示，Exporter 将监控数据采集的端点通过 HTTP 服务的形式暴露给 Prometheus server，将其转化为 Prometheus 支持的格式，Prometheus server 通过访问该 Exporter 提供的 Endpoint 端点，即可以获取到需要采集的监控数据。Exporter 可分为如下两类：

- 直接采集：该类 Exporter 直接内置了对 Prometheus 监控的支持，比如 cAdvisor、Gokit、Kubernetes、Etcd 等，都直接内置了用于向 Prometheus 暴露监控数据的端点；
- 间接采集：原有监控目标并不直接支持 Prometheus，因此需要通过 Prometheus 的

Client Library 编写该监控目标的监控采集程序，如 MySQL Exporter、JMX Exporter、Consul Exporter 提供等。

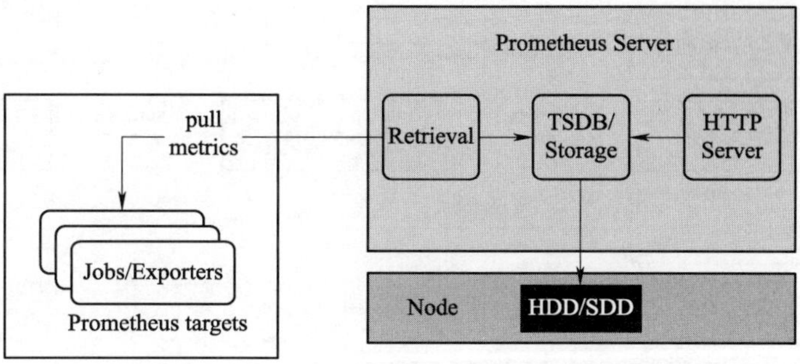


图 2-2

## 2.2.3　Alertmanager

Prometheus server 支持基于 PromQL 创建告警规则，如果满足 PromQL 定义的规则，则会产生一条告警。当 Alertmanager 从 Prometheus server 端接收到 alerts 后，会进行去除重复数据、分组，并路由到对应的接收方式，发出报警，工作原理如图 2-3 所示。

常见的接收方式有钉钉、微信、电子邮件和 webhook 等。

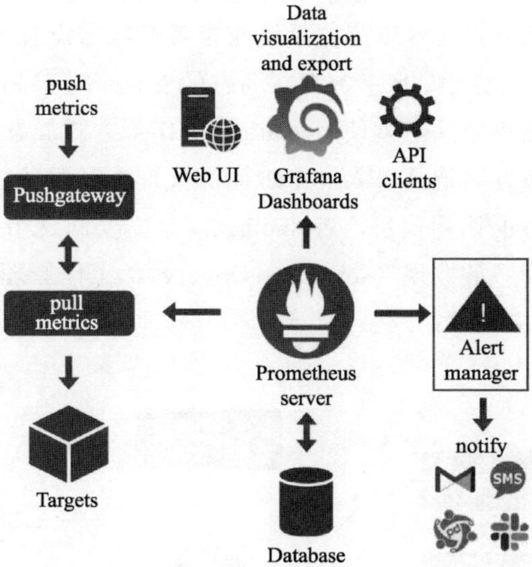


图 2-3

## 2.2.4　Pushgateway

由于 Prometheus 数据采集基于 Pull 模型进行设计，因此在网络环境的配置上必须要让 Prometheus server 能够直接与 Exporter 进行通信。

当这种网络需求无法直接满足时，就可以利用 Pushgateway 进行中转。Pushgateway 类似 Zabbix proxy。可以通过 Pushgateway 将内部网络的监控数据主动 push 到 Gateway

中。而 Prometheus server 则可以采用同样的 pull 方式从 Pushgateway 中获取到监控数据，工作原理如图 2-4 所示。

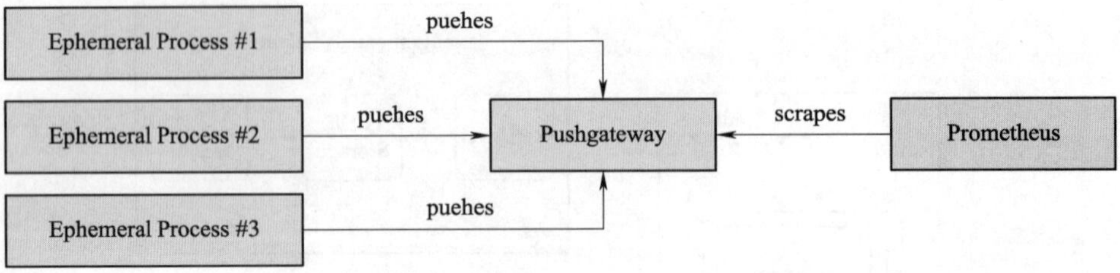


图 2-4

Pushgateway 主要用于短期的 jobs。由于这类 jobs 存在时间较短，可能在 Prometheus 来 pull 之前就消失了。为此，这些 jobs 可以直接向 Prometheus 中间网关推送它们的 metrics。这种方式主要用于服务层面的 metrics，对于机器层面的 metrics，需要使用 node exporter。

### 2.2.5　Service Discovery

在云上所有资源都是弹性的，这些资源可以随着需求规模的变化而变化。例如，AWS 的 AutoScaling，可以根据用户定义的规则动态地创建或者销毁 EC2 实例，从而使用户部署在 AWS 上的应用可以自动地适应访问规模的变化；在 k8s 中，pod 也会随时在创建和被销毁。

这种按需的资源使用方式对于监控系统而言就意味着没有了一个固定的监控目标，所有监控对象（基础设施、应用、服务）都在动态的变化。对于 Prometheus 这一类基于 pull 模式的监控系统，显然也无法继续使用 static_configs 方式静态地定义监控目标。而对于 Prometheus 而言其解决方案就是引入一个中间的代理人（服务注册中心），这个代理人掌握着当前所有监控目标的访问信息，Prometheus 只需要向这个代理人询问有哪些监控目标即可，这种模式称为服务发现（service discovery），工作原理如图 2-5 所示。

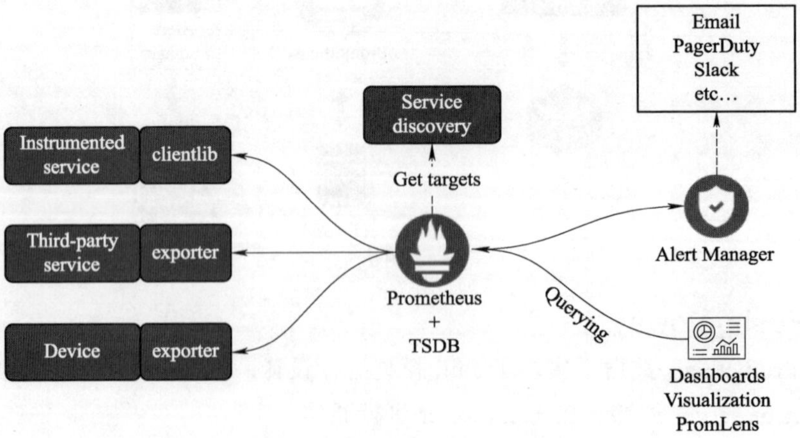


图 2-5

Prometheus 本身与其他开源软件类似，可以通过定义配置文件（见图 2-6）来给 Prometheus 本身规定需要被监控的项目和被监控节点。

由图 2-6 可知，Prometheus 可集成包括 Consul、DNS、k8s、文件系统或者自定义的服务发现组件。如果 Prometheus 集成了如 Consul 这种服务发现软件。则 Prometheus 的配置文件就不再需要手动指定，而是能自动发现集群中有哪些新机器以及新机器上出现了哪些新服务可以被监控。如图 2-7 所示，Prometheus server 定期从服务发现（SD）组件获取监控目标的最新列表，并主动拉取这些目标暴露的度量数据。不同形状的图标代表各种监控对象，如服务器、服务或容器，它们通过服务发现机制动态注册到 Prometheus，以便进行实时监控和数据收集。

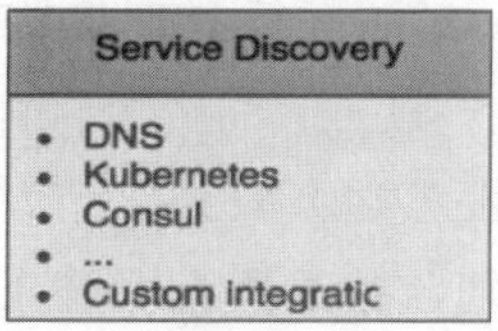


图 2-6

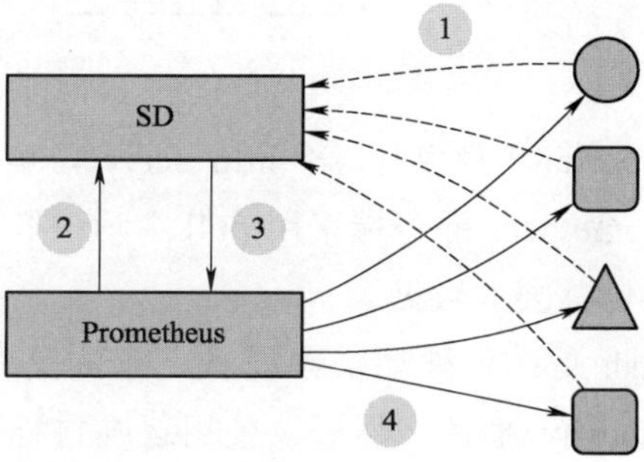


图 2-7

Prometheus 通过使用平台提供的 API 就可以找到所有需要监控的云主机。在 k8s 这类容器管理平台中，k8s 掌握并管理着所有容器以及服务信息，那此时 Prometheus 只需要与 k8s 打交道就可以找到所有需要监控的容器以及服务对象。Prometheus 还可以直接与一些开源的服务发现工具进行集成，例如，在微服务架构的应用程序中，经常会使用到如 Consul 这样的服务发现注册软件，Prometheus 也可以与其集成从而动态地发现需要监控的应用服务实例。

## 2.3 Prometheus 数据采集

上面介绍了 Prometheus 采集客户端 metrics 主要有 pull（服务端主动拉取）和 push（客户端被动推送）两种方式。下面先来看一下数据采集的具体流程：

（1）Prometheus server 定期从配置好的 jobs 或者 exporters 中拉取 metrics，或者从 Pushgateway 拉取 metrics，或者从其他 Prometheus server 中拉取 metrics。

（2）Prometheus server 在本地存储收集到的 metrics，并运行已定义好的 alert.rules，通过一定规则进行清理和整理数据，并把得到的结果存储到新的时间序列中。记录新的时间序列或者向 Alertmanager 推送警报。

（3）Prometheus 通过 PromQL 和其他 API 可视化地展示收集的数据。Prometheus 支持

多种方式的图表可视化，如 Grafana、自带的 Promdash 以及自身提供的模板引擎等。Prometheus 还提供 HTTP API 的查询方式，自定义所需要的输出。

具体来说，pull 指的是客户端（被监控机器）先安装各类已有 exporters（由社区组织或企业开发的监控客户端插件）在系统上之后，exporters 以守护进程模式运行并开始采集数据，工作机制如图 2-8 所示。

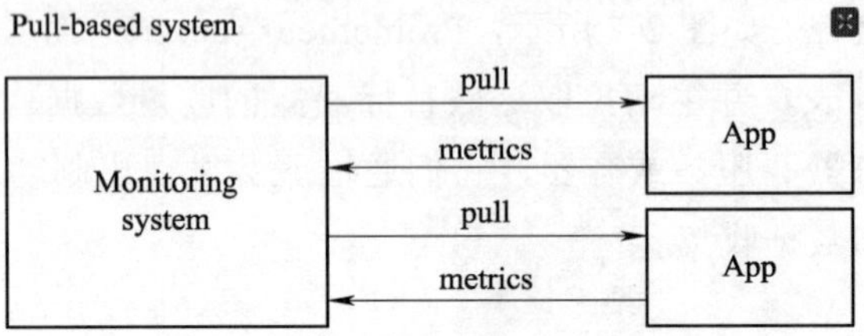


图 2-8

exporter 本身也是一个 http_server，可以对 http 请求作出响应，返回数据（k/v metrics）。

Prometheus 服务端采用 pull 主动拉取的方式（HTTP get）访问每个节点上的 exporter 并采样回需要的数据。

push 是一种被动采集模式，指的是在客户端（或者服务端）安装这个官方提供的 Pushgateway 插件。然后，使用运维自行开发的各种脚本把监控数据组织成 k/v 形式的 metrics，发送给 Pushgateway 之后，Pushgateway 再推送给 Prometheus 服务端，工作原理如图 2-9 所示。

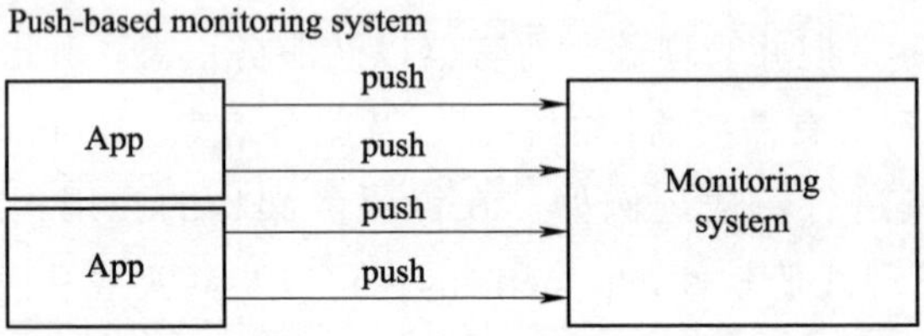


图 2-9

## 2.4 Prometheus 的适用场景

在选择Prometheus作为监控工具前，首先总结一下Prometheus的特性；其次，Prometheus 并不是无所不能，它也有适合自己的场景与不足之处。

### 2.4.1 Prometheus 的特征

Prometheus 作为新一代监控框架，其特征包括强大的多维数据模型，允许在度量指标上设置多维标签，并支持高精度和全 Unicode 标签。它的查询语言 PromQL 非常灵活，能够在单个查询中执行多种操作。作为一个易于管理的系统，Prometheus server 是一个独立的二进制文件，无须依赖分布式存储，而且效率高，每个采样点占用极少的存储空间，能够处理数百万的 metrics。它采用 pull 模式采集数据，避免了坏数据的推送，并提供了 push gateway 机制。同时，Prometheus 支持服务发现或静态配置来识别监控目标，并提供多种可视化界面，是一个易于扩展的系统。然而，由于数据采集可能存在丢失，Prometheus 不保证数据 100%的完整性。

### 2.4.2 适用场景

Prometheus 在以下三种情形下具备明显的优势：

- Prometheus 在记录纯数值时间序列方面表现非常好。它既适用于以服务器为中心的监控，也适用于高动态的面向服务架构的监控。
- 准确的情形。但如果用于记录时间序列数据，Prometheus 具有很大的查询优势，此外，Prometheus 适用于微服务的体系架构。
- 在微服务的监控上，Prometheus 对多维度数据采集及查询的支持也是特殊的优势。

Prometheus 更强调可靠性，即使在故障的情况下也能查看系统的统计信息。权衡利弊，以可能丢失少量数据为代价确保整个系统的可用性。因此，如果业务系统需要 100%的准确度，如按请求计费，Prometheus 并不是很适合这样的场景。因为收集的数据可能不够详细和完整。在这种情况下，最好使用其他系统来收集和分析数据以进行计费，并使用 Prometheus 进行监控。

## —— 小　结 ——

本章主要介绍了云原生监控组件 Prometheus 的概况，包括 Prometheus 的定义、整体架构与组成、数据采集的方式以及其适用的场景。Prometheus 提供了从指标暴露，到指标抓取、存储和可视化，以及最后的监控告警等一系列组件。总的来说，Prometheus 是云原生架构下重要的数据监控解决方案，让用户能随时掌握系统运行的状态，帮助快速定位问题和排除故障。

在介绍了 Prometheus 的基本概念和相关组件之后，下一章继续介绍 Prometheus 设计的相关细节及其技术内幕。

# 第 3 章　深入 Prometheus 设计

前面介绍了云原生监控和 Prometheus 的相关概念，了解了 Prometheus 是一个开源的监控解决方案，部署简单易使用。本章继续深入介绍 Prometheus 设计相关内容，具体包括 metrics 指标、数据采集、处理、存储、查询和告警；最后介绍 Prometheus 的几种部署方式，以期帮助读者建立起更加全面的知识框架。

## 3.1　Prometheus 指标

对于一个大型的分布式系统的监控来说，使用 Prometheus 的难点在于如何设计符合特定需求的 metrics 去全面高效地反映系统实时状态，以助力故障问题的发现与定位。

### 3.1.1　Prometheus 的指标定义

Prometheus metrics 是整个监控系统的核心，所有监控指标数据都由其记录。关于指标，可以简单地理解为一个度量值，这个值可以是 CPU 负载、内存使用、请求连接数等。它们来源于操作系统、应用服务、设备数据等，会随着时间的变化而不同。

在 Prometheus 中，所有 metrics 皆为时序数据，并以名字进行区分，即每个指标收集到的样本数据至少包含名字、时刻和数值三个维度的信息。

在图 3-1 中，可以清晰地看到 Prometheus 所有监控指标的统一定义。

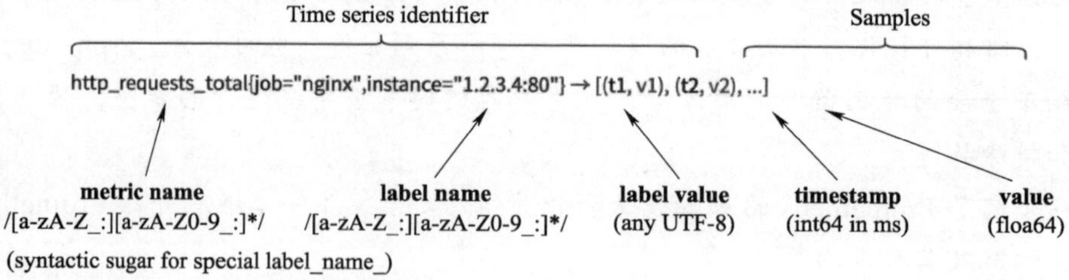


图 3-1

图 3-1 中的指标定义详细解释如下：

- 指标名称（metrics name）：用于署名指标的含义，指标名称必须由字面、数值下画线或者冒号组成，其中冒号指标不能用于 exporter。
- 时间戳（timestamp）：描述当前时间序列的时间，单位为 ms。
- 标签（label）：标签可体现指标的维度特征，用于过滤和聚合，它通过标签名（label

name）和标签值（label value）这种键值对的形式形成多种维度。例如，对于指标 http_request_total，可以有{status="200",method="POST"}和{status="200",method="GET"}两个标签。在需要分别获取 GET 和 POST 返回 200 的请求时，可分别使用上述两种指标；在需要获取所有返回 200 的请求时，可以通过 http_request_total{status="200"}完成数据的聚合，非常便捷和通用。指标的某些标签是以“__”开头，这些标签是在 Prometheus 系统内部使用的。在形式上，http_request_total{status="200"}和{name="http_request_total",status="200"}代表相同的指标。Prometheus 指标采用标签的方式能够很好地与容器结合，无论是原生 Docker 还是 Kubernetes，都通过标签关联资源。

### 3.1.2　Prometheus 的指标分类

Prometheus 底层存储上其实并没有对指标做类型的区分，都是以时间序列的形式存储，但是为了方便用户的使用和理解不同监控指标之间的差异，Prometheus 定义了四种不同的指标类型（见图 3-2），具体如下：

- Counter（计数器）：只增不减的单变量；
- Gauge（仪表盘）：可增可减的单变量；
- Histogram（直方图）：多桶统计的多变量；
- Summary（摘要）：聚合统计的多变量。

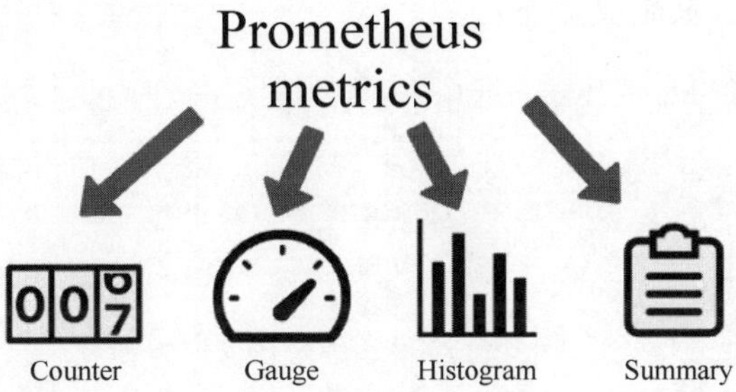


图 3-2

此外，Prometheus metrics 中有一种将样本数据以标签（label）为维度作切分的数据类型，称为向量（vector）。四种基本类型也都有向量类型，分别为 CounterVec、GaugeVec、HistogramVec 和 SummaryVec

Vector 相当于一组同名同类型的 metrics，以 Label 做区分。Label 可以有多个，Prometheus 实际上会为每个 Label 组合创建一个 metric。Vector 类型记录数据时需先标注 Label 才能调用 metrics 的方法记录数据。

例如，对于 HTTP 请求延迟这一指标，由于 HTTP 请求可在多个地域的服务器处理，且具有不同的方法，于是，可定义名为 http_request_latency_seconds 的 SummaryVec，标签有 region 和 method，以此表示不同地域服务器的不同请求方法的请求延迟。

接下来，对上面讲到的四个类型做详细介绍。

### 1. Counter（计数器）

Counter 是计数器类型，它的特点是只增不减，如机器启动时间、HTTP 访问量等。其定义如下：

```
type Counter interface {
    Metric
    Collector

    //自增 1
    Inc()
    // 把给定值加入计数器中，若值小于 0 会异常终止
    Add(float64)
}
```

Counter 具有很好的不相关性，不会因为机器重启而置 0。在使用 Counter 指标时，通常会结合 rate()方法获取该指标在某个时间段的变化率，例如，“HTTP 请求总量”指标就属于典型的 Counter 指标，通过对它进行 rate()操作，可以得出请求的变化率。

### 2. Gauge（仪表盘）

Gauge 是可增可减的，可以反映一些动态变化的数据，例如，当前内存占用、CPU 利用、GC 次数等动态可上升可下降的数据，在 Prometheus 上可以不用经过内置函数直观地反映数据的变化情况。其定义如下：

```
type Gauge interface {
    Metric
    Collector
    Set(float64)              //直接设置成给定值
    Inc()                     //自增 1
    Dec()                     //自减 1
    Add(float64)              //增加给定值，可为负
    Sub(float64)              //减少给定值，可为负
    //SetToCurrentTime 将 Gauge 设置成当前的 UNIX 时间戳
    SetToCurrentTime()
}
```

### 3. Histogram（直方图）

Histogram 是一种直方图类型，可以观察到指标在各个不同的区间范围的分布情况，如请求时延、回复长度、有样本数据等。其定义如下：

```
type Histogram interface {
    Metric
    Collector
```

```
    //Observe 将一个观测到的样本数据加入 Histogram 中，并更新相关信息
    Observe(float64)
}
```

Histogram 会根据观测的样本生成如下数据：

- [basename]_sum：数据的加和，类型为 counter；
- [basename]_bucket{le=a1}：处于[−inf,a1]的数值个数；
- [basename]_bucket{le=a2}：处于[−inf,a2]的数值个数；
- [basename]_count：数据的个数，类型为 counter；
- [basename]_bucket{le=<+inf>}：处于[−inf,+inf]的数值个数，Prometheus 默认额外生成，无须用户定义。

注：inf 表示无穷值，a1，a2，…是单调递增的数值序列。

Histogram 可以计算样本数据的百分位数，其计算原理是通过找特定的百分位数值在哪个桶中，然后再通过插值得到结果。比如目前有两个桶，分别存储了[−inf, 1]和[−inf, 2]的数据。然后现在有 20%的数据在[−inf, 1]的桶，100%的数据在[−inf, 2]的桶。那么，50%分位数就应该在[1, 2]的区间中，且处于(50%−20%) / (100%−20%) = 30% / 80% = 37.5% 的位置处。Prometheus 计算时假设区间中数据是均匀分布的，因此直接通过线性插值可以得到(2−1)*3/8+1 = 1.375。

在直方图中，还可以通过 histogram_quantile()函数求出百分位数，比如 P50、P90、P99 等数据。

#### 4．Summary 摘要

Summary 也是用来做统计分析的，和 Histogram 的区别在于，Summary 直接存储的就是百分位数；其定义如下：

```
type Summary interface {
    Metric
    Collector

    //Observe 将一个观测到的样本数据加入 Summary 中，并更新相关信息
    Observe(float64)
}
```

Summary 的百分位数是客户端计算好直接让 Prometheus 抓取的，不需要 Prometheus 计算，直方图是通过内置函数 histogram_quantile()在 Prometheus 服务端计算求出。Summary 每次调用 obeserve 会计算出如下数据：

- [basename]_count：数据的个数，类型为 counter；
- [basename]_sum：数据的加和，类型为 counter；
- [basename]{quantile=0.5}：滑动窗口内 50%分位数值；
- [basename]{quantile=0.9}：滑动窗口内 90%分位数值；

- [basename]{quantile=0.99}：滑动窗口内 99%分位数值。

Summary 可以直观地观察到样本的中位数，P90 和 P99 是两个常用的指标。实际分位数值可根据需求指定，而且是对每一个 Label 组合做聚合。

总的来说，Histogram 和 Summary 类型测量的对象是比较接近的，但根据其实现方式和本身的特点，在性能耗费、适用场景等方面会有一定差别，具体见表 3-1。

表 3-1　Histogram 和 Summary 类型的区别

| 类　型 | Histogram | Summary |
| --- | --- | --- |
| 客户端性能耗费 | 较低，只需增加 counter | 较高，需聚合计算百分位数 |
| 服务端性能耗费 | 较高，需要聚合计算 | 较低，无须聚合计算 |
| 时间序列数据 | 每个 bucket 一个 | 每个百分位数一个 |
| 百分位数计算误差 | 依赖于桶区间粒度和数据分布，受限于桶的数量 | 受限于百分位数值本身 |
| 聚合 | 查询时可以灵活聚合数据 | 查询时不建议做聚合，百分位数无法做聚合，只能做均值和加和的聚合 |
| 数据的时间范围 | 可以查询时灵活定制 | 活动窗口内，窗口大小在声明 metrics 后不可更改，即查询时也不可更改 |
| 适用场景 | 客户端监控，组件在系统中较多，不太关心精确的百分位数值 | 服务端监控，组件在系统中唯一或只有个位数，需要知道较准确的百分位数值（如性能优化场景） |

## 3.2　服务发现

Prometheus 优化了数据采集的方式，主要采用 pull 模式，即监控中心主动拉取监控目标上的数据。为了适应 push 模式，它引入了 Pushgateway 组件，允许客户端推送数据，这些数据被有序地按照作业和实例组织起来，并支持更新与删除操作，以确保数据的完整性，并提供了本地存储能力。在动态变化的云环境，尤其是容器环境中，服务发现成为必不可少的功能，它允许 Prometheus 自动识别监控目标，而无须手动更新配置。Prometheus 通过服务注册中心，这个“中间人”，来获取最新的监控目标信息，实现了真正的动态监控。这种服务发现机制，有效地简化了在不断变化的环境中监控配置的复杂性。其工作原理如图 3-3 所示。

在图 3-3 中，服务发现（SD）模块负责识别待监控的目标信息，并将这些信息订阅给 Prometheus。当新的目标信息可用时，SD 模块会将其推送给 Prometheus。收到目标信息后，Prometheus 利用 HTTP 协议以 pull 方式拉取相应的监控指标。Prometheus 内置了丰富的服务发现机制，包括但不限于静态配置、Kubernetes 的自动发现，以及常用的服务发现平台（如 DNS、Consul 和 Zookeeper）。当前，Prometheus 支持超过 20 种服务发现机制，详细信息可在其官方文档中找到。

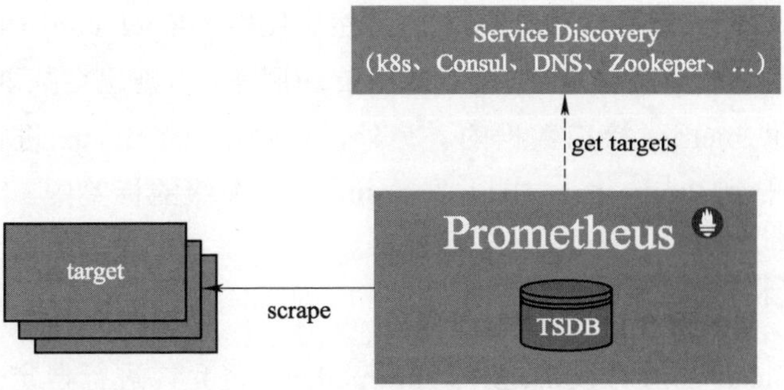


图 3-3

通过 Prometheus 配置文件中的 scrape_config 部分，用户可以灵活配置这些服务发现机制。Prometheus 会动态更新抓取目标列表，自动地添加新实例并停止监控旧实例，尤其是在 Kubernetes 集群中，其自动发现监控目标的能力极大简化了运维工作。大多数服务发现机制还能提供目标的元数据，如带有“__”前缀的标签、注解、服务名等。这些元数据可以在重新标记（relabeling）阶段被利用来过滤或修改目标，而在此阶段结束后这些元信息标签通常被删除。

接下来，介绍两种常用的服务发现方式。

### 3.2.1　基于 Consul 的服务发现

Consul 是由HashiCorp 开发的一个支持多数据中心的分布式服务发现和键值对存储服务的开源软件，也是一个通用的服务发现和注册中心工具，广泛应用于基于微服务的软件架构当中。

为了演示服务发现的配置和过程，接下来将配置Prometheus通过Consul自动发现demo服务。

在 Prometheus 配置文件 prometheus.yml 的 scrape_configs 部分添加如下所示的抓取配置：

```
scrape_configs:
   - job_name: "consul-sd-demo"
consul_sd_configs:
   - server: "localhost:8500"
relabel_configs:
   - action: keep
     source_labels: [meta_consul_service, __meta_consul_health]
     regex: demo;passing
   - action: labelmap
     regex: __meta_consul_service_metadata_(.*)
     replacement: consul_$1
```

从以上代码中可以看到，添加了一个名为 consul-sd-demo 的抓取任务，通过 consul_sd_

configs 配置用于自动发现 Consul 服务地址，然后使用 relabel_configs 进行重新标记配置，首先只保留名称为 demo 且健康状态为 passing 的服务，否则也会抓取 Consul Agent 本身，而它自身是不提供 metrics 接口数据的。另外，还使用 labelmap 进行标签映射，将所有 Consul 元标签映射到 Prometheus 中以“consul_”为前缀的标签中。

### 3.2.2 静态文件配置

除了基于 Consul 的服务发现之外，Prometheus 也允许进行自定义的发现集成，静态文件配置是一种传统的服务发现方式，如图 3-4 所示。一般适用于有固定的监控环境、IP 地址和统一的服务接口的场景，需要在配置中指定采集的目标。

例如，指定采集本地 8080 端口的 Agent 数据的代码如下：

```
scrape_configs:
- job_name: 'prometheus'
static_configs:
- targets: ['localhost:8080']
```

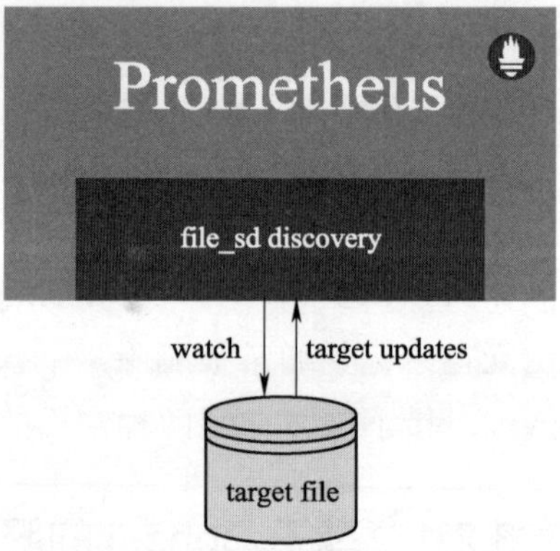

图 3-4

如上代码中，表示监控对象的地址是 10.10.10.10，端口是 8080，Prometheus 会周期性地调用该监控对象（10.10.10.10:8080），但如果服务发生迁移、变更，以及更换地址或者端口，就需要重新修改配置文件并通知 Prometheus 重新加载配置文件。

Prometheus server 采用 pull 模型进行数据抓取，需要预先知道各个目标（target）的位置以从 exporter 获取数据。在小型系统中，可以简单地通过 static_configs 静态配置目标。而在动态性较强的中大型或容器化环境中，考虑到容器实例的频繁变动，静态配置不再适用。为此，Prometheus 提供了服务发现机制，自动识别和更新变化的目标，从而实现对动态系统环境的有效监控。

## 3.3 数据处理

Prometheus 在数据处理方面具有高度的灵活性，特别是通过其 metric_relabel_configs 模块提供的丰富操作，如图 3-5 所示。这些操作包括重命名、替换、保留和丢弃等，允许用户在数据抓取后动态地重写指标标签。在每个抓取配置中，可以定义一系列的重标记步骤，这些步骤将按照顺序执行。该配置与 relabel_configs 模块类似，但专用于处理抓取到的指标数据。

metric_relabel_configs 的一个关键用途是丢弃那些对监控无用的数据，以避免在 Prometheus 中保存不必要的信息，从而节省存储空间并提高系统吞吐量。通过配置 keep

规则，Prometheus 可以保留所有匹配特定标签的数据，而通过 drop 规则，则可以丢弃这些数据，完成高效的数据过滤。这些重新标记操作通常用于重命名标签、删除不需要的标签，以及过滤不需要监控的目标等场景，使得 Prometheus 在处理大量和复杂数据时更为高效和精准。

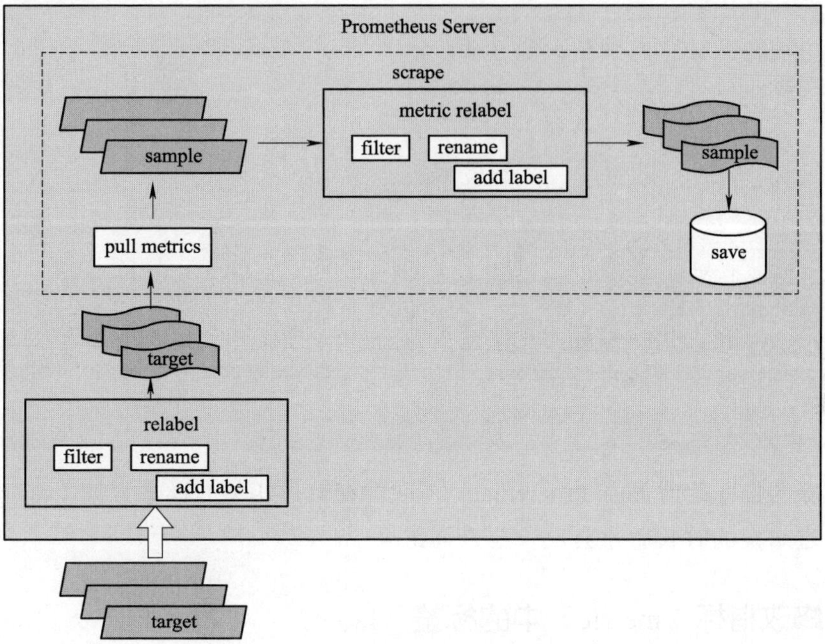


图 3-5

### 3.3.1　删除不需要的指标（metric）

Prometheus 默认会将所有拉取到的 metrics 都写入自己的存储中。如果某些 metrics 用处不大，可以设置直接丢掉，减少磁盘空间的浪费，如删除 go_info 的指标数据。具体操作是通过指标上元标签name引用指标名称，而后由 regex 进行匹配判定，可使用 drop action 删除匹配的指标，或使用 keep action 仅保留匹配的指标，具体代码如下：

```
scrape_configs:
    - job_name: 'consul-node-exporter'
consul_sd_configs:
    - server: "192.168.28.10:8500"
    - server: "192.168.28.11:8500"
    - server: "192.168.28.12:8500"
      datacenter: 'dc1'
      services: []
relabel_configs:
    - source_labels: [__meta_consul_tags]
      regex: ".*node-exporter.*"
      action: keep
```

```
    metric_relabel_configs:
        - source_labels: [__name__]
          regex: "go_info"
          action: drop

        - job_name: 'consul-cadvisor-exproter'
    consul_sd_configs:
        - server: "192.168.28.10:8500"
        - server: "192.168.28.11:8500"
        - server: "192.168.28.12:8500"
    datacenter: 'dc1'
          services: []
    relabel_configs:
        - source_labels: [__meta_consul_tags]
          regex: ".*cadvisor-exporter.*"
          action: keep
    metric_relabel_configs:
        - source_labels: [__name__]
          regex: "go_info"
          action: drop
```

若删除的指标此前曾由 Prometheus 抓取并存储过相关的样本数据，则删除操作的效果需要经过一定的时长后才会反映至查询结果中。

### 3.3.2 修改指标（metric）中的标签（label）

在使用 Prometheus 监控复杂系统时，经常需要将多个数据源（job_name）的查询结果合并。不同数据源的指标（metric）中标签（label）的命名可能会不一致，例如，表示容器中的 Pod 名称的标签可能是 pod 或 pod_name。为了统一查询语句，需要在数据抓取后、存储前重写标签名称，确保相同含义的标签具有统一的名称。下面的配置示例演示了如何使用metric_relabel_configs替换标签，将pod和container标签统一重命名为pod_name和 container_name，具体代码如下：

```
    metric_relabel_configs:
        - source_labels: [pod]
          separator: ;
          regex: (.+)
          target_label: pod_name
          replacement: $1
          action: replace
        - source_labels: [container]
          separator: ;
          regex: (.+)
          target_label: container_name
          replacement: $1
          action: replace
```

以上配置将对于包含 pod 和 container 的所有指标进行标签重命名操作。不过，如果标签名中包含 pod 和 container 但不完全匹配，这些标签则不会被更改。

### 3.3.3 删除标签

删除标签通常用于隐藏敏感信息或者简化时间序列的场景，代码如下：

```
metric_relabel_configs:
  - regex: 'kernelVersion'
    action: labeldrop
```

为了删除标签，指定了一个正则表达式，然后指定删除标签的操作 labeldrop。 这将删除与正则表达式匹配的所有标签。

## 3.4 数据存储

Prometheus 2.x 默认将时间序列数据库保存在本地磁盘中，它采用的是 time-series（时间序列）的方式，以一种自定义的格式存储。当然，也可以将数据保存到第三方的存储服务中。

### 3.4.1 本地存储

Prometheus 按照每两个小时为一个时间窗口，将两小时内产生的数据存储在一个块（block）中。每个块都是一个单独的目录，里面包含了对应时间窗口内的所有样本数据（chunks）、元数据文件（meta.json）以及索引文件（index）。其中索引文件会将指标名称和标签索引到样板数据的时间序列中。此期间如果通过 API 删除时间序列，删除记录会保存在单独的逻辑文件 tombstone 中。

而样本数据所在的块则会被直接保存在内存中，不会持久化到磁盘中。为了确保 Prometheus 发生崩溃或重启时能够恢复数据，Prometheus 启动时会通过预写日志（write-ahead-log，WAL）重新记录，从而恢复数据。

预写日志文件保存在 wal 目录中，每个文件大小为 128 MB。由于 wal 文件包括还没有被压缩的原始数据，所以比常规的块文件大得多。一般情况下，Prometheus 会保留三个 wal 文件，但如果有些高负载服务器需要保存两个小时以上的原始数据，wal 文件的数量就会大于 3 个。

### 3.4.2 远程存储

受限于可拓展性和持久性，Prometheus 的本地存储仅限于单个节点，所以 Prometheus 并没有提供集群的存储解决方案，而是提供了一系列接口，以便和远程存储系统相结合。

例如，当用户在 prometheus.yml 配置文件中配置了 Remote Write（远程写）的 URL 地址后，Prometheus 就会将采集到的样本数据通过 HTTP 的形式发送给适配器，后续用户就可以在适配器中对接外部服务。外部服务可以是真正的存储系统，也可以是云存储、消息队列等。

和 Remote Write 一样，当用户在配置文件中配置了 Remote Read（远程读）的 URL 地址后，就会通过 HTTP 的形式到 Adaptor 中查询数据，然后 Adaptor 再去第三方存储服务中获取数据并转发回来。

## 3.5 数据查询

PromQL 是 Prometheus 提供的一种功能强大的查询语言，它支持以下四种类型的查询表达式：

- 字符串：通常用作某些内置函数的参数；
- 标量：表示单个数值，既可以作为函数的参数，也可以是函数的返回结果；
- 瞬时向量：表示在特定时刻的一系列时序数据点；
- 区间向量：包含了在指定时间范围内的时序数据。

本节重点介绍瞬时向量和区间向量这两种查询类型的细节和用例。

### 3.5.1 瞬时查询

直接通过指标名即可进行查询，查询结果是当前指标最新的时间序列。比如查询 Gc 累积消耗的时间，实现代码如下：

```
go_gc_duration_seconds_count
```

代码执行结果如图 3-6 所示。

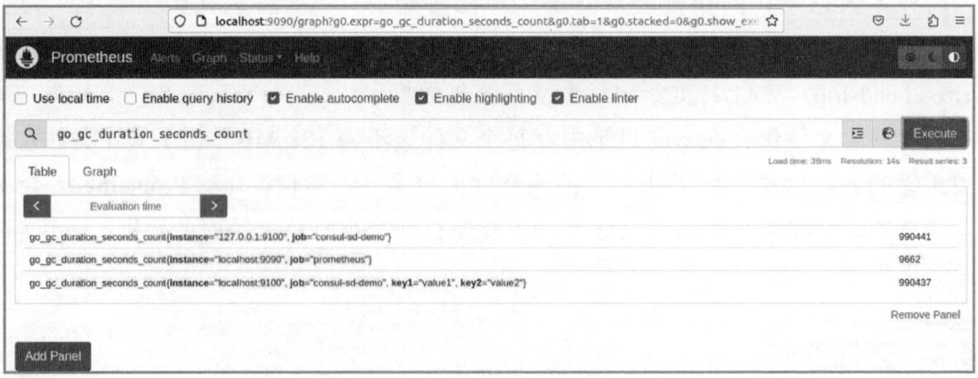


图 3-6

可以看到查询出多个同名指标结果，可以用“{}”做标签过滤查询。例如，查询指定实例的指标，代码如下：

```
go_gc_duration_seconds_count{instance="127.0.0.1:9100"}
```

代码执行结果如图 3-7 所示。

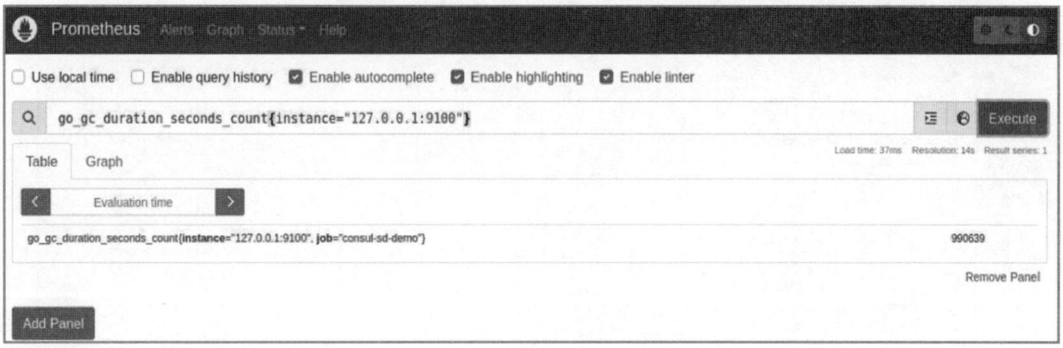


图 3-7

除此之外，Prometheus 的查询还支持正则表达式，通过“=~”指定正则表达式。例如，查询所有 instance 是 localhost 开头的指标，代码如下：

```
go_gc_duration_seconds_count{instance=~"localhost.*"}
```

代码执行结果如图 3-8 所示。

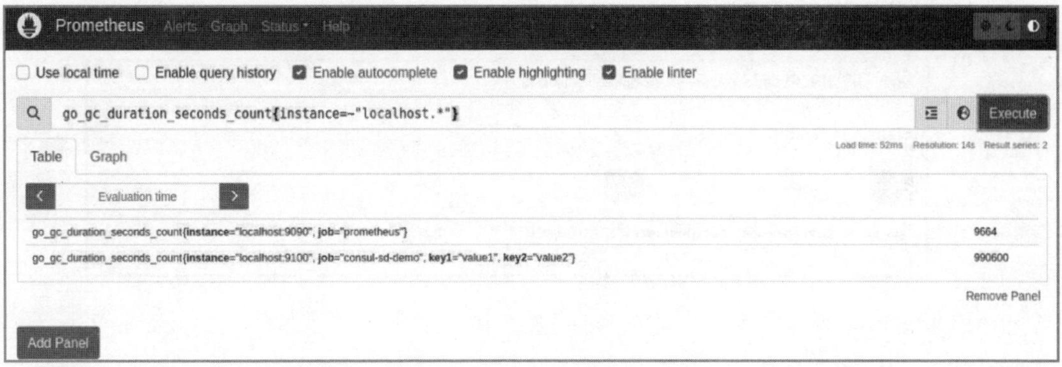


图 3-8

## 3.5.2　范围查询

范围查询的结果集就是区间向量，可以通过“[]”指定时间来做范围查询。例如，查询 5 分钟内 Gc 累积消耗时间，代码如下：

```
go_gc_duration_seconds_count{}[5m]
```

**注意：** 这里范围查询第一个点并不一定精确到刚刚好 5 分钟前的那个时序样本点，它是以 5 分钟作为一个区间，寻找这个区间的第一个点到最后一个样本点。

代码执行结果如图 3-9 所示。

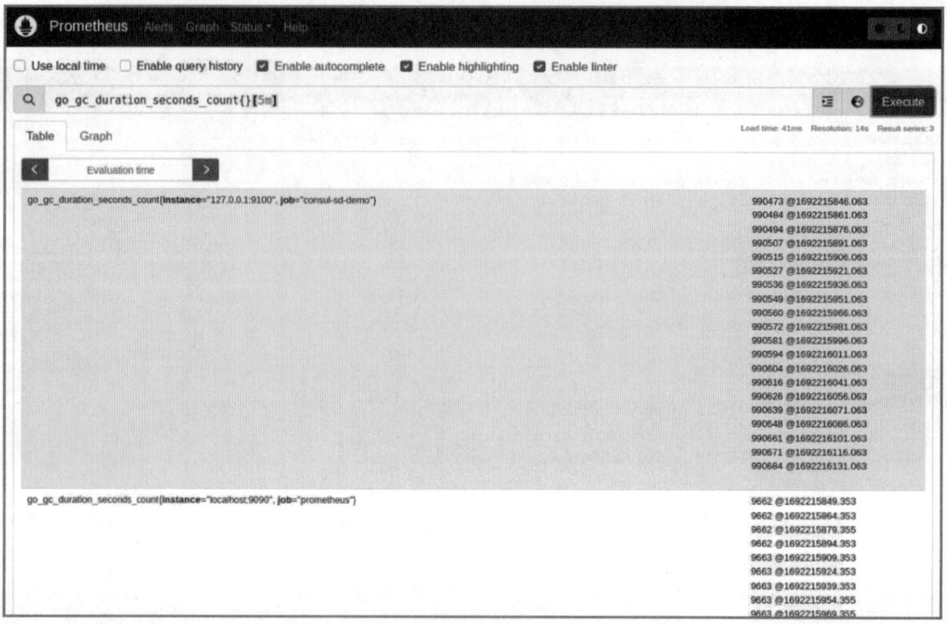


图 3-9

时间单位选取的界面如图 3-10 所示。

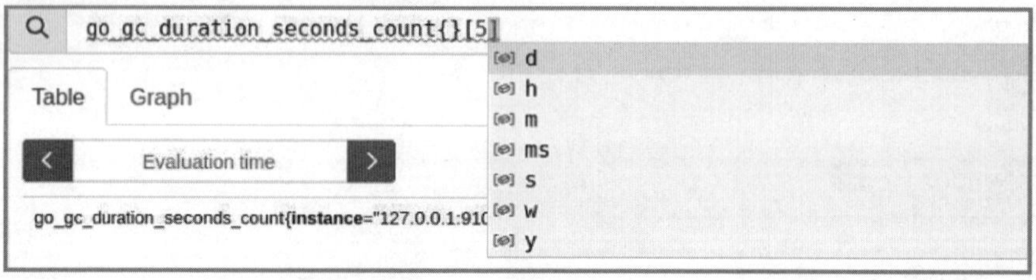


图 3-10

在 Prometheus 中，时间单位表示是直观的，它们对应不同的时间跨度：s 代表秒，m 代表分钟，h 代表小时，d 代表天，w 代表周，ms 代表毫秒，y 代表年。这样的表示法允许用户以简洁的方式指定时间范围，从而进行精确的时间序列数据查询。

除了基本的时间单位，Prometheus 还提供了高级查询功能，如 SQL 中的 offset 操作，使得查询过去时间点的数据变得简单。例如，若要查询一天前的某个五分钟时间段内的时序数据，可以使用类似以下的查询表达式：go_gc_duration_seconds_count{}[5m] offset 1d。这样的查询不仅可以检索过去某一特定时间段的数据，也可以用于比较过去和当前的数据，进行趋势分析或性能评估。通过这种方式，Prometheus 使得对历史数据的探索和分析变得既直观又灵活。

# 3.6　告警

在 Prometheus 中，告警系统是通过集成的 Alertmanager 组件实现的，它基于 PromQL 定义和触发监控告警。当 PromQL 查询结果超出预设的阈值时，Prometheus 将生成告警信息并发送至 Alertmanager。Alertmanager 负责进一步处理这些告警，包括对告警信息进行分组、抑制无关告警以及重复告警的消除。之后，它根据配置将告警通知发送到不同的目的地，如电子邮箱、微信或其他支持的通信渠道。

这个过程不仅涉及告警的生成和发送，还包括告警的整个生命周期管理。例如，可以在 Alertmanager 中设置告警的沉默期（silences）来暂时抑制特定告警，或者定义告警路由规则来确保不同类型的告警被正确地发送到相应的处理队伍或个人。此外，Prometheus 还支持注释和标签来增强告警的可读性和上下文信息，便于运维团队更快地理解和响应告警。通过这种灵活而强大的告警机制，Prometheus 能够有效地帮助维护系统的稳定性和可靠性。

告警部分的详细内容，将会在后面的章节讲解。

# 3.7　集群

Prometheus 支持单集群和多集群监控。下面具体介绍 Prometheus 的单集群监控和多集群监控。

## 3.7.1　单集群监控方案

对于单个集群，Prometheus 将从表 3-2 所列的指标来源获取数据。

表 3-2　集群监控的指标

| 组件名称 | 说明 |
|---|---|
| kube-state-metrics | 通过 watch API Server 生成资源对象的状态指标，如 Deployment、Pod、Service 等，然后 Prometheus 进行采集 |
| metrics-server | 该组件是一个集群范围内的资源数据聚合工具，是 Heapster 的替代品，比如 kube-controller-manager 状态信息 |
| Node-exporter | 用于监控 k8s 节点的基本状态，这个组件以 DeamonSet 的方式部署，每个节点一个，用于提供节点相关的指标，如节点的 CPU 使用率、内存使用率等 |
| Cadvisor | 这个组件目前已经整合到了 kubelet 中，它提供的是每个容器的运行时指标，如一个容器的 CPU 使用率、内存使用率等 |
| kube-state-metrics | 主要关注的是业务相关的一些元数据，如 Deployment、Pod、副本状态等 |
| metrics-server | 主要关注的是资源度量 API 的实现，如 CPU、文件描述符、内存、请求延时等指标 |

单集群架构如图 3-11 所示。使用这种方式可以监控集群的节点、组件、资源状态、容器运行时状态等。

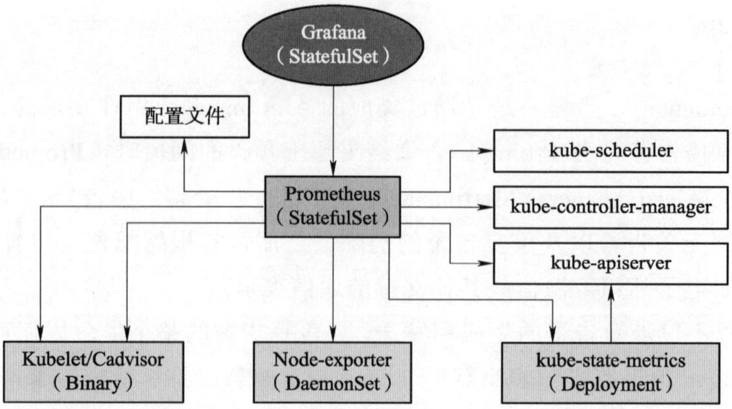


图 3-11

### 3.7.2 多集群场景监控方案一：联邦机制

如果现在有多个集群，并希望它们的监控数据存储到一起，可以进行聚合查询，用上述部署方案显然是不够的，因为上述方案中的 Prometheus 只能识别出本集群内的被监控目标，即服务发现无法跨集群。另外，就是网络限制，多个集群之间的网络有可能是不通的，这就使得即使在某个集群中知道另一个集群的 target 地址，也没法去抓取数据。

Prometheus 支持拉取其他 Prometheus 的数据到本地，称为联邦机制。这样就可以在每个集群内部署一个 Prometheus，再在它们之上部署一个 Top Prometheus，用于拉取各个集群内部的 Prometheus 数据进行汇总，工作架构如图 3-12 所示。

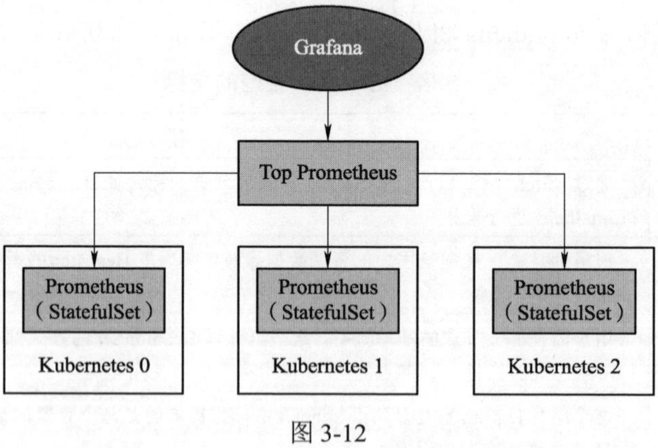


图 3-12

联邦机制是社区所认可的，在集群规模较小、整体数据量不大的情况下，联邦机制部署简单，理解成本低，没有其他组件的引入，是一个很不错的选择。

但是联邦机制也有其问题。由于所有数据最终都由 Top Prometheus 进行存储，当总数据量较大时，Top Prometheus 的压力将增大，甚至不堪重负。另外，每个集群中的

Prometheus 实际上也会保存数据（Prometheus 2.x 不支持关闭本地存储），所以实际上出现了数据无意义冗余。

### 3.7.3 多集群场景监控方案二：Thanos

Thanos 是一款开源的 Prometheus 高可用解决方案，它支持从多个 Prometheus 中查询数据并进行汇总和去重，并支持将 Prometheus 本地数据传送到云上对象进行长期存储。Thanos 架构如图 3-13 所示。

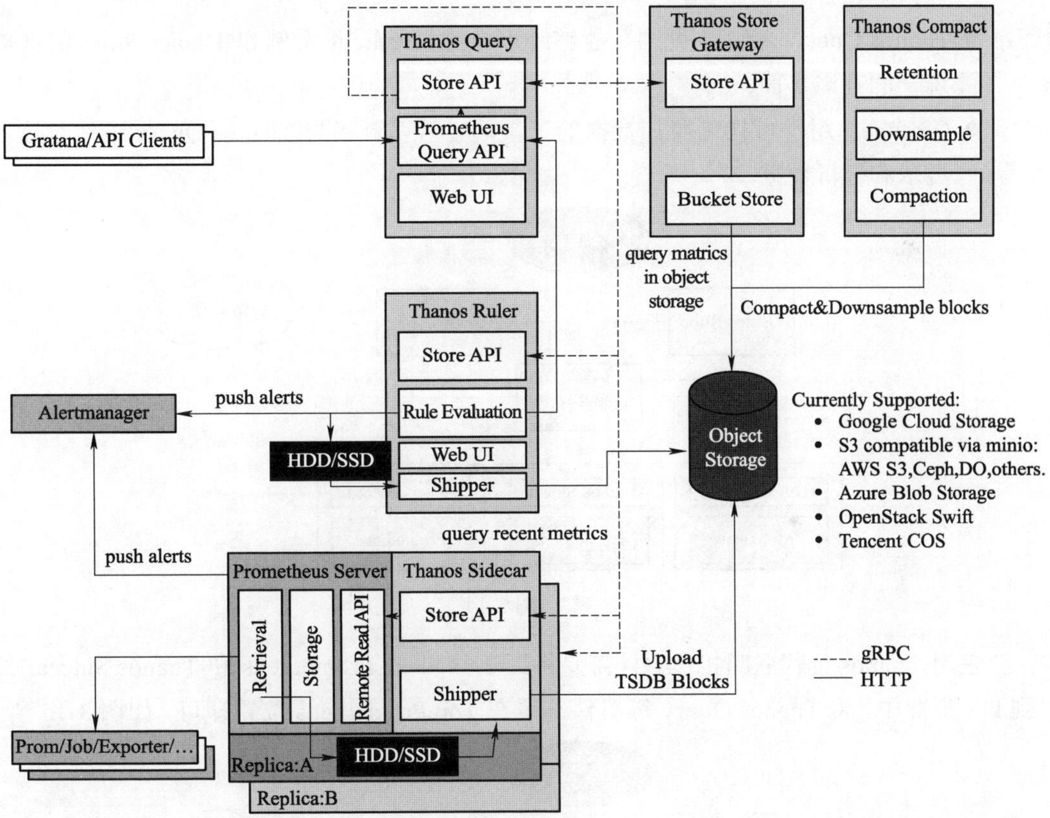


图 3-13

图 3-13 中关键模块的作用见表 3-3。

表 3-3　Thanos 关键模块的作用

| 模块名称 | 说　明 |
|---|---|
| Query | Query 代理 Prometheus 作为查询入口，它会去所有 Prometheus、Store 以及 Ruler 查询数据，汇总并去重 |
| Sidecar | 将数据上传到对象存储，也负责接收 Thanos Query 的查询请求 |
| Ruler | 进行数据的预聚合及告警 |
| Store | 负责从对象存储中查询数据 |

Thanos 是一个高度可扩展的 Prometheus 设置，旨在为 Prometheus 提供跨多个集群的长期存储能力，并能承受部分系统故障而不影响数据的完整性和查询的可用性。如图 3-14 所示，Thanos 通过各个组件增强了 Prometheus 的功能，其中包括：

- Thanos Sidecar：与 Prometheus 实例并行运行的组件，负责将监控数据推送到 Thanos Store，并对外提供查询接口；
- Thanos Store：存储长期监控数据的组件，支持从对象存储中检索数据；
- Thanos Ruler：评估 Alerting and Recording 规则的组件，它可以对数据进行实时处理并触发告警；
- Thanos Query：查询层组件，能够跨多个 Prometheus 实例和 Thanos Store 组件提供统一的查询界面；
- Grafana：用于可视化监控数据的工具，它可以直接与 Thanos Query 组件对接，以展示和分析数据。

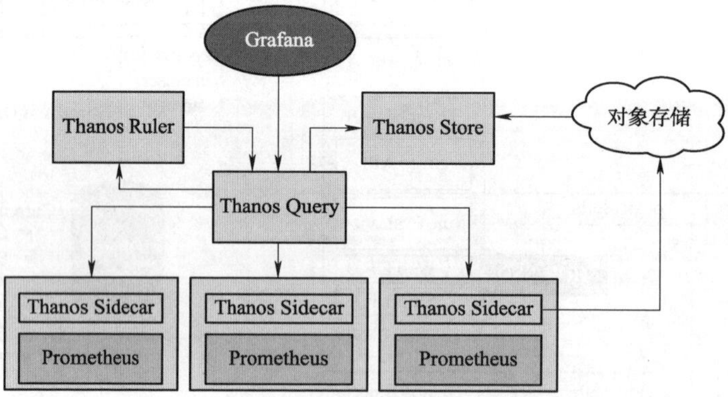


图 3-14

使用 Thanos 替代联邦机制，只需要将图 3-14 中的 Prometheus 和 Thanos Sidecar 部署到 k8s 集群中，将 Thanos Query 等组件部署在 Top Prometheus 位置即可，如图 3-15 所示。

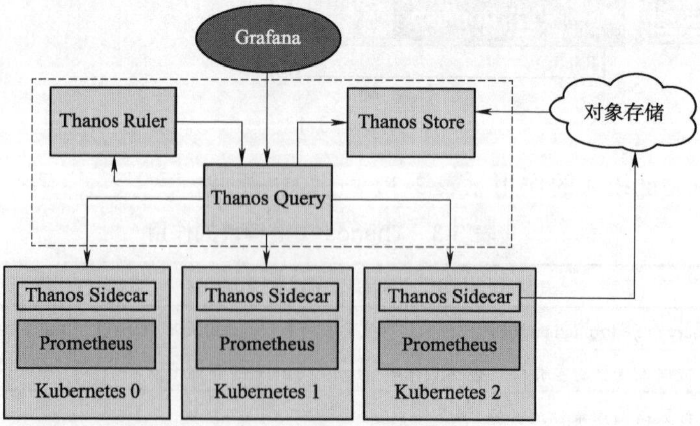


图 3-15

图 3-15 的架构特别适合 Kubernetes 环境，能够跨多个集群提供监控解决方案。Thanos 的集群化部署能够保证即使在单个集群故障的情况下，监控服务依然可用，并且监控数据也不会丢失。通过整合 Thanos，Prometheus 能够实现更高级别的监控策略，包括跨集群的监控数据管理和长期数据存储，使得 Thanos 成为大规模监控环境中的关键组件。

总体而言，单集群监控适用于较小规模的环境，而多集群监控适用于大规模、分布式的系统架构，通过集成多个 Prometheus 实例和其他工具，实现全局性的监控和管理。选择合适的监控架构取决于系统的规模和复杂度。

## ——小　结——

本章深入讨论了 Prometheus 监控系统，从其基本工作原理到监控数据的处理和存储。探讨了 Prometheus 如何以指标为核心，通过时间序列数据提供高效的实时监控能力。虽然 Prometheus 在提供数据链路的完整视图和报表处理方面有一定的局限性，因为其设计重点是面向时间序列的数据收集，这可能使得从数据中抽取复杂报表或进行数据跟踪变得有些困难。此外，Prometheus 原生设计简洁，重点关注易于扩展和实时监控，而不是分布式存储或多租户架构。这意味着在处理分布式系统监控、长期存储或跨租户数据隔离时，可能需要额外的工具或集成。例如，为了弥补长期存储的需求，可以集成如 Thanos 或 Cortex 这样的解决方案。

本章还介绍了如何使用 Consul 等工具来增强 Prometheus 的服务发现能力，以及如何通过标签来精细化地管理和查询指标，使得监控更加灵活和具有针对性。同时，也探讨了如何通过 Alertmanager 实现高效的告警管理，确保在出现问题时能及时响应。最后，了解了 Prometheus 对于监控数据的高级查询和处理，如何利用 PromQL 编写强大的查询语句，以及如何设置告警规则实现自动化的监控策略。尽管 Prometheus 在某些方面有其局限，但其实时监控能力和易于扩展的设计使其成为许多组织实施监控解决方案的首选工具。

# 第 4 章　Prometheus 监控的配置与安装

在前面章节中，探索了 Prometheus 作为一款强大的监控工具的基本架构和关键特性。本章将进一步深入，聚焦于 Prometheus 的配置和安装操作，探讨如何通过全局配置来调整 Prometheus 实例的行为，管理告警规则，并利用 Alertmanager 控制告警通知；详细讨论如何通过各种方法和工具，包括 Ansible 和 Docker，来部署和维护 Prometheus，以及如何通过 Prometheus Web UI 来交互式地监控 IT 基础设施；详细介绍如何利用 Prometheus 强大的指标和导出器（Exporter）来提取和监控关键的系统和应用数据。通过实际案例来说明如何使用 Node Exporter 抓取宿主机层面的性能指标，并讨论如何通过这些数据来监测和优化系统性能。

## 4.1　Prometheus 的安装与使用

下面介绍 Prometheus 的安装方式（包括单机和集群的部署方式）以及简单的应用操作。

为了便于讲解和演示，首先启动一台被监控服务器和一台 Prometheus 服务器。下面演示基于安装包和 Docker 容器两种单机安装方式。

### 4.1.1　服务器设置

首先，设置服务器的环境。笔者基于的是 CentOS 7 系统，分别设置监控服务器和被监控主机的地址，如下：

- Prometheus 服务端的地址为 192.168.11.198；
- 被监控服务器的地址为 192.168.11.199。

节点主机名写入 hosts，并通过如下命令写入：

```
cat >> /etc/hosts << EOF
192.168.11.198 k8smaster master01.prome.me
192.168.11.199 k8snode1 node01.prome.me
EOF
```

### 4.1.2　Prometheus 配置文件解析

Prometheus 通过抓取监控目标上的 HTTP 端点来收集指标，而且 Prometheus 本身也暴露 metrics 指标接口，所以它自然也可以抓取并监控其自身的运行状况，下面通过收集自身的数据为例进行配置说明。

将以下 Prometheus 配置保存为 prometheus.yml 文件（覆盖现有示例的 prometheus.yml 文件）：

```
global:                          #global config
   scrape_interval:      15s
   evaluation_interval: 15s

   scrape_configs:               #Prometheus 的监控资源
      - job_name: prometheus
   static_configs:
      - targets: ['192.168.11.199:9090']
```

下面对 Prometheus 中的配置进行具体解释。

### 1. global 配置

global 用于配置一些全局配置和默认值，如果有内部单独设定，会覆盖这个参数。

```
global:
   scrape_interval: 15s       #默认 15s 全局每次数据收集的间隔
   evaluation_interval: 15s #规则扫描时间间隔是 15 s，默认不填写是 1 min
   scrape_timeout: 5s         #超时时间
   external_labels:           #用于外部系统标签的，不是用于 metrics（度量）数据
```

Prometheus 插件基本上都是二进制的，可以通过二进制文件 -h 了解参数的含义，以便自定义启动参数。如果没有特别的设置，则为默认值。常用的命令行参数如下：

```
./prometheus -h
   --config.file="/opt/config/prometheus.yml"  #读取指定配置文件
   --web.listen-address="0.0.0.0:9090"         #指定 prometheus 运行端口
   --log.level=info                            #日志级别
   --alertmanager.timeout=10s                  #与报警组件的超时时间
```

### 2. Alertmanager 配置

这里定义与 Prometheus 集成的 Alertmanager 插件，该用于监控报警。后续会单独介绍 Alertmanger 插件的配置、配置说明、报警媒介以及 route 路由规则记录。Alertmanager 插件的定义如下：

```
alerting:
   alertmanagers:
   - static_configs:
      - targets: ['192.168.11.199:9093']
```

### 3. 说明

rule_files 用来设置告警规则，基于设定什么指标进行报警，类似触发器 trigger。这里设定好规则（代码如下），Prometheus 会根据全局 global 设定的 evaluation_interval 参数进行扫描加载，规则改动后会自动加载。其报警媒介和 route 路由由 Alertmanager 插件实现。

```
rule_files:
```

```
    - "first_rules.yml"
    - "second_rules.yml"
```

### 4. scrape_configs 配置采集目标 endpoints

scrape_configs 用来告诉 Prometheus 要抓取哪些目标。上面配置了名为 prometheus 的 job，每 15 s 会从被监控服务器抓取指标。这里使用 static_configs 属性手动列举抓取的目标（<host>:<port>格式），不过一般生产环境配置使用一个或多个服务发现来发现目标。scrape_configs 默认规则如下：

```
scrape_configs:
  - job_name: 'prometheus'
    static_configs:
      - targets: ['192.168.11.199:9090']
```

scrape_configs 支持的主要配置及说明见表 4-1。

表 4-1　scrape_configs 支持的主要配置及说明

| 主要配置 | 说　明 |
| --- | --- |
| job_name | 任务目标名，可以理解成分组，每个分组包含具体的 target 组员 |
| scrape_interval: 5s | 这里如果单独设定的话，会覆盖 global 设定的参数，拉取时间间隔为 5 s |
| metrics_path | 监控项访问的 url 路径 |
| targets: Endpoint | 监控目标访问地址 |

说明：上述为静态规则，没有设置自动发现。这种情况下，增加主机需要自行修改规则，通过 supervisor reload 命令重新加载对应的任务。这样做的缺点是每次静态规则添加都要重 prometheus 服务，不利于运维自动化。

Prometheus 支持服务发现，如基于文件、etcd、consul 等服务发现。基于文件的服务发现方式不需要依赖其他平台与第三方服务，用户只需将要更新的 target 信息以 yaml 或 json 文件格式添加到 target 文件中，Prometheus 会定期从指定文件中读取 target 信息并更新，其好处是不需要一个一个地手工添加到主配置文件，只需要提交到要加载目录里边的 json 或 yaml 文件即可，方便维护，且不需要每次都重启 Prometheus 服务端。

## 4.1.3　基于二进制包的安装

从官网下载 Prometheus 对应操作系统的安装包之后，手动部署安装。这里以 CentOS 为例，安装命令如下：

```
# service、二进制、配置文件
$ tar -xvf prometheus-2.27.1.linux-amd64.tar.gz

$ cd prometheus-2.27.1.linux-amd64
```

二进制包的安装方式非常简单，只需要通过如上命令即可实现。

### 4.1.4　使用 ansible 自动部署

软件研发全生命周期和软件部署、系统运维中具有固定流程的重复性工作会耗费大量的人力和时间，自动化运维中都交给相应的工具完成。ansible 是一个配置管理和应用部署工具，功能类似于目前业界的配置管理工具 Chef、Puppet、Saltstack，其工作原理如图 4-1 所示。

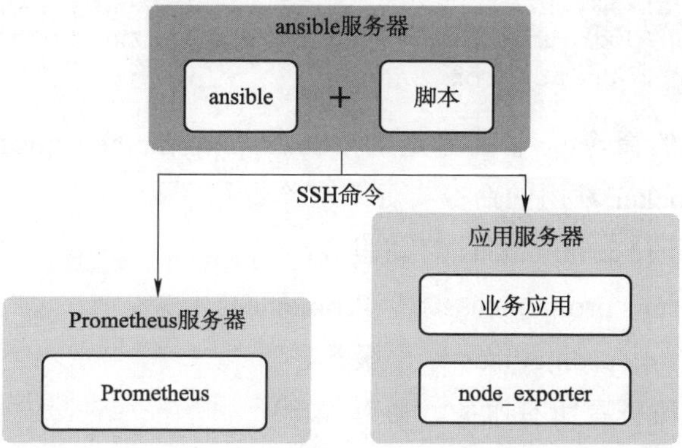


图 4-1

ansible 默认通过 SSH 协议管理机器，所以 ansible 不需要把客户端程序安装在服务器上。我们只需要将 ansible 安装在一台服务器上，就可以去管理控制其他服务器。具体的安装参见 ansible 官网，这里不再赘述。执行 ansible 脚本命令如下：

```
ansible-playbook -i host_file  service_deploy.yaml  -e "tgz=prometheus-2.27.1.linux-amd64.tar.gz" -e "app=prometheus"
```

以上代码中，host_file 是 playbook 执行设置的机器文件，写入相关的机器名，这里设置的是 master 和 node1 两个节点。service_deploy.yaml 定义了部署的服务配置。启动服务之后，查看网络端口的状态，如图 4-2 所示。

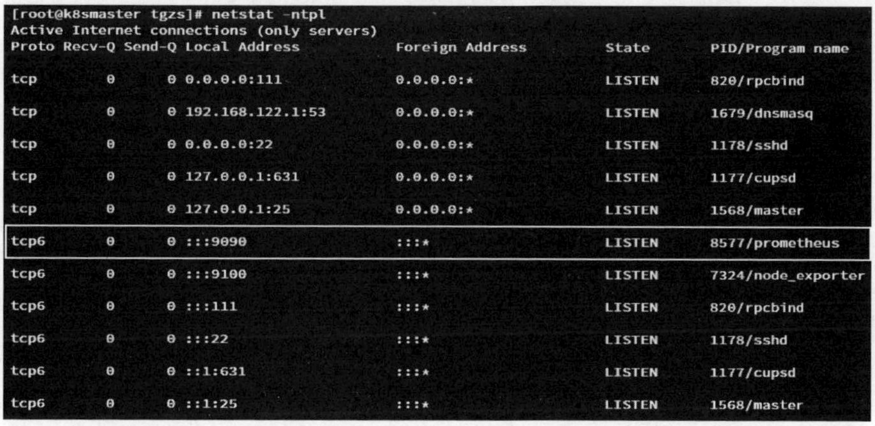


图 4-2

通过图 4-2 可以看到，Prometheus 的 9090 端口已经正常启动。

### 4.1.5 通过 Docker 镜像安装

如果使用 Docker 镜像的方式，首先要确保已安装了最新版本的 Docker，接着便可以通过如下命令下载并运行 Prometheus 的 Docker 镜像：

```
$ docker run --name prometheus -d -p 127.0.0.1:9090:9090 \
    -v /opt/app/prometheus/prometheus.yml:/etc/prometheus/prometheus.yml \
    quay.io/prometheus/prometheus
```

通过运行上面的命令从主机指定的 /opt/app/prometheus/prometheus.yml 绑定安装 prometheus.yml。Docker 常用的命令有如下三个：

- 运行 docker start prometheus 启动服务；
- 运行 docker stats prometheus 查看 Prometheus 状态；
- 运行 docker stop prometheus 停止服务。

运行 docker ps 可查看所有服务，命令如下：

```
$ docker ps

CONTAINER ID      IMAGE                           COMMAND
CREATED           STATUS              PORTS                          NAMES

a5cbd1455481      quay.io/prometheus/prometheus   "/bin/prometheus -..."
12 minutes ago    Up 2 minutes        127.0.0.1:9090->9090/tcp   prometheus
```

综上所述通过 Docker 容器，可以非常方便地启动 Prometheus 服务，并对服务进行相应操作。

### 4.1.6 启动与测试 Prometheus Web UI

对于二进制的安装包，可以直接通过如下命令启动 Prometheus 服务：

```
$ ./prometheus --config.file=prometheus.yml
```

默认情况下，Prometheus 将其数据库存储在 ./data 目录中（可以使用 --storage.tsdb.path 标志进行配置），并从文件 prometheus.yml（使用 --config.file 配置）中读取其配置。

正常情况下 Prometheus 会启动并在 http://:9090/ 上显示相关状态信息，几秒后会从其自身的 HTTP 指标端点收集关于自己的数据；也可以直接在浏览器中访问其指标端点来验证 Prometheus 是否正在提供关于自己的指标：http://:9090/metrics。此处，对于 ansible 安装方式，还可以通过如下两个自定义的域名进行访问，分别对应两台服务器中的配置。

```
node01.prome.me:9100/metrics
master01.prome.me:9100/metrics
```

访问结果如图 4-3 所示。

```
[root@k8smaster tgzs]# curl master01.prome.me:9100/metrics
# HELP go_gc_duration_seconds A summary of the pause duration of garbage collection cycles.
# TYPE go_gc_duration_seconds summary
go_gc_duration_seconds{quantile="0"} 0
go_gc_duration_seconds{quantile="0.25"} 0
go_gc_duration_seconds{quantile="0.5"} 0
go_gc_duration_seconds{quantile="0.75"} 0
go_gc_duration_seconds{quantile="1"} 0
go_gc_duration_seconds_sum 0
go_gc_duration_seconds_count 0
# HELP go_goroutines Number of goroutines that currently exist.
# TYPE go_goroutines gauge
go_goroutines 7
# HELP go_info Information about the Go environment.
# TYPE go_info gauge
go_info{version="go1.15.8"} 1
# HELP go_memstats_alloc_bytes Number of bytes allocated and still in use.
# TYPE go_memstats_alloc_bytes gauge
go_memstats_alloc_bytes 1.330816e+06
# HELP go_memstats_alloc_bytes_total Total number of bytes allocated, even if freed.
# TYPE go_memstats_alloc_bytes_total counter
go_memstats_alloc_bytes_total 1.330816e+06
```

图 4-3

通过 IP 地址的方式，同样可以访问，如图 4-4 所示。

```
192.168.11.199:9100/metrics

# HELP go_gc_duration_seconds A summary of the pause duration of garbage collection cycles.
# TYPE go_gc_duration_seconds summary
go_gc_duration_seconds{quantile="0"} 0
go_gc_duration_seconds{quantile="0.25"} 0
go_gc_duration_seconds{quantile="0.5"} 0
go_gc_duration_seconds{quantile="0.75"} 0
go_gc_duration_seconds{quantile="1"} 0
go_gc_duration_seconds_sum 0
go_gc_duration_seconds_count 0
# HELP go_goroutines Number of goroutines that currently exist.
# TYPE go_goroutines gauge
go_goroutines 7
# HELP go_info Information about the Go environment.
# TYPE go_info gauge
go_info{version="go1.15.8"} 1
# HELP go_memstats_alloc_bytes Number of bytes allocated and still in use.
# TYPE go_memstats_alloc_bytes gauge
go_memstats_alloc_bytes 1.341104e+06
# HELP go_memstats_alloc_bytes_total Total number of bytes allocated, even if freed.
# TYPE go_memstats_alloc_bytes_total counter
go_memstats_alloc_bytes_total 1.341104e+06
# HELP go_memstats_buck_hash_sys_bytes Number of bytes used by the profiling bucket hash table.
# TYPE go_memstats_buck_hash_sys_bytes gauge
go_memstats_buck_hash_sys_bytes 4675
```

图 4-4

启动 Prometheus 后，可以检查它是否正确地抓取了配置的目标，图 4-5 所示即是在浏览器中访问 http://:9090/targets 查看到的所有抓取目标列表。

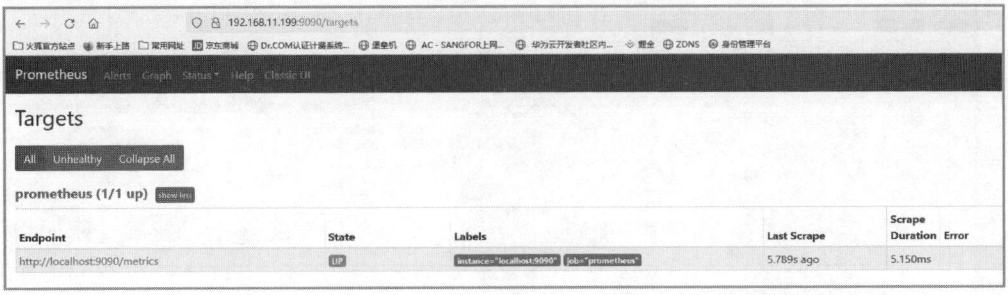


图 4-5

如果配置抓取 Prometheus 任务显示为绿色的 UP 状态，证明 Prometheus 已经正常抓取自身的监控指标。

如果在抓取过程中出现任何问题（常见的如 DNS 解析失败、连接超时等），抓取目标都会显示为 DOWN，同时还有一条错误消息，提供有关抓取失败的相关信息，可以帮助用户快速发现错误配置或不健康的目标。例如，如果将 Prometheus 配置在错误的端口上进行抓取（9091 而不是 9090），targets 目标页面将显示 connection refused 错误。

在配置 Prometheus 时，可以指定抓取的目标，也可以通过服务发现的方式进行配置，这里将配置地址改成指定的 IP，命令如下：

```
$ vim /opt/app/prometheus/prometheus.yml
```

修改界面如图 4-6 所示。

```
static_configs:
- targets: ['192.168.11.198:9090']
```

图 4-6

然后重启 Prometheus 使配置生效。对于实际的应用场景，数据量庞大，还可以使用 PromQL 在 Prometheus graph 页面上查询数据。Prometheus 内置了用于 PromQL 查询的表达式查询界面，浏览器中导航至 http://:9090/graph 并选择 Table 视图即可，如图 4-7 所示。

图 4-7

例如，查询表示自进程开始以来被摄入 Prometheus 本地存储中且包含状态码 200 的样本总数，命令如下：

```
prometheus_http_requests_total{code="200",handler="/metrics"}
```

可以在 Table 和 Graph 视图下面切换查看表达式查询的结果，如图 4-8 所示。

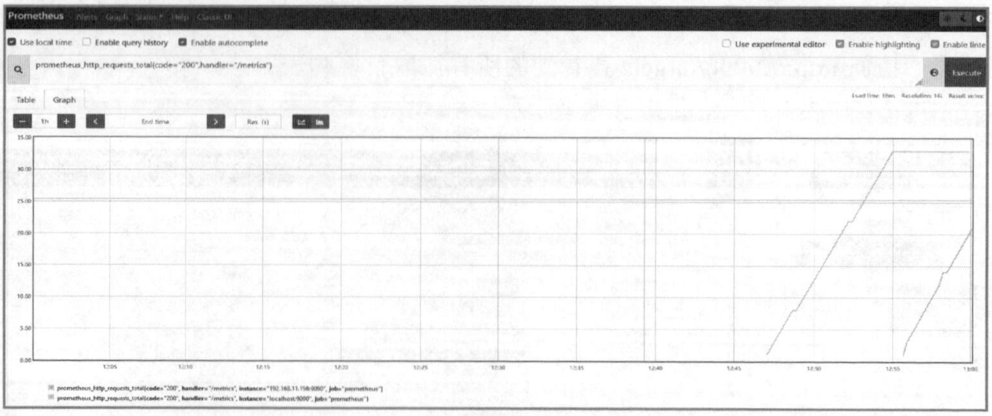


图 4-8

除此之外，在图 4-8 中输入 process_cpu_seconds_total ，还可以查看到 CPU 的使用情况，结果如图 4-9 所示。

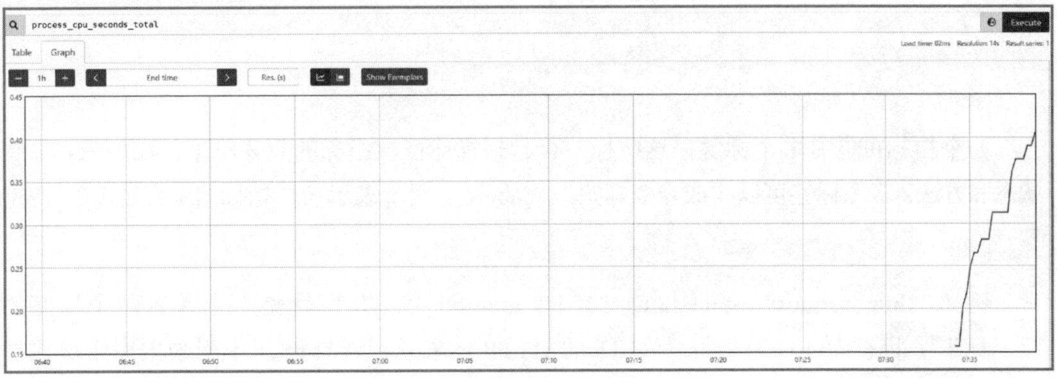


图 4-9

# 4.2　数据模型

## 4.2.1　metric 介绍

Prometheus 会将所有采集到的样本数据以时间序列的形式保存在 Prometheus 内存的 TSDB（时序数据库）中，并定时刷新到硬盘上，时间序列是按照时间戳和值的序列方式存放的，可以称为向量（vector），每一条时间序列都由一个指标名称和一组标签（键值对）来唯一标识。其中指标的名称可以反映被监控样本的含义（比如，http_request_total 表示当前系统接收到的 HTTP 请求总量）。指标名称只能由 ASCII 字符、数字、下画线以及冒号组成并必须符合正则表达式[a-zA-Z:]a-zA-Z0-9*:]*；而标签（label）反映了当前样本的特征维度，通过这些维度 Prometheus 可以对样本数据进行过滤、聚合等。标签的名称只能由 ASCII 字符、数字以及下画线组成并满足正则表达式 a-zA-Z_。

在形式上，所有的指标都通过图 4-10 中的格式表示。

```
<metric name>{<label name> = <label value>, ...}
```

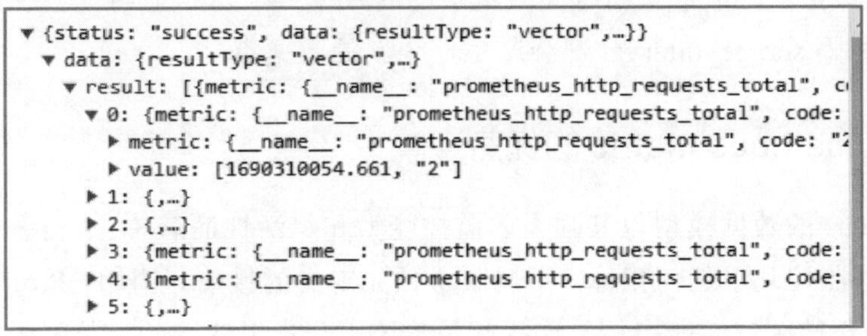


图 4-10

在 Prometheus 中，标签（labels）是用于识别和区分指标（metrics）的关键元素。每个标签由一个名称和对应的值组成，这样的结构在 Go 语言中表示如下：

```
type Label struct {
    Name, Value string
}
```

一个指标可能有多个标签，这些标签合起来描述了该指标的具体维度，比如 HTTP 请求状态和方法。多个标签可以构成一个标签组（labels），用于表示一个指标的所有维度信息如下：

```
type Labels []Label
```

例如，http_request_total{status="404", method="GET"} 就是一个具有两个标签的指标，标识了状态为 404 且方法为 GET 的 HTTP 请求总数。在时间序列数据库中，这样的指标会与时间戳和值一起存储，形成一个样本（sample），其结构可以表示为：

```
type sample struct {
    t int64
    v float64
}
```

每个样本占用 16 字节，包含一个 8 字节的 int64 类型时间戳和一个 8 字节的 float64 类型的值。不同的 metric_name 和标签组合定义了一个独特的时间序列。在 Prometheus 的查询语言中，可以使用以下四种类型的表达式来查询和计算数据：

- 瞬时向量（instant vector）：表示在单一时间点的一系列时间序列数据，每个序列仅包含一个样本值；
- 区间向量（range vector）：包含在给定时间范围内的一系列时间序列样本数据，通常用于计算指标在一段时间内的变化；
- 标量（scalar）：一个单纯的数字值，用于计算或比较；
- 字符串（string）：一个文本值，通常作为查询的输出或函数参数使用。

所有这些指标都是 Prometheus 定期从 metrics 接口那里采集过来的。采集的间隔时间的设置由 prometheus.yml 配置中的 scrape_interval 指定。最多抓取间隔为 30 s，这意味着至少每 30 s 就会有一个带有新时间戳记录的新数据点，这个值可能会更改，也可能不会更改，但是每隔 scrape_interval 都会产生一个新的数据点。

### 4.2.2 Prometheus metric 的优势

Prometheus 的数据模型以其强大的监控能力和灵活性而著称。与传统的服务管理平台相比，它能够监控几乎任何指标，不局限于预先定义的接口。例如，Prometheus 可以监控系统的 IO 操作等关键性能指标，这些都是传统平台难以达到的。其强大之处体现在以下几个方面：

- 多维度监控：Prometheus 的度量（metric）可以携带任意数量的标签（tags），允许用户根据业务线、结果集、具体操作等进行细分。这种多维度的数据模型提供了比传统服务平台更丰富的观测能力，如能够监控短期内（如 1 min）和长期内（如 15 min）的 QPS，以及 99%的请求在特定时间内的完成率。
- 性能高效：Prometheus 在初始化时创建一个 MetricRegistry 容器，所有数据上报都通过这个容器以定时、单线程的方式进行，这样的设计使得 Prometheus 在运行时几乎不消耗额外资源，与之相比，一些其他监控工具可能存在内存泄漏问题，尤其是在跨多个服务时。
- 易于开发和集成：Prometheus 提供了丰富的 API，用户可以通过简单的配置来定制所需监控的维度，使得获取监控数据变得极为简便。

在易用性方面，Prometheus 的开放性让它能够与其他工具（如 InfluxDB 和 Grafana 等）无缝集成。许多项目已经对 Prometheus 进行封装，提供了即插即用的监控解决方案。在实际应用中，Prometheus 不仅可以监控软件服务的多种指标，还可以监控相关的硬件服务，确保整个系统的高可用性。一旦有新服务上线，Prometheus 能够迅速提供关键指标数据，如请求完成时间和异常计数，以便运维和开发团队迅速定位并解决问题。这种全面而深入的监控视角是确保服务质量和系统稳定性的关键。

## 4.3 Exporter 介绍

前面已经介绍，可以通过一个 metrics 接口为 Prometheus 提供监控指标，最好的方式就是直接在目标应用中集成该接口，但是有的应用（如 Linux 系统、MySQL、redis、kafka 等）并没有内置支持 metrics 接口，这种情况下就可以单独开发一个应用来专门提供 metrics 服务，这就是本节要讲的 Exporter。广义上讲，所有可以向 Prometheus 提供监控样本数据的程序都可以称为 Exporter，Exporter 的一个实例就是要监控的 target。

Prometheus 社区提供了丰富的 Exporter 实现，涵盖了从基础设施、中间件以及网络等方面的监控实现，当然社区也出现了很多其他的 Exporter，如果有必要，也可以完全根据自己的需求开发一个 Exporter，但是最好以官方的 Exporter 开发的最佳实践文档作为参考实现方式，在后续内容中，会介绍如何开发一个合格的 Exporter。官方提供的主要 Exporter 如下所示：

- 数据库：Consul exporter、Memcached exporter、MySQL server exporter。
- 硬件相关：Node/system metrics exporter。
- HTTP：HAProxy exporter。
- 其他监控系统：AWS CloudWatch exporter、Collectd exporter、Graphite exporter、InfluxDB exporter、JMX exporter、SNMP exporter、StatsD exporter、Blackbox exporter。

由于 Exporter 是用于提供监控指标的独立服务，所以需要单独部署该服务来提供指标服务，例如，Node Exporter 就需要在操作系统上独立运行来收集系统的相关监控数据转换为 Prometheus 能够识别的 metrics 接口，后面章节主要介绍几个比较常见的 Exporter 的使用。

## 4.4 安装与运行 Node Exporter

Node Exporter 是用于暴露 *NIX 主机指标的 Exporter，比如采集 CPU、内存、磁盘等信息。它采用 Go 语言编写，是一个独立的二进制文件，不存在任何第三方依赖，所以只需要下载解压缩后即可运行。

为了自动化部署，本书默认使用 ansible-play 发布服务。通过编写 ansible 发布 node-exporter 服务脚本，执行如下的运行命令：

```
$ ansible-playbook -i host_file  service_deploy.yaml  -e "tgz=node_exporter-1.1.2.linux-amd64.tar.gz" -e "app=node_exporter"
```

在 Node Exporter 启动完成之后，查看启动日志，内容如下：

```
Mar 29 15:38:51 prome_master_01 node_exporter: level=info ts=2023-03-29T07:38:51.315Z caller=node_exporter.go:178 msg="Starting node_exporter" version="(version=1.1.2, branch=HEAD, revision=b597c1244d7bef49e6f3359c87a56dd7707f6719)"
Mar 29 15:38:51 prome_master_01 node_exporter: level=info ts=2023-03-29T07:38:51.315Z caller=node_exporter.go:179 msg="Build context" build_context="(go=go1.15.8, user=root@f07de8ca602a, date=20230305-09:29:10)"
Mar 29 15:38:51 prome_master_01 node_exporter: level=warn ts=2023-03-29T07:38:51.315Z caller=node_exporter.go:181 msg="Node Exporter is running as root user. This exporter is designed to run as unpriviledged user, root is not required."
Mar 29 15:38:51 prome_master_01 node_exporter: level=info ts=2023-03-29T07:38:51.316Z caller=filesystem_common.go:74 collector=filesystem msg="Parsed flag --collector.filesystem.ignored-mount-points" flag=^/(dev|proc|sys|var/lib/docker/.+)($|/)
Mar 29 15:38:51 prome_master_01 node_exporter: level=info ts=2023-03-29T07:38:51.316Z caller=filesystem_common.go:76 collector=filesystem msg="Parsed flag --collector.filesystem.ignored-fs-types" flag=^(autofs|binfmt_misc|bpf|cgroup2?|configfs|debugfs|devpts|devtmpfs|fusectl|hugetlbfs|iso9660|mqueue|nsfs|overlay|proc|procfs|pstore|rpc_pipefs|securityfs|selinuxfs|squashfs|sysfs|tracefs)$
Mar 29 15:38:51 prome_master_01 node_exporter: level=info ts=2023-03-29T07:38:51.316Z caller=node_exporter.go:106 msg="Enabled collectors"
Mar 29 15:38:51 prome_master_01 node_exporter: level=info ts=2023-03-29T07:38:51.316Z caller=node_exporter.go:113 collector=arp
...
```

检查 node_exporter 服务状态，代码如下：

```
[root@k8smaster tgzs]# ansible -i host_file all -m shell -a " ps -ef |grep
 node_exporter|grep -v grep "

k8smaster | CHANGED | rc=0 >>
root      7324     1  0 12:43 ?        00:00:00
/opt/app/node_exporter/node_exporter
k8snode1 | CHANGED | rc=0 >>
root      8741     1  0 12:43 ?        00:00:00
/opt/app/node_exporter/node_exporter
```

通过以上代码可以看到 ansible-playbook 脚本已经成功发布了 node_exporter 服务。可以通过浏览器或者本机 curl 访问其暴露的 9100 端口，如图 4-11 所示。

```
[root@k8smaster tgzs]# curl  -s  localhost:9100/metrics |grep node_  |head -20
# HELP node_arp_entries ARP entries by device
# TYPE node_arp_entries gauge
node_arp_entries{device="ens192"} 3
# HELP node_boot_time_seconds Node boot time, in unixtime.
# TYPE node_boot_time_seconds gauge
node_boot_time_seconds 1.627624266e+09
# HELP node_context_switches_total Total number of context switches.
# TYPE node_context_switches_total counter
node_context_switches_total 2.964317e+06
# HELP node_cooling_device_cur_state Current throttle state of the cooling device
# TYPE node_cooling_device_cur_state gauge
node_cooling_device_cur_state{name="0",type="Processor"} 0
node_cooling_device_cur_state{name="1",type="Processor"} 0
node_cooling_device_cur_state{name="2",type="Processor"} 0
node_cooling_device_cur_state{name="3",type="Processor"} 0
# HELP node_cooling_device_max_state Maximum throttle state of the cooling device
# TYPE node_cooling_device_max_state gauge
node_cooling_device_max_state{name="0",type="Processor"} 7
node_cooling_device_max_state{name="1",type="Processor"} 7
node_cooling_device_max_state{name="2",type="Processor"} 7
```

图 4-11

下面具体介绍如何配置 Prometheus 采集，如何开启关闭采集项以及自定义指标。

### 4.4.1　配置 Prometheus 采集

为了让 Prometheus Server 能够从当前 Node Exporter 获取到监控数据，需要将 Node Exporter 加入 Prometheus 采集，这里修改 Prometheus 配置文件，配置方式有如下两种：

- 命令行：用来配置不可变命令参数，主要是 Prometheus 运行参数，如数据存储位置；
- 配置文件：用来配置 Prometheus 应用参数，如数据采集、报警对接。

这里选择第二种修改配置文件的方式，编辑 prometheus.yml 并在 scrape_configs 节点下添加以下内容：

```
- job_name: node_exporter
    honor_timestamps: true
    scrape_interval: 15s
    scrape_timeout: 10s
    metrics_path: /metrics
```

```
    scheme: http
    static_configs:
    - targets:
        - 192.168.11.198:9100
        - 192.168.11.199:9100
```

可以看到，实际上是增加了一个 node_exporter job。在配置之后，需要重启 Prometheus 服务，使配置生效。生产环境需要考虑服务的可用性，一般采用热更新方式更新 Prometheus，即不重启 Prometheus 服务而使配置生效。Prometheus 服务的热更新方式有对进程发送信号 SIGHUP 和 HTTP 请求两种方式，不过后一种方式需要开启--web.enable-lifecycle 选项。这里采用 HTTP POST 请求方式，更新配置文件后，通过如下命令使配置生效：

```
curl -vv -X POST http://localhost:9090/-/reload
```

通过如上的 HTTP 请求即可重新加载 Prometheus，之后可以在 Prometheus 的 Web UI 上看到新增的 job，并在 Prometheus 页面观察 Node_Exporter 指标，如图 4-12 和图 4-13 所示。

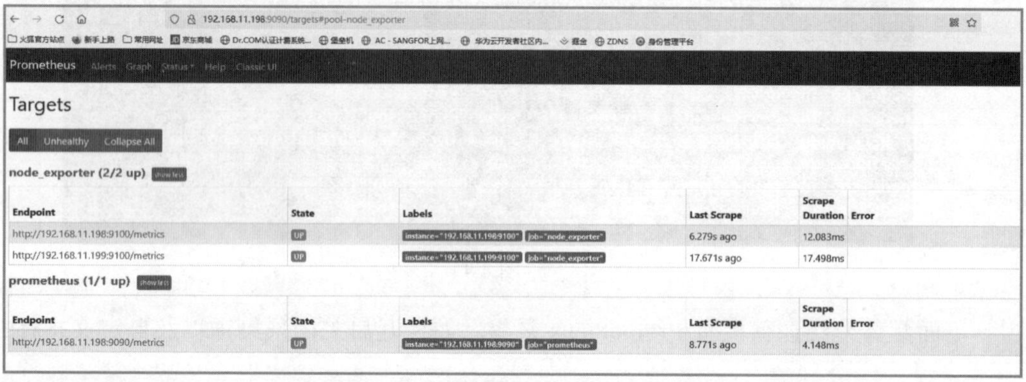


图 4-12

```
node_cpu_seconds_total{mode="user"}

node_cpu_seconds_total{cpu="0", instance="192.168.11.198:9100",
job="node_exporter", mode="user"}
        24.94
node_cpu_seconds_total{cpu="0", instance="192.168.11.199:9100",
job="node_exporter", mode="user"}
        19.09
node_cpu_seconds_total{cpu="1", instance="192.168.11.198:9100",
job="node_exporter", mode="user"}
        33.3
node_cpu_seconds_total{cpu="1", instance="192.168.11.199:9100",
job="node_exporter", mode="user"}
        19.49
```

```
node_cpu_seconds_total{cpu="2", instance="192.168.11.198:9100",
job="node_exporter", mode="user"}
        21.12
node_cpu_seconds_total{cpu="2", instance="192.168.11.199:9100",
job="node_exporter", mode="user"}
        19.98
node_cpu_seconds_total{cpu="3", instance="192.168.11.198:9100",
job="node_exporter", mode="user"}
        27.95
node_cpu_seconds_total{cpu="3", instance="192.168.11.199:9100",
job="node_exporter", mode="user"}
        29.74
```

图 4-13

在 Prometheus 的界面中，可以直接观察到来自 Node Exporter 的各项指标。在图 4-13 所示的示例中，显示的是不同实例上各 CPU 核心在 user 模式下所花费的总秒数。这些数据以标签的形式展现，其中包含了 CPU 的核心编号（如 cpu="0"）、实例的地址（如 instance="192.168.11.198:9100"），以及工作模式（如 mode="user"）。

这些指标可以让系统管理员评估每个 CPU 核心的用户态使用情况，是衡量系统性能和负载的重要参数。例如，node_cpu_seconds_total{cpu="0", instance="192.168.11.198:9100", job="node_exporter", mode="user"}表示 IP 地址为 192.168.11.198，端口 9100 的机器上，CPU 核心 0 在用户态模式下的总运行时间。

通过这些详细的数据，系统管理员能够识别出任何异常的 CPU 使用模式，比如某个核心的使用率过高可能表明存在性能瓶颈。进一步地，管理员还可以利用这些指标做出负载均衡的决策，或者优化应用性能。在 Prometheus 的 Web 界面上，所有监控数据都是实时更新的，确保管理员能够基于最新信息做出运维决策。

## 4.4.2 默认开启和关闭的采集项

在 Prometheus 监控环境中，Node Exporter 作为一个采集节点机器指标的代理，会默认开启一系列采集项，收集关于系统运行状态的各类指标数据。通过查看 node_exporter 的源码，可以看到默认开启的采集项，如图 4-14 所示。

**Enabled by default**

| Name | Description | OS |
|---|---|---|
| arp | Exposes ARP statistics from `/proc/net/arp`. | Linux |
| bcache | Exposes bcache statistics from `/sys/fs/bcache/`. | Linux |
| bonding | Exposes the number of configured and active slaves of Linux bonding interfaces. | Linux |
| btrfs | Exposes btrfs statistics | Linux |
| boottime | Exposes system boot time derived from the `kern.boottime` sysctl. | Darwin, Dragonfly, FreeBSD, NetBSD, OpenBSD, Solaris |
| conntrack | Shows conntrack statistics (does nothing if no `/proc/sys/net/netfilter/` present). | Linux |
| cpu | Exposes CPU statistics | Darwin, Dragonfly, FreeBSD, Linux, Solaris, OpenBSD |
| cpufreq | Exposes CPU frequency statistics | Linux, Solaris |
| diskstats | Exposes disk I/O statistics. | Darwin, Linux, OpenBSD |
| edac | Exposes error detection and correction statistics. | Linux |
| entropy | Exposes available entropy. | Linux |
| exec | Exposes execution statistics. | Dragonfly, FreeBSD |
| fibrechannel | Exposes fibre channel information and statistics from `/sys/class/fc_host/`. | Linux |
| filefd | Exposes file descriptor statistics from `/proc/sys/fs/file-nr`. | Linux |
| filesystem | Exposes filesystem statistics, such as disk space used. | Darwin, Dragonfly, FreeBSD, Linux, OpenBSD |
| hwmon | Expose hardware monitoring and sensor data from `/sys/class/hwmon/`. | Linux |
| infiniband | Exposes network statistics specific to InfiniBand and Intel OmniPath configurations. | Linux |
| ipvs | Exposes IPVS status from `/proc/net/ip_vs` and stats from `/proc/net/ip_vs_stats`. | Linux |
| loadavg | Exposes load average. | Darwin, Dragonfly, FreeBSD, Linux, NetBSD, OpenBSD, Solaris |
| mdadm | Exposes statistics about devices in `/proc/mdstat` (does nothing if no `/proc/mdstat` present). | Linux |
| meminfo | Exposes memory statistics. | Darwin, Dragonfly, FreeBSD, Linux, OpenBSD |

图 4-14

可以通过黑名单关闭某一项默认开启的采集项，命令如下：

```
--no-collector.<name> flag

# 未开启前
[root@prome_master_01 node_exporter]# curl  -s  localhost:9100/metrics |grep
node_cpu
node_cpu_guest_seconds_total{cpu="0",mode="nice"} 0
node_cpu_guest_seconds_total{cpu="0",mode="user"} 0
node_cpu_guest_seconds_total{cpu="1",mode="nice"} 0
node_cpu_guest_seconds_total{cpu="1",mode="user"} 0
node_cpu_guest_seconds_total{cpu="2",mode="nice"} 0
node_cpu_guest_seconds_total{cpu="2",mode="user"} 0
node_cpu_guest_seconds_total{cpu="3",mode="nice"} 0
node_cpu_guest_seconds_total{cpu="3",mode="user"} 0
node_cpu_seconds_total{cpu="0",mode="idle"} 17691.27
node_cpu_seconds_total{cpu="0",mode="iowait"} 8.9
node_cpu_seconds_total{cpu="0",mode="irq"} 0
node_cpu_seconds_total{cpu="0",mode="nice"} 0.32
node_cpu_seconds_total{cpu="0",mode="softirq"} 0.28
node_cpu_seconds_total{cpu="0",mode="steal"} 2.7

# 关闭 CPU 采集
 ./node_exporter --no-collector.cpu
curl  -s  localhost:9100/metrics |grep node_cpu
```

如果希望关闭某个默认开启的采集项，可以在启动 Node Exporter 时使用--no-collector.<name>标志。这里的<name>应替换为希望关闭的采集器名称。例如，如果想关闭 CPU 指标的采集，可以启动 Node Exporter 时加上--no-collector.cpu 标志。该操作会停止收集所有与 CPU 使用相关的指标数据。这在需要减少 Node Exporter 的资源占用，或者仅关注特定指标时非常有用。

在提供的命令示例中，关闭 CPU 采集项前，可以通过向本地 Node Exporter 的 metrics 端点发送请求来查看当前的 CPU 指标数据。如执行 curl -s localhost:9100/metrics | grep node_cpu，就会看到包括 node_cpu_guest_seconds_total 和 node_cpu_seconds_total 在内的各项 CPU 相关指标。

执行了关闭 CPU 采集项的命令./node_exporter --no-collector.cpu 后，再次向同样的端点发送请求并筛选含 node_cpu 的指标时，将观察到之前的 CPU 相关指标不再出现，说明 CPU 采集器已经被成功关闭。这种灵活性允许用户根据实际监控需求自定义 Node Exporter 的行为。

在 node_exporter 中默认关闭的采集项见表 4-2。

表 4-2 node_ exporter 中默认关闭的采集项

| 名　称 | 描　述 | 操作系统 |
|---|---|---|
| buddyinfo | 提供内存碎片的统计信息，来源于/proc/buddyinfo | Linux |
| devstat | 提供设备的统计信息 | Dragonfly,FreeBSD |
| drbd | 提供分布式复制块设备的统计信息（支持到版本 8.4） | Linux |
| interrupts | 提供详细的中断统计信息 | Linux,OpenBSD |
| ksmd | 提供来自/sys/kernel/mm/ksm 的内核和系统统计信息 | Linux |
| logind | 提供来自 logind 的会话数量统计信息 | Linux |
| meminfo_numa | 提供来自/proc/meminfo_numa 的内存统计信息 | Linux |
| mountstats | 提供来自/proc/self/mountstats 的文件系统统计信息，详细展示 NFS 客户端统计 | Linux |
| network_route | 提供路由表作为指标 | Linux |
| ntp | 提供本地 NTP 守护程序的健康检查，验证时间同步 | 任意 |
| perf | 提供基于 perf 的指标（警告：指标依赖于内核配置和设置） | Linux |
| processes | 提供来自/proc 的汇总进程统计信息 | Linux |
| qdisc | 提供排队规则统计信息 | Linux |
| runit | 提供来自 runit 的服务状态 | 任意 |
| supervisord | 提供来自 supervisord 的服务状态 | 任意 |
| systemd | 提供来自 systemd 的服务和系统状态 | Linux |

默认关闭的原因主要有以下几点：

- 太重：High cardinality；
- 太慢：Prolonged runtime that exceeds the Prometheus scrape_interval or scrape_timeout；
- 资源开销太大：Significant resource demands on the host。

同样，也可以通过白名单关闭默认采集项而只开启某些采集，示例代码如下：

```
--collector.disable-defaults --collector.<name> .

# 只开启 mem 采集
./node_exporter --collector.disable-defaults --collector.meminfo

# 只开启 mem 和 CPU 采集
./node_exporter --collector.disable-defaults --collector.meminfo --
collector.cpu
```

例如，需要禁用 golang sdk 指标，可以通过如下的方式禁用：

```
--web.disable-exporter-metrics
```

接下来分别用如下命令确认禁用了 golang sdk 指标的效果：

```
[root@prome_master_01 tgzs]# curl  -s  localhost:9100/metrics |grep promhttp_
# HELP promhttp_metric_handler_errors_total Total number of internal errors
encountered by the promhttp metric handler.
# TYPE promhttp_metric_handler_errors_total counter
promhttp_metric_handler_errors_total{cause="encoding"} 0
promhttp_metric_handler_errors_total{cause="gathering"} 0
# HELP promhttp_metric_handler_requests_in_flight Current number of scrapes
being served.
# TYPE promhttp_metric_handler_requests_in_flight gauge
promhttp_metric_handler_requests_in_flight 1
# HELP promhttp_metric_handler_requests_total Total number of scrapes by HTTP
status code.
# TYPE promhttp_metric_handler_requests_total counter
promhttp_metric_handler_requests_total{code="200"} 8
promhttp_metric_handler_requests_total{code="500"} 0
promhttp_metric_handler_requests_total{code="503"} 0
```

其中，promhttp_代表访问/metrics 的 http 情况。go_goroutines 指标是 Go 应用中的一项重要指标。因此，禁用 go_goroutines 后的效果如下：

```
# HELP go_goroutines Number of goroutines that currently exist.
# TYPE go_goroutines gauge
go_goroutines 7
# HELP go_info Information about the Go environment.
# TYPE go_info gauge
go_info{version="go1.15.8"} 1
# HELP go_memstats_alloc_bytes Number of bytes allocated and still in use.
# TYPE go_memstats_alloc_bytes gauge
go_memstats_alloc_bytes 2.781752e+06

# HELP process_cpu_seconds_total Total user and system CPU time spent in seconds.
# TYPE process_cpu_seconds_total counter
process_cpu_seconds_total 0.54
# HELP process_max_fds Maximum number of open file descriptors.
```

```
# TYPE process_max_fds gauge
process_max_fds 1024
# HELP process_open_fds Number of open file descriptors.
# TYPE process_open_fds gauge
process_open_fds 9
# HELP process_resident_memory_bytes Resident memory size in bytes.
# TYPE process_resident_memory_bytes gauge
process_resident_memory_bytes 1.5720448e+07
```

以上代码中，go_代表 goruntime 信息，process_代表进程信息。

### 4.4.3 自定义指标

除了默认支持的指标，还可以在节点上自打点，来自定义指标，然后将数据上报：--collector.textfile.directory="" 配置本地采集目录。

在采集目录中创建 .prom 文件，例如，创建 test.prom 文件，内容如下：

```
# 创建目录
mkdir ./text_file_dir
# 准备 prom 文件
cat <<EOF > ./text_file_dir/test.prom
# HELP zzz_test_metric just test
# TYPE zzz_test_metric gauge
zzz_test_metric{method="post",code="200"} 1027
EOF

# 启动服务
./node_exporter --collector.textfile.directory=./text_file_dir

# curl 查看数据
[root@prome_master_01 tgzs]# curl  -s  192.168.11.198:9100/metrics |grep zzz
# HELP nyy_test_metric just test
# TYPE nyy_test_metric gauge
zzz_test_metric{code="200",method="post"} 1027
```

http 传入参数，按采集器过滤指标，其原理是通过 http 请求参数过滤采集器，实现代码如下：

```
func (h *handler) ServeHTTP(w http.ResponseWriter, r *http.Request) {
    filters := r.URL.Query()["collect[]"]
    level.Debug(h.logger).Log("msg", "collect query:", "filters", filters)

    if len(filters) == 0 {
        // No filters, use the prepared unfiltered handler.
        h.unfilteredHandler.ServeHTTP(w, r)
        return
    }
    // To serve filtered metrics, we create a filtering handler on the fly.
```

```
        filteredHandler, err := h.innerHandler(filters...)
        if err != nil {
            level.Warn(h.logger).Log("msg", "Couldn't create filtered metrics
handler:", "err", err)
            w.WriteHeader(http.StatusBadRequest)
            w.Write([]byte(fmt.Sprintf("Couldn't  create  filtered  metrics
handler: %s", err)))
            return
        }
        filteredHandler.ServeHTTP(w, r)
    }
```

接着通过 http 访问，可以指定查看的指标，示例代码如下：

```
# 只看 CPU 采集器的指标
http://192.168.11.198:9100/metrics?collect[]=cpu

# 只看 CPU 和 mem 采集器的指标
http://192.168.11.198:9100/metrics?collect[]=cpu&collect[]=meminfo
```

或者通过配置文件配置，示例代码如下：

```
params:
    collect[]:
        - cpu
        - meminfo
```

这种方式和 prometheus relabel_config 的区别在于前者按采集器过滤 ，而后者按 metric_name 或 label 过滤。

## ——小　结——

本章介绍了 Prometheus 的安装与运行以及 Prometheus 的基本概念，包括数据模型、Exporter、自定义指标等。Prometheus 替用户解决了很多监控死角，经常在系统出大问题之前就收到报警，有效地提高了整体系统的稳定性，释放了很多人力。Prometheus 作为一个开源的监控系统，其本身的功能非常强大，但是也存在一些不足，比如不支持分布式部署、不支持数据的持久化存储等，这些不足可以通过其他开源组件弥补，如 Grafana、Alertmanager、Thanos 等，后续章节会逐一介绍这些组件的使用方法。

# 第 5 章　PromQL 查询实战

本章深入探讨 Prometheus 的 PromQL，即 Prometheus Query Language。继前章对 Prometheus 基础概念和初级实操的讲解后，本章更加专注于 PromQL 的学习和实际应用。PromQL 是一种功能强大的查询语言，专门为 Prometheus 设计，它使开发者和运维工程师能够以高度灵活的方式对时间序列数据进行选取、聚合、转换和计算，不过它仅限于读取数据。

掌握 PromQL 对于有效使用 Prometheus 至关重要，尽管它可能是学习过程中最具挑战性的一部分。我们将从 PromQL 的基础概念和理论出发，逐步引导读者对高级查询技巧的领悟。通过本章的学习，将能够精确地表达复杂的数据分析需求，并将其转化为对应的 PromQL 查询语句，以此来洞察和优化自己的系统和应用。

## 5.1　时序数据库

当 Prometheus 从系统和服务收集指标数据时，它会把数据存储在内置的时序数据库（TSDB）中，要对收集到的数据进行任何处理，都可以使用 PromQL 从 TSDB 中读取数据，同时可以对所选的数据执行过滤、聚合以及其他转换操作。

TSDB 是一种特定类型的数据库，主要用来存储时序数据。随着 5G 技术的不断成熟，物联网技术将会使万物互联。物联网时代所有设备都会联网，这些设备每时每刻都会“吐出”大量按照时间组织的数据；毋庸置疑，这些数据极为重要，需要存储下来进行查询、统计和分析。

时序数据和普通的业务数据在各个方面都有很大的不同。

### 5.1.1　时序数据库的应用场景

TSDB 目前最大的应用场景是监控业务。以哨兵监控系统为例，哨兵会在业务服务器上部署各种脚本客户端用来采集服务器指标数据（如 IO 指标、CPU 指标、带宽内存指标等）、业务相关数据（如方法调用异常次数、响应延迟、GC 相关数据等）以及数据库相关数据（如读取延迟、写入延迟等），很显然，这些数据都是时间序列相关的，客户端采集之后会发送给哨兵服务器，哨兵服务器会将这些数据进行存储，并提供页面给用户进行查询。用户可以登录哨兵系统查看某台服务器的负载，负载曲线就是按照时间进行绘制的，带有明显的时序特征。

实际上，类似于智慧工厂等场景，工厂中所有设备都会携带传感设备，这些传感设备会实时采集设备温度、压力等基本信息，并发送给服务器端进行实时分析、存储以及后期的查询和统计。除此之外，比如现在比较流行的各种穿戴设备，以后都可以联网，穿戴设备上采集的心跳信息、血流信息、体感信息等也都会实时传输给服务器进行相关操作。

## 5.1.2 时序业务有哪些特点

时序业务和普通业务在很多方面都有巨大的区别，我们来简单梳理一下。

（1）持续产生海量数据，没有波峰波谷。

举几个简单的例子，比如类似哨兵的监控系统，假如现在系统监控 1 万台服务器的各类指标，每台服务器每秒采集 100 种 metrics，这样每秒将会有 100 万的 TPS。再比如说，现在比较流行的运动手环，假如当前有 100 万人佩戴，每个手环一秒只采集 3 种 metrcis（心跳、脉搏、步数），这样每秒也会产生 300 万的 TPS。

（2）基本都是插入操作，没有更新删除操作。

时序业务产生的数据很少有更新删除的操作，这也是基于时间的特性而决定的。基于这样的事实，在时序数据库架构的设计上会有很大的简化。

（3）近期数据关注度更高，时间久远的数据极少被访问，未来会更关注流式处理这个环节。

在监控系统中，通常用户最关心最近一小时的数据，最多看看最近 3 天的数据，很少去看 3 天以前的数据。随着流式计算的到来，时序数据在以后的发展中必然会更关注即时数据的价值，这部分数据的价值毫无疑问也是最大的。数据产生之后就可以根据某些规则进行报警是一个常见并重要的场景，报警时效性越高，对业务越有利。

（4）数据存在多个维度的标签，往往需要多维度聚合统计查询。

时序数据另一个非常重要的功能是多维度聚合统计查询，比如业务需要统计最近一小时广告主 Google 发布在 USA 地区的广告点击率和总收入分别是多少，这是一个典型的多维度聚合统计查询需求。这个需求通常对时效性要求不高，但对查询聚合性能有比较高的要求。

## 5.1.3 时序数据库的核心特性

针对上面时序数据业务的特点，TSDB 在技术层面关注的核心点也就比较清晰了。总结起来 TSDB 需要关注的技术点主要有如下五个：

### 1. 高吞吐量写入能力

针对时序业务持续产生海量数据的特点量身定做，当前要实现系统高吞吐量写入，必须满足如下两个基本技术点要求：

（1）系统具有水平扩展性

如此大的数据量，单机肯定是“扛”不住的，系统必须是集群式的，而且要容易加节点扩展，简言之，就是扩容的时候对业务无感知，目前 Hadoop 生态系统基本上都可以做到这一点。

（2）单机 LSM（log structured merge）体系结构

单机 LSM 体系结构是用来保证单台机器的高吞吐量写入，LSM 结构下数据写入只需要写入内存以及追加写入日志，这样就不再需要随机将数据写入磁盘，HBase、Kudu 以及 Druid 等对写入性能有要求的系统目前都采用这种结构。

### 2．数据分级存储

针对时序数据冷热性质定制的技术特性，数据分级存储要求能够将最近小时级别的数据放到内存中，将最近天级别的数据放到 SSD，更久远的数据放到更加廉价的 HDD 或者直接使用 TTL 过期淘汰掉。

### 3．高压缩率

提供高压缩率有两个方面的考虑，一方面是节省成本，这很容易理解，将 1TB 数据压缩到 100 GB 就可以减少 900 GB 的硬盘成本，这对业务来说是有很大诱惑的；另一方面是压缩后的数据可以更容易保证存储到内存中，比如最近 3 小时的数据是 1TB，而现在只有 100 GB 的内存，如果不压缩，就会有 900 GB 的数据被迫放到硬盘上，这样的话查询开销会非常大，而使用压缩会将这 1TB 数据都放入内存中，查询性能会非常好。

### 4．多维度查询能力

时序数据通常会用多个维度的标签来刻画一条数据，就是上文中提到的维度列。如何根据随机几个维度进行高效查询就是必须解决的一个问题，该问题通常需要考虑位图索引或者倒排索引技术。

### 5．高效聚合能力

时序业务一个通用的需求是聚合统计报表查询，比如哨兵系统中需要查看最近一天某个接口出现异常的总次数，或者某个接口执行的最大耗时时间。这样的聚合实际上就是简单的 count 以及 max，问题是在那么大的数据量基础上如何能高效地将满足条件的原始数据查询出来并聚合，要知道统计的原始值可能因为时间比较久远而不在内存中，因此这可能是一个非常耗时的操作。目前业界比较成熟的方案是使用预聚合，就是在数据写进来时就完成基本的聚合操作。

## 5.2　PromQL 介绍

在梳理了时序数据库（TSDB）的应用场景和独特属性之后，下面深入介绍 PromQL 这一关键工具。作为 Prometheus 监控系统不可或缺的一部分，PromQL 赋予用户以高度灵活的方式从 TSDB 中选择、聚合、转换和计算时间序列数据的能力。需要注意的是，PromQL 专门用于读取操作，不涉及数据的写入或修改。

首先回顾一下 Prometheus 的工作流程。当 Prometheus 从各类系统和服务中采集指标数据后，它会将这些数据存储在自己的 TSDB 中，如图 5-1 所示。

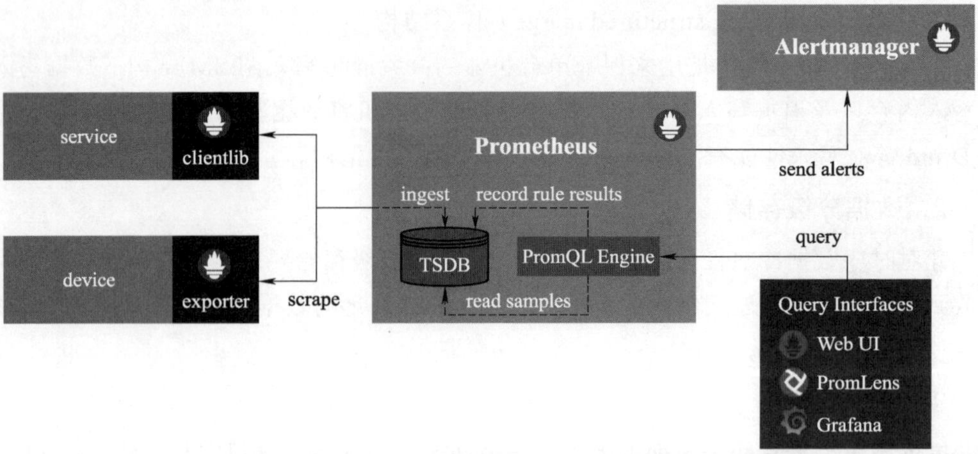


图 5-1

为了对这些收集的数据进行分析和处理，PromQL 就派上了用场。PromQL 查询的触发有两种情况：

- 内部规则执行：在 Prometheus 服务器内部，记录规则和警报规则会定期触发 PromQL 查询，以此来计算结果和触发报警。这种查询是在 Prometheus 服务内部自动进行，作为配置规则的一部分。
- 外部查询执行：用户和 UI 界面可以通过 Prometheus 的 HTTP API 执行 PromQL 查询。这也是像 Grafana、PromLens 和 Prometheus 自身的 Web UI 等仪表盘软件访问和展示数据的方式。

在实际监控场景中，PromQL 的应用极为广泛。无论是从简单的数据抓取，到复杂的性能分析，还是高级的警报逻辑，PromQL 都是实现这些功能的基石。下面通过具体案例，详细讲解如何有效地利用 PromQL 来提升监控的能力和效率。随着对 PromQL 深入理解的加深，我们将更加熟练地运用 Prometheus 来满足自己的监控需求。

### 1. 临时查询

可以用 PromQL 对收集的数据进行实时查询，这有助于用户去调试和诊断遇到的一些问题，一般情况下是直接使用内置的表达式查询界面来执行这类查询，操作如图 5-2 所示。

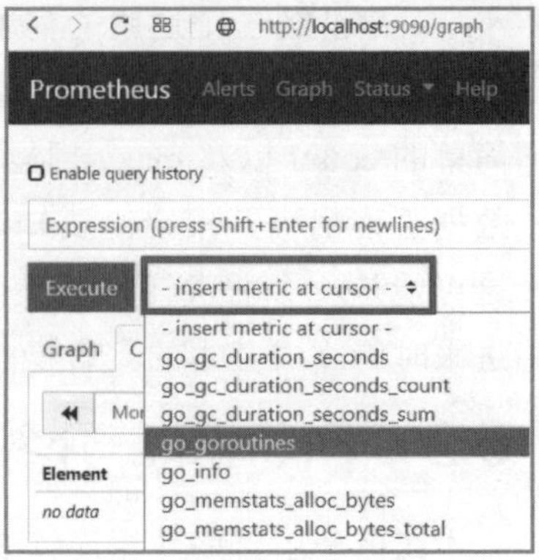


图 5-2

## 2. 仪表盘

用户也可以基于 PromQL 查询创建可视化的图形、表格等面板，一般都会使用 Grafana，具体如图 5-3 所示。

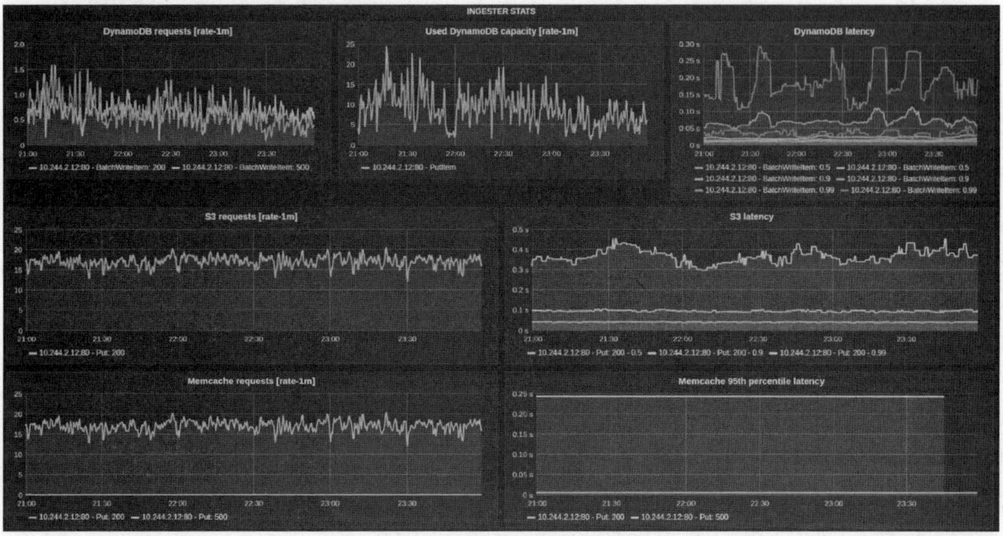


图 5-3

Grafana 原生支持 Prometheus 作为数据源，并内置了支持 PromQL 表达式的查询，后续章节会专门介绍这一部分内容。

## 3. 报警

Prometheus 可以直接使用基于 PromQL 对收集的数据进行的查询结果来生成报警，一个完整的报警规则如下：

```
groups:
  - name: demo-service-alerts
    rules:
      - alert: Many5xxErrors
        expr: |
          (
            sum by(path, instance, job) (
              rate(demo_api_request_duration_seconds_count{status=~"5..",
              job="demo"}[1m])
          )
          /
            sum by(path, instance, job) (
              rate(demo_api_request_duration_seconds_count{
              job="demo"}[1m])
            ) * 100 > 0.5
          )
        for: 30s
```

```
            labels:
                severity: critical
            annotations:
                title: "{{$labels.instance}} high 5xx rate on {{$labels.path}}"
                description: "The 5xx error rate for path {{$labels.path}}
on {{$labels.instance}} is {{$value}}%."
```

除了构成报警规则核心的 PromQL 表达式（上面 YAML 文件中的 expr 属性），报警规则还包含其他一些元数据字段，后面在具体讲解报警的章节中会详细讲解。

然后，Prometheus 可以通过一个名为 Alertmanager 的组件来发送报警通知，可以配置一些接收器来接收这些报警（如用钉钉等），如图 5-4 所示。

图 5-4

### 4. 自动化

自动化是现代监控系统的一个关键组成部分，尤其是在动态扩展和资源管理这一领域。通过 Prometheus，我们不仅能够监控指标，还可以构建自动化流程来对监控数据做出智能响应。例如，在 Kubernetes 环境中，可以利用 PromQL 的查询结果来驱动自定义指标的水平 Pod 自动扩缩（horizontal Pod autoscaler，HPA）。

这种自动化流程允许系统根据实时数据动态调整资源配置。当 PromQL 查询指出负载增加时，HPA 可以自动增加 Pod 的数量来应对需求。相反，当负载下降时，系统也能相应地减少资源，优化成本效率。

实现这一自动化的关键在于将 PromQL 查询结果与 Kubernetes 的 HPA 功能结合。Prometheus 与 Kubernetes 之间的集成使得 PromQL 成为一个强大的工具，不仅用于数据分析和告警，而且还可以用于指导和自动化基础设施的决策过程。随着技术的不断进步，可预见到自动化流程将更加深入地与智能决策系统整合，实现更加复杂的操作，如基于预测模型的资源调配，以及自动故障恢复等。

## 5.3 Prometheus 数据模型与数据类型

第 4 章介绍了 Prometheus 的数据模型。在开始学习 PromQL 知识之前，重新回忆一下 Prometheus 的数据模型。Prometheus 采集的数据是以时间序列的方式存储的，每个时间序列由四部分组成，如图 5-5 所示。

具体来说，Prometheus 将每个采集到的数据点（即样本，sample）保存在内存中，并周期性地写入硬盘。这些数据点以时间戳为索引，按照时间顺序排列，构成了时间序列。在 Prometheus 的术语中，时间序列数据可以表示为瞬时向量（instant vector）或者区间向量（range vector），其中每条时间序列都唯一对应一个指标名称和一组标签集，用以描述和识别数据。

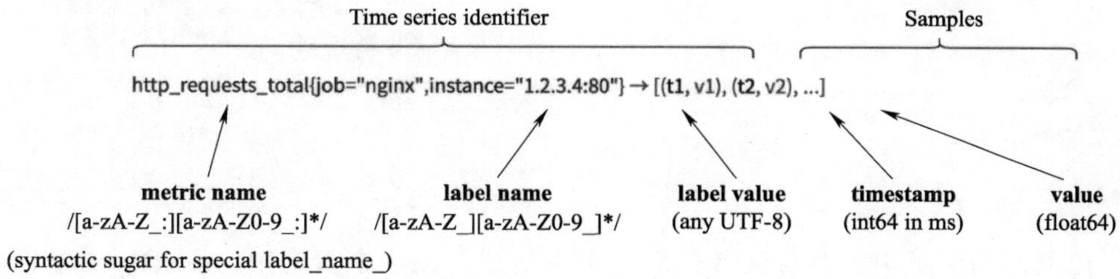


图 5-5

在 Prometheus 的时间序列数据库（TSDB）内部，指标名称实际上也是一个内置的特殊标签，其标签名为__name__。这个标签因其在 PromQL 中的频繁使用而被视为重要属性，通常在标签列表之前单独表示。值得注意的是，Prometheus 在处理空标签（如 method=""）时采取了明确的策略：空标签相当于不存在的标签，它们不会被存储在数据库中，以节省空间并提高查询效率。

了解这些数据模型的细节对于构建高效的查询至关重要，因为它们影响 PromQL 的查询结果。在本章中，通过具体的样例深入分析 PromQL 的使用方法，展示如何利用这些数据模型和数据类型来构建强大的监控和警报系统。随着逐渐深入地学习 PromQL，读者将能更加精确地理解 Prometheus 如何存储、管理和检索时间序列数据，从而在实际应用中发挥出最大的效能。

## 5.4 PromQL 查询分析

在前面章节中介绍了时序数据库、PromQL 的相关概念，下面具体介绍如何进行 PromQL 查询分析。

### 5.4.1 PromQL 基础

在继续深入学习 PromQL 查询细节之前，首先学习 PromQL 查询的一些理论基础。

#### 1. 嵌套结构

PromQL 的查询结构与传统的 SQL 查询（如 SELECT * FROM ...）有着本质的不同。PromQL 是一种函数式查询语言，它要求将查询构造为一系列嵌套的表达式。在这种结构中，每个表达式计算出一个中间结果，这些结果进而被用作包含它们的更高层表达式的参数。在查询的顶层，最外层的表达式返回的结果是用户在图表或表格中看到的数据。

例如，下面的 PromQL 查询计算了某个指标的近似 90%分位数：

```
histogram_quantile(  # 查询的根，最终结果表示一个近似分位数
    0.9,             # histogram_quantile() 的第一个参数，分位数的目标值
```

```
    # histogram_quantile() 的第二个参数，聚合的直方图
    sum by(le, method, path) (
        # sum()的参数，直方图过去 5 min 每秒的增量
        rate(
            # rate() 的参数，过去 5 min 的原始直方图序列
            demo_api_request_duration_seconds_bucket{job="demo"}[5m]
        )
    )
)
```

在上面的例子中，每行注释代表一个表达式。在这个查询中，rate()函数是嵌套的内层表达式，它计算过去 5 min 的原始直方图序列的每秒增长率。然后，sum by()函数聚合这些增长率，最终 histogram_quantile()函数使用聚合后的数据来估算 90%分位数。在 PromQL 中，任何这样的嵌套表达式（如 rate(...)）都可以单独作为一个查询来运行。

这种灵活的表达式构造方式允许 PromQL 高度的表达力和精确性，使其能够应对复杂的数据查询和分析需求。下面学习如何利用这些表达式来提取有价值的监控信息，从而更好地理解和优化我们的系统。

**2．查询结果**

在查询 Prometheus 时，有如下两个类型的概念经常出现，区分它们很重要。

- 抓取目标报告的指标类型：Counter、Gauge、Histogram、Summary。
- PromQL 表达式的结果数据类型：字符串、标量、瞬时向量或区间向量。

在 PromQL 中，虽然没有直接对指标类型进行操作的概念，但它确实关注表达式结果的类型。每个 PromQL 表达式都会评估并返回一个特定的类型，而且每个函数、运算符或其他操作要求其参数符合特定的表达式类型。例如，rate()函数只接收区间向量作为输入，而其输出为瞬时向量，因此 rate()函数的结果必须在需要瞬时向量输入的上下文中使用。

### 5.4.2 Metrics 数据类型

接下来具体介绍四种 Metrics 数据类型：Gauge、Counter、Histogram 和 Summary。

**1．Gauge 仪表盘**

Gauge 是一种表示即时值的度量类型，用于测量可能上升或下降的数值，如温度、内存使用量等。当相关进程重启时，Gauge 指标通常会重置。例如，以下是一些 Gauge 指标的示例，它们记录了特定主机上内存使用量的变化：

```
memory_usage_bytes{host="master-01"}  100
memory_usage_bytes{host="master-01"}  30
memory_usage_bytes{host="master-01"}  50
memory_usage_bytes{host="master-01"}  80
```

对于 Gauge 类型的监控指标，通过 PromQL 内置函数 delta() 可以获取样本在一段时

间内的变化情况，例如，计算 CPU 温度在两小时内的差异，代码如下：

```
dalta(cpu_temp_celsius{host="asus"}[2h])
```

除此之外，PromQL 的内置函数 predict_linear() 还可以基于简单线性回归的方式对样本数据的变化趋势做出预测。例如，基于 2 小时的样本数据，来预测主机可用磁盘空间在 4 小时之后的剩余情况：

```
predict_linear(node_filesystem_free{job="node"}[2h], 4 * 3600) < 0
node_memory_MemFree_bytes
```

### 2. Counter 计数器

Counter 是一种只增不减的累计计数器类型，用来表示持续增加的事件次数，比如已处理的请求数、完成的任务数或发生的错误数。Counter 在重启时也会重置。以下是 Counter 类型指标的示例，用于追踪 HTTP 响应的总数：

```
http_response_total{method="GET",endpoint="/api/tracks"} 100
http_response_total{method="GET",endpoint="/api/tracks"} 160
```

Counter 类型数据可以让用户方便地了解事件产生的速率的变化，PromQL 内置的相关操作函数可以提供相应的分析。例如，下面以 HTTP 应用请求量进行说明。

（1）通过 rate()函数获取 HTTP 请求量的增长率

```
rate(http_requests_total[5m])
```

（2）查询当前系统中访问量前 10 名的 HTTP 地址

```
topk(10, http_requests_total)
```

### 3. Histogram 直方图

Histogram 用于跟踪事件发生频率及其分布的指标类型，通常包含多个 buckets 来累计不同范围的值。

（1）Histogram 的作用及特点

在 Prometheus 系统的查询语言中，Histogram 直方图样本观测有三种作用：

① 在一段时间范围内对数据进行采样（通常是请求持续时间或响应大小等），并将其计入可配置的存储桶（bucket）中，后续可通过指定区间筛选样本，也可以统计样本总数，最后一般将数据展示为直方图。

② 对每个采样点值累计和（sum）。

③ 对采样点的次数累计和（count）。

直方图的查询示例如下：

```
# http 所有接口总的 95 分位值
# sum/count 可以算平均值
prometheus_http_request_duration_seconds_sum/
```

```
prometheus_http_request_duration_seconds_count

# histogram_quantile(0.95,
sum(rate(prometheus_http_request_duration_seconds_bucket[5m])) by (le,handler))

histogram_quantile(0.95,
sum(rate(prometheus_http_request_duration_seconds_bucket[1m])) by (le))

# range_query接口的95分位值
histogram_quantile(0.95,
sum(rate(prometheus_http_request_duration_seconds_bucket{handler="/api/v1/query
range"}[5m])) by (le))
```

以上代码的执行结果如图 5-6 所示。

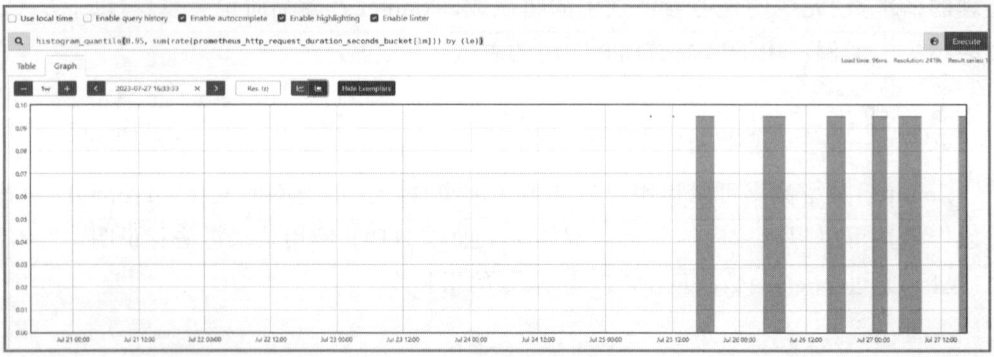


图 5-6

图 5-6 展示了 range_query 接口的 95 分位值的直方图，可以看到，95 分位值为 0.1，也就是说，95% 的请求响应时间都在 0.1 s 以内。

（2）为什么需要用 Histogram 柱状图

在大多数情况下，人们都倾向于使用某些量化指标的平均值，如 CPU 的平均使用率、页面的平均响应时间等。这种方式的问题很明显，以系统 API 调用的平均响应时间为例，如果大多数 API 请求都维持在 100 ms 的响应时间内，而个别请求的响应时间需要 5 s，那么就会出现某些 Web 页面的响应时间落到中位数的情况，而这种现象称为长尾问题。

为了区分是平均的慢还是长尾的慢，最简单的方式就是按照请求延迟的范围进行分组。例如，统计延迟在 0～10 ms 的请求数有多少，而 10～20 ms 的请求数又有多少。通过这种方式可以快速分析系统慢的原因。Histogram 和 Summary 都是为了能够解决这类问题，通过 Histogram 和 Summary 类型的监控指标，可以快速了解监控样本的分布情况。

Histogram 类型的样本提供如下三种指标：

① 桶计数（bucket counts）：样本的值分布在 bucket 中的数量，命名为 <basename>_bucket{le="<上边界>"}。每个桶代表数据范围的一个上限，用于计数小于或等于该上限的所有样本。

- 在总共 2 次请求中，HTTP 请求响应时间≤0.005 s 的请求次数为 0，如下：

```
io_namespace_http_requests_latency_seconds_histogram_bucket{path="/",method=
"GET",code="200",le="0.005",} 0.0
```

- 在总共 2 次请求中，HTTP 请求响应时间≤0.01 s 的请求次数为 0，如下：

```
io_namespace_http_requests_latency_seconds_histogram_bucket{path="/",method=
"GET",code="200",le="0.01",} 0.0
```

- 在总共 2 次请求中，HTTP 请求响应时间≤0.025 s 的请求次数为 0，如下：

```
io_namespace_http_requests_latency_seconds_histogram_bucket{path="/",method=
"GET",code="200",le="0.025",} 0.0
io_namespace_http_requests_latency_seconds_histogram_bucket{path="/",method=
"GET",code="200",le="0.05",} 0.0
io_namespace_http_requests_latency_seconds_histogram_bucket{path="/",method=
"GET",code="200",le="0.075",} 0.0
io_namespace_http_requests_latency_seconds_histogram_bucket{path="/",method=
"GET",code="200",le="0.1",} 0.0
io_namespace_http_requests_latency_seconds_histogram_bucket{path="/",method=
"GET",code="200",le="0.25",} 0.0
io_namespace_http_requests_latency_seconds_histogram_bucket{path="/",method=
"GET",code="200",le="0.5",} 0.0
io_namespace_http_requests_latency_seconds_histogram_bucket{path="/",method=
"GET",code="200",le="0.75",} 0.0
io_namespace_http_requests_latency_seconds_histogram_bucket{path="/",method=
"GET",code="200",le="1.0",} 0.0
io_namespace_http_requests_latency_seconds_histogram_bucket{path="/",method=
"GET",code="200",le="2.5",} 0.0
io_namespace_http_requests_latency_seconds_histogram_bucket{path="/",method=
"GET",code="200",le="5.0",} 0.0
io_namespace_http_requests_latency_seconds_histogram_bucket{path="/",method=
"GET",code="200",le="7.5",} 2.0
```

- 在总共 2 次请求中，HTTP 请求响应时间≤10 s 的请求次数为 2，如下：

```
io_namespace_http_requests_latency_seconds_histogram_bucket{path="/",method=
"GET",code="200",le="10.0",} 2.0
io_namespace_http_requests_latency_seconds_histogram_bucket{path="/",method=
"GET",code="200",le="+Inf",} 2.0
```

② 样本总和（sum of observations）：所有观察样本值的累加和，表示为<basename>_sum。该值提供了一个总观察时间或者观察事件总量的度量，有助于计算平均值。

③ 样本计数（count of observations）：样本的总数，通常表示为<basename>_count，与<basename>_bucket{le="+Inf"}的值相等。这反映了事件发生的总次数，对于确定事件频率至关重要。

在使用 Histogram 时，桶的划分应当基于数据值的实际分布来决定。为了得到数据的某个分位数，Prometheus 提供了 histogram_quantile()函数。分位数是一个重要的统计概念，它可以帮助我们理解数据分布的特征。例如，一个数据集的 90%分位数（quantile=0.9）的值是 x，意味着 90%的样本值都小于 x。此外，Histogram 还可以用于计算应用性能指标（apdex score），从而衡量用户体验的满意度。

### 4. Summary

Summary 是 Prometheus 中的一种指标类型，用于采样并分析观测值，如请求持续时间或响应大小。与 Histogram 相似，Summary 也用于捕捉一段时间内数据的分布情况，但其核心区别在于 Summary 直接计算并存储了分位数，而不是基于桶（buckets）间隔来进行计算。Summary 的主要作用体现在以下三个方面：

① 分位数统计：Summary 会为每个采样点计算特定分位数，类似于统计低于某个百分位的样本比例。例如，可以统计响应时间低于 60%、80%或 95%的请求比例。

② 总和统计（sum）：Summary 统计了所有观测值的累积总和。

③ 样本计数（count）：Summary 记录了观测事件的总次数。

在 Prometheus 中，Summary 指标的命名格式如下：

- 分位数分布：<basename>{quantile="<$\phi$>"}，其中$\phi$是分位数（$0 \leqslant \phi \leqslant 1$）。例如，如果 50%的请求响应时间为 3 s，则表示为：

```
io_namespace_http_requests_latency_seconds_summary{path="/",method="GET",
code="200",quantile="0.5",} 3.052404983
```

- 总和（sum）：<basename>_sum 表示所有观测值的总和。
- 样本计数（count）：<basename>_count 表示观测到的事件总数。

Summary 和 Histogram 的主要区别在于如何处理和表示分位数。Histogram 通过桶来估算分位数，而 Summary 直接提供了分位数的值。例如，Prometheus 的某个 Summary 指标可能包含以下样本数据：

```
prometheus_tsdb_wal_fsync_duration_seconds{quantile="0.5"} 0.012352463
prometheus_tsdb_wal_fsync_duration_seconds{quantile="0.9"} 0.014458005
prometheus_tsdb_wal_fsync_duration_seconds{quantile="0.99"} 0.017316173
prometheus_tsdb_wal_fsync_duration_seconds_sum 2.888716127000002
prometheus_tsdb_wal_fsync_duration_seconds_count 216
```

这表示，在所有的 WAL 同步操作中，中位数（quantile=0.5）的耗时约为 0.012 s，而 90%的操作耗时低于 0.014 s。这些信息对于了解系统性能和优化决策至关重要。

### 5. Prometheus 的四种查询类型

PromQL 中可能的表达式类型包括：

- string（字符串）：字符串只会作为某些函数（如 label_join() 和 label_replace()）的参数出现。

- scalar（标量）：一个单一的数字值，如 1.234，这些数字可以作为某些函数的参数，如 histogram_quantile(0.9, ...) 或 topk(3, ...)，也会出现在算术运算中。
- instant vector（瞬时向量）：一组标记的时间序列，每个序列有一个样本，都在同一个时间戳，瞬时向量可以由 TSDB 时间序列选择器直接产生，如 node_cpu_seconds_total，也可以由任何函数或其他转换来获取。

```
node_cpu_seconds_total{cpu="0", mode="idle"}   → 19165078.75 @ timestamp_1
node_cpu_seconds_total{cpu="0", mode="system"} →   381598.72 @ timestamp_1
node_cpu_seconds_total{cpu="0", mode="user"}   → 23211630.97 @ timestamp_1
```

- range vector（区间向量）：一组标记的时间序列，每个序列都有一个随时间变化的样本范围。在 PromQL 中只有两种方法可以生成区间向量：在查询中使用字面区间向量选择器（如 node_cpu_seconds_total[5m]），或使用子查询表达式（如[5m:10s]），当想要在指定的时间窗口内聚合一个序列的行为时，区间向量非常有用，就像 rate(node_cpu_seconds_total[5m]) 计算每秒增加率一样，在 node_cpu_ seconds_total 指标的最后 5 min 内求平均值。

```
node_cpu_seconds_total{cpu="0", mode="idle"}   → 19165078.75 @ timestamp_1,
19165136.3 @ timestamp_2, 19165167.72 @ timestamp_3
node_cpu_seconds_total{cpu="0", mode="system"} → 381598.72  @ timestamp_1,
381599.98 @ timestamp_2,  381600.58 @ timestamp_3
node_cpu_seconds_total{cpu="0", mode="user"}   →23211630.97 @ timestamp_
1, 23211711.34 @ timestamp_2, 23211748.64 @ timestamp_3
```

**注意**：如果你已经使用过 PromQL，你可能知道某些函数仅适用于特定类型的指标！例如，histogram_quantile()函数仅适用于直方图指标，rate()函数仅适用于计数器指标，deriv()函数仅适用于 Gauge。但是 PromQL 实际上并没有检查你是否传入了正确类型的指标，这些函数通常会运行并为错误类型的输入指标返回一些无意义的数据，这取决于用户是否传入了遵守某些假设的时间序列（例如在直方图的情况下有一个有意义的 le 标签，或者在计数器的情况下单调递增）。

### 5.4.3　查询类型和评估时间

PromQL 查询中对时间的引用只有相对引用，如[5m]表示过去 5 min，那么如何指定一个绝对的时间范围，或在一个表格中显示查询结果的时间戳？在 PromQL 中，这样的时间参数是与表达式分开发送到 Prometheus 查询 API 的，确切的时间参数取决于你发送的查询类型，Prometheus 有两种类型的 PromQL 查询：瞬时查询和区间查询。

#### 1. 瞬时查询

瞬时查询在 Prometheus 中是用来在特定时间点获取数据的一种查询方式，这类查询通常用于生成表格视图或其他类型的即时数据报告。瞬时查询主要由两部分组成：一个

PromQL 表达式和一个用于评估该表达式的时间戳。

在进行瞬时查询时，用户可以选择查询过去某一时间段的数据。例如，表达式 foo[1h] 表示查询指标 foo 在过去 1 小时内的数据。这种能力对于计算某一时间段内的比率、平均值或其他聚合数据非常有用。例如，用户可以使用瞬时查询来计算过去一小时内系统的平均负载或特定时间点的总请求次数。

在 Prometheus 的 Web UI 中，瞬时查询通常显示在表格视图中。如图 5-7 所示，用户可以在 Web 界面中输入 PromQL 表达式，并指定一个评估时间点，以获取该时间点的查询结果。此外，Prometheus 的 API 接口/api/v1/query 也支持瞬时查询，其中 query 参数用于传递 PromQL 表达式，而 time 参数则指定了查询的时间戳。

图 5-7

瞬时查询可以返回任何有效的 PromQL 表达式类型的结果，包括字符串、标量、瞬时向量和区间向量。这使得瞬时查询成为一个非常灵活且强大的工具，能够满足多种不同场景下对即时数据的需求。

下面通过一个具体的瞬时查询示例来深入理解这种查询类型的工作原理。假设想要在某个特定时间点评估 http_requests_total 指标。http_requests_total 本身是一个瞬时向量选择器，它的功能是在指定的时间点选择对应时间序列的最新样本。

具体来说，当对 http_requests_total 进行瞬时查询时，Prometheus 会查找与查询指定的时间戳最接近的样本数据。在大多数情况下，这意味着 Prometheus 会提取过去 5 min 内该指标的最新数据点。这种查询特别适用于需要了解系统当前状态的场景，比如检查当前总的 HTTP 请求量。

如果在一个有最近样本的时间戳上运行此查询，结果将包含两个序列，每个序列都有一个样本，如图 5-8 所示。

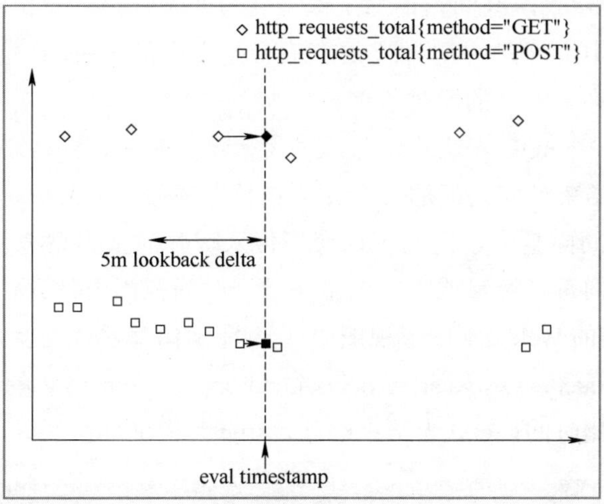


图 5-8

注意每个返回的样本输出时间戳不再是原始样本被采集的时间戳，而会被设置为评估的时间戳。

如果在时间戳之前有一个大于 5 min 的间隙（见图 5-9），这时如果执行相同的查询，该情况下查询的结果为空，因为最近 5 min 内没有能够匹配的样本。

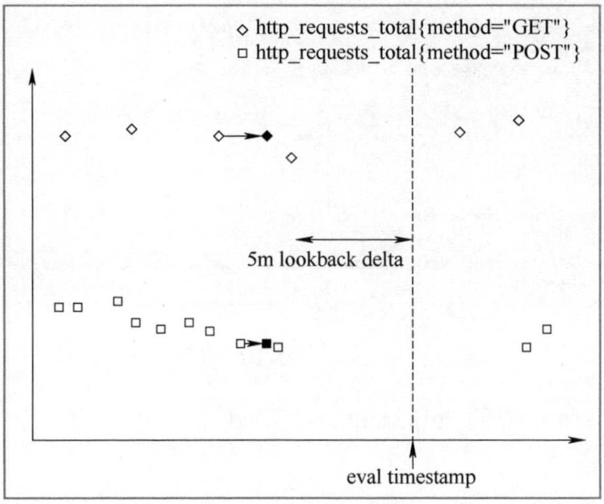


图 5-9

这个过程中，“最新”的样本数据是基于 Prometheus 的抓取间隔和时间序列数据库中的数据保留策略来确定的。因此，即使查询的是“当前”数据，实际上返回的数据可能与查询时刻有几秒到几分钟的延迟，这取决于 Prometheus 的配置和性能。

### 2. 区间查询

不同于瞬时查询，区间查询主要用于图形界面的显示，想在一个指定的时间范围内显示一个 PromQL 表达式，区间查询的工作方式与即时查询完全相同，这些查询在指定时间范围的评估步长中进行评估。当然，这在后台是高度优化的，在这种情况下，Prometheus 实际上并没有运行许多独立的即时查询。

区间查询包括 PromQL 表达式、开始时间、结束时间、评估步长等参数。

在开始时间和结束时间之间的每个评估步长上评估表达式后，单独评估的时间片被拼接到一个单一的区间向量中。区间查询允许传入瞬时向量类型或标量类型的表达式，但始终返回一个范围向量（标量或瞬时向量在一个时间范围内被评估的结果）。

在 Prometheus 的 Web UI 图形视图中（见图 5-10）的查询就是区间查询，API 接口 /api/v1/query_range?query=xxx&start=xxxxxx&end=xxxx&step=14 中的 query 参数就是 PromQL 表达式，start 为开始时间，end 为结束时间，step 为评估的步长。

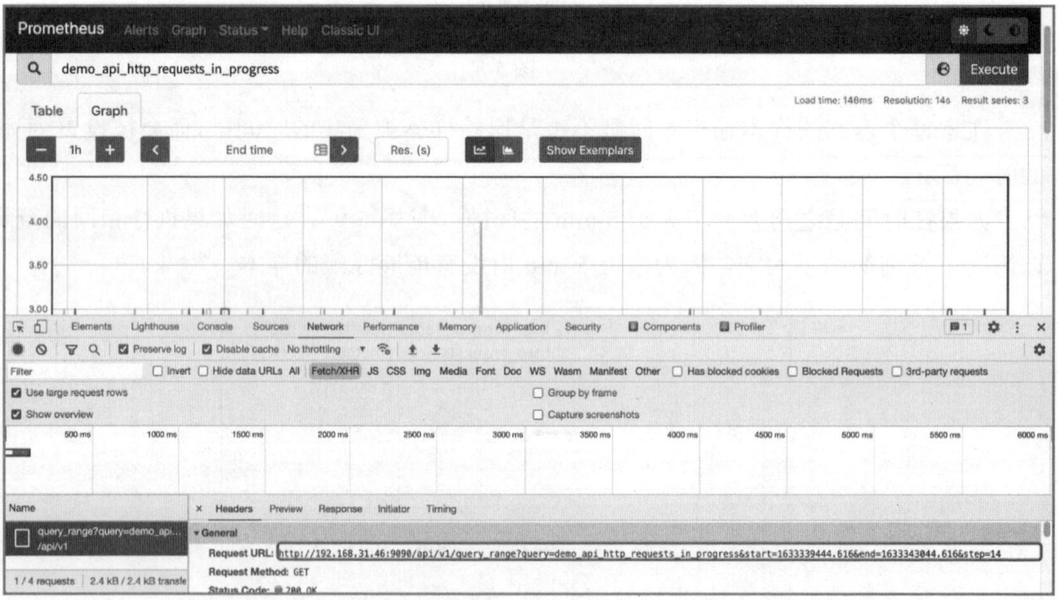


图 5-10

比如把上一小节所介绍的 http_requests_total 表达式作为一个范围查询进行评估，其评估结果如图 5-11 所示。

**注意：**每个评估步骤的行为与独立的瞬时查询完全一样，而且每个独立的瞬时查询都没有查询的总体范围的概念，在这个示例中，最终结果将是一个区间向量，其中包含两个选定序列在一定时间范围内的样本，但也将包含某些时间步长的序列数据的间隙。

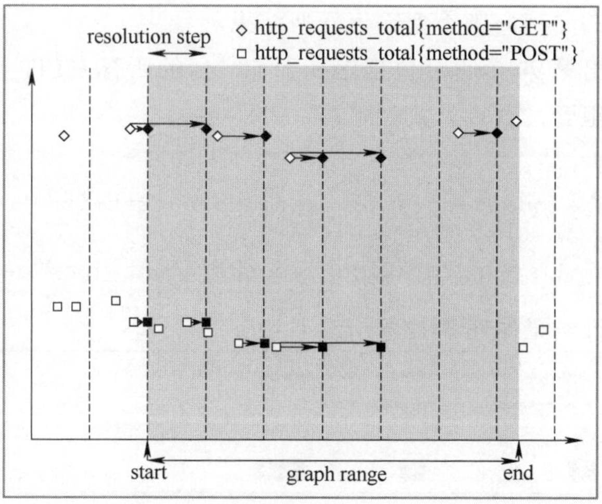


图 5-11

## 5.5 PromQL 操作的集合运算符

有时需要过滤部分结果或将一组时间序列与另一组时间序列进行合并，Prometheus 提供了三个在瞬时向量之间操作的集合运算符。

- and（集合交集）：比如对较高错误率触发报警，但是只有当对应的总错误率超过某个阈值时才会触发报警。
- or（集合并集）：对序列进行并集计算。
- unless（除非）：比如要对磁盘空间不足进行告警，除非它是只读文件系统。

以上三个集合运算符的形象表述如图 5-12 所示。

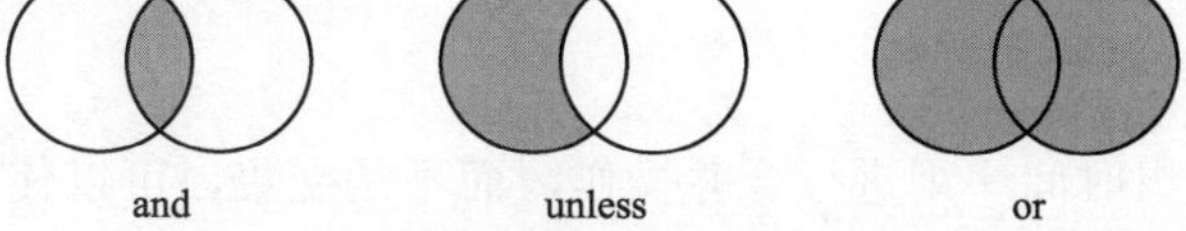


图 5-12

与算术和过滤二元运算符类似，这些集合运算符会尝试根据相同的标签集在左侧和右侧之间查找来匹配序列，除非提供 on()或 ignoring()修饰符指定应该如何找到匹配。

**注意：** 与算术和过滤二进制运算符相比，集合运算符没有 group_left() 或 group_right() 修饰符，因为集合运算符总是进行多对多的匹配，也就是说，它们总是允许任何一边的匹配序列与另一边的多个序列相匹配。

### 1. and 运算符

对于 and 运算符，如果找到一个匹配的序列，左边的序列就会成为输出结果的一部分，如果右边没有匹配的序列，则不会输出任何结果。

例如，想筛选出第 90 个百分位延迟高于 50 ms 的所有 HTTP 端点，但只针对每秒收到多个请求的维度组合，查询方式如下：

```
histogram_quantile(0.9,
rate(demo_api_request_duration_seconds_bucket{job="demo"}[5m])) > 0.05
and
rate(demo_api_request_duration_seconds_count{job="demo"}[5m]) > 1
```

上述代码的执行结果如图 5-13 所示。

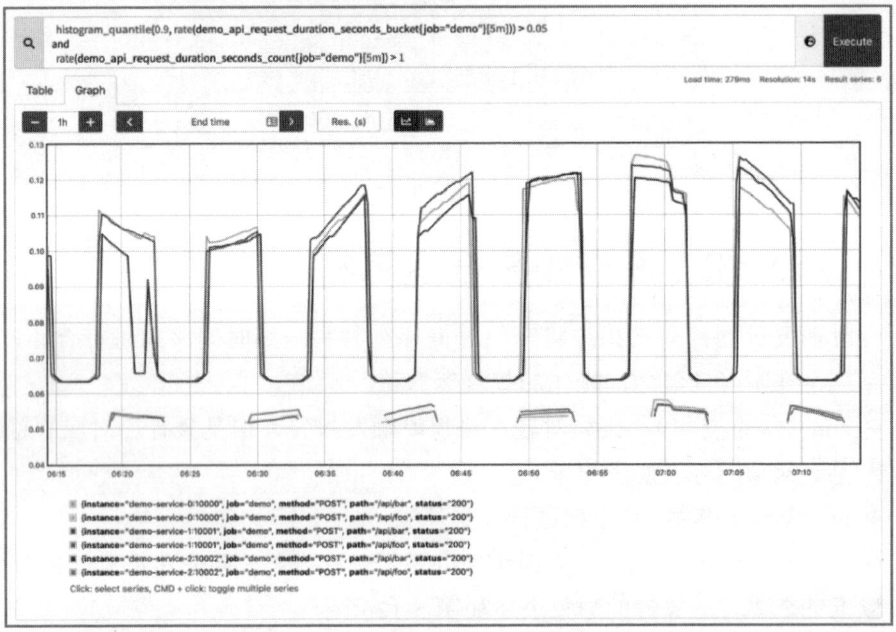


图 5-13

### 2．or 运算符

有时需要对两组时间序列进行合并操作，而不是交集，可以使用 or 集合运算符，产生的结果是运算符左侧的序列，加上来自右侧但左侧没有匹配标签集的时间序列。例如，要列出所有低于 10 或者高于 30 的请求率，则可以用下面的表达式来查询：

```
rate(demo_api_request_duration_seconds_count{job="demo"}[5m]) < 10
or
rate(demo_api_request_duration_seconds_count{job="demo"}[5m]) > 30
```

上述代码的执行结果如图 5-14 所示。

可以看到在图 5-14 中使用值过滤器和集合操作会导致时间序列出现断点现象，这取决于它们在图中的时间间隔下是否能够与过滤器进行匹配，所以一般情况下，建议只在告警规则中使用这种过滤操作。

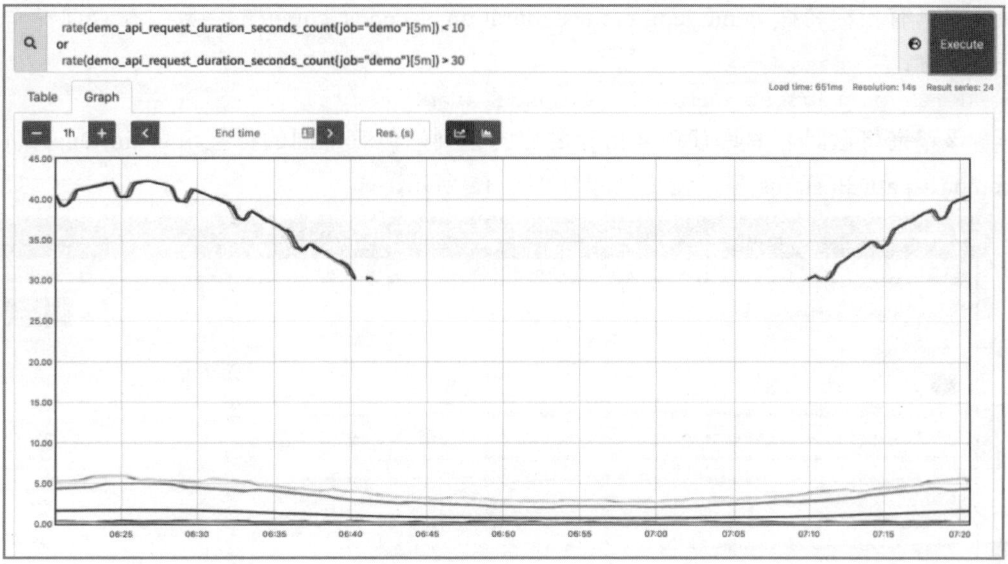


图 5-14

### 3．unless 运算符

在 Prometheus 的查询语言 PromQL 中，unless 运算符用于执行一种特殊的集合操作，主要用于筛选出左侧时间序列中不存在于右侧时间序列的元素。换言之，当使用 *A* unless *B* 表达式时，Prometheus 会返回那些在 *A* 中但不在 *B* 中的时间序列。这种操作特别适用于排除特定标签集合的情况，或者在比较两组不同的时间序列时识别出独有的数据点。

具体来说，unless 运算符会检查左边的每个时间序列，只有当其在右边没有完全匹配的标签集合时，该时间序列才会被包含在最终结果中。这意味着，如果右侧表达式中存在与左侧相同的标签集合，则这些时间序列不会出现在查询结果中。

例如，假设有两组时间序列 *A* 和 *B*，*A* 表示所有 HTTP 请求，而 *B* 表示状态码为 500 的 HTTP 请求。如果执行 *A* unless *B*，结果将包含那些不是状态码为 500 的 HTTP 请求的时间序列。这对于快速识别和排除特定类型的数据非常有用，比如排除异常或错误请求，仅关注正常运行的部分。

## 5.6 时间序列选择器

前面介绍了 PromQL 的几种操作运算符，接下来继续学习如何用不同的方式来选择数据，如何在单个时间戳或一段时间范围内基于标签过滤数据，以及如何使用移动时间的方式选择数据。

### 5.6.1 过滤指标名称

最简单的 PromQL 查询就是直接选择具有指定指标名称的序列。例如，以下查询将返回所有具有指标名称 demo_api_request_duration_seconds_count 的序列，在查询栏输入如下的名称：

```
demo_api_request_duration_seconds_count
```

该查询将返回许多具有相同指标名称的序列，但有不同的标签组合 instance、job、method、path 和 status 等，输出结果如图 5-15 所示。

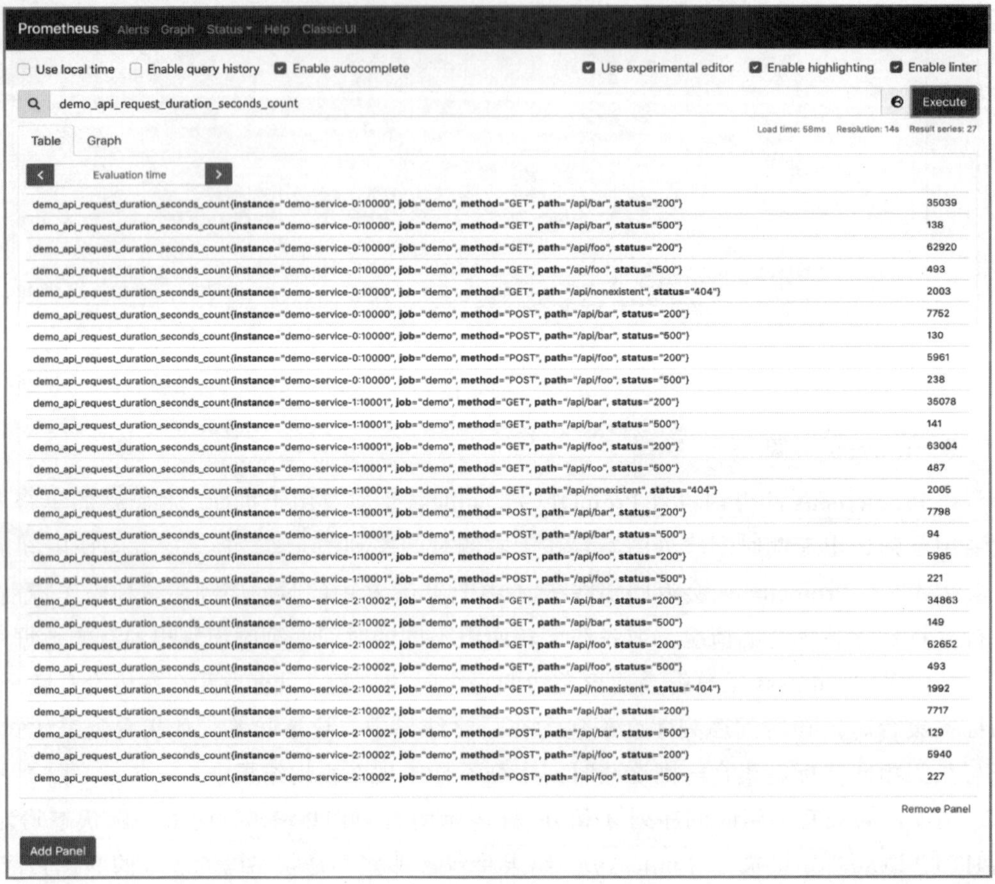


图 5-15

## 5.6.2 根据标签过滤

如果只查询 demo_api_request_duration_seconds_count 中具有 method="GET" 标签的那些指标序列，则可以在指标名称后用大括号加上该过滤条件，如下：

```
demo_api_request_duration_seconds_count{method="GET"}
```

此外，还可以使用逗号来组合多个标签匹配器，代码如下：

```
demo_api_request_duration_seconds_count{instance="demo-service-0:10000",
method="GET", job="demo"}
```

上面代码执行后将得到 demo 任务下面 demo-service-0:10000 实例且 method="GET" 的指标序列数据，输出结果如图 5-16 所示。

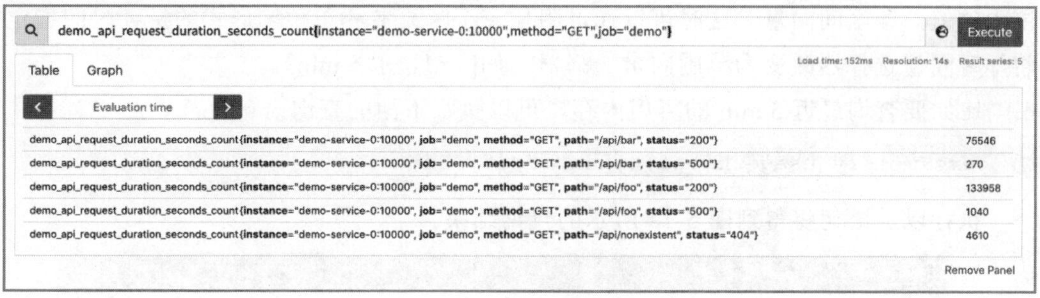


图 5-16

需要注意的是，组合使用多个匹配条件时，用于过滤所有条件都满足的时间序列。

除了相等匹配之外，Prometheus 还支持如下几种匹配器类型：

- !=：不等于。
- =~：正则表达式匹配。
- !~：正则表达式不匹配。

甚至还可以完全省略指标名称，比如直接查询 path 标签以 /api 开头的所有序列：

```
{path=~"/api.*"}
```

该查询会得到一些具有不同指标名称的序列，如图 5-17 所示。

图 5-17

**注意**：Prometheus 中的正则表达式是针对完整的字符串而不是部分字符串匹配。因此，在匹配任何以“/api”开头的路径时，不需要以“^”开头，但需要在结尾处添加“.*”，这样就可以匹配 path="/api"序列。

前面已经介绍过，在 Prometheus 内部，指标名称本质上是一个名为 __name__ 的特性标签，所以查询 demo_api_request_duration_seconds_count 实际上和下面的查询方式是等效的：

```
{__name__="demo_api_request_duration_seconds_count"}
```

按上面的方法编写的选择器，可以得到一个瞬时向量，其中包含所有选定序列的单个最新值。事实上有些函数要求不是传递一个单一的值，而是传递一个序列在一段时间范围内的值，即区间向量。这时可以通过附加一个[<数字><单位>]形式的持续时间指定符，将即时向量选择器改变为范围向量选择器（如[5m]表示 5 min）。

比如要查询最近 5 min 的可用内存，可以执行下面的查询语句：

```
demo_memory_usage_bytes{type="free"}[5m]
```

执行以上语句将得到图 5-18 所示的查询结果。

图 5-18

除了上面的 m（分钟），可以使用的有效时间单位还有 ms（毫秒）、s（秒）、h（小时）、d（天）和 y（年）。

有时还需要以时移方式访问过去的数据，通常用来与当前数据进行比较。要将过去的数据时移到当前位置，可以使用 offset <duration> 修饰符添加到任何范围或即时序列选择器进行查询（如 my_metric offset 5m 或 my_metric[1m] offset 7d）。

例如，要选择一个小时前的可用内存，可以使用下面的查询语句：

```
demo_memory_usage_bytes{type="free"} offset 1h
```

这时查询的值则是一个小时之前的数据，如图 5-19 所示。

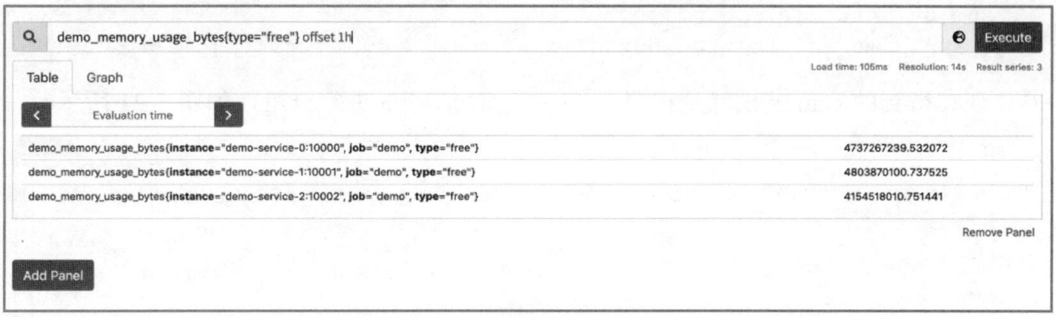


图 5-19

# 5.7　PromQL 聚合操作

我们知道 Prometheus 的时间序列数据是多维数据模型，经常需要根据各个维度进行汇总。下面介绍基于标签、基于时间和子查询的具体内容。

## 5.7.1　基于标签的聚合

例如，想知道自己的 demo 服务每秒处理的请求数，那么将单个速率相加即可，如下：

```
sum(rate(demo_api_request_duration_seconds_count{job="demo"}[5m]))
```

可以得到图 5-20 所示的结果。

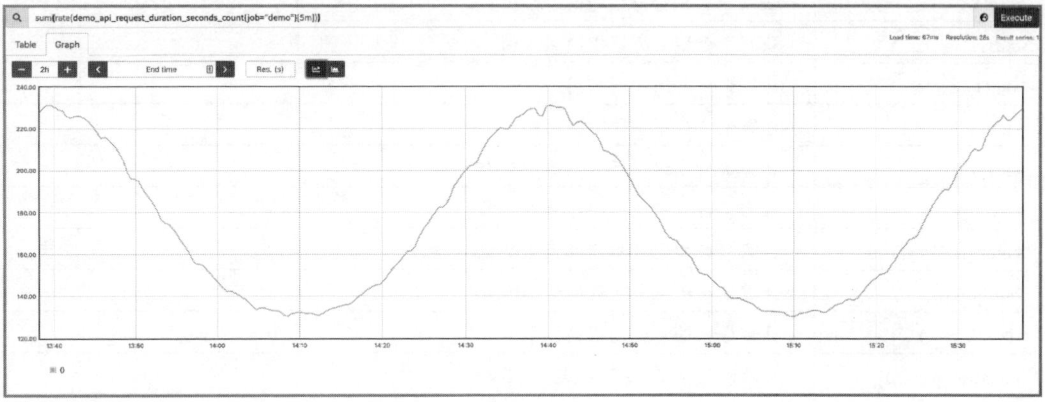


图 5-20

但是图 5-20 中绘制出来的图形没有保留任何标签维度。一般来说，希望保留一些维度，例如，可能更希望计算每个 instance 和 path 的变化率，但并不关心单个 method 或者 status 的结果，这时可以在 sum()聚合器中添加一个 without()修饰符，如下：

```
sum without(method, status)
(rate(demo_api_request_duration_seconds_count{job="demo"}[5m]))
```

上面的查询语句相当于用 by()修饰符保留需要的标签的取反操作：

```
sum by(instance, path, job)
(rate(demo_api_request_duration_seconds_count{job="demo"}[5m]))
```

现在得到的 sum 结果就是按照 instance、path、job 进行分组，如图 5-21 所示。

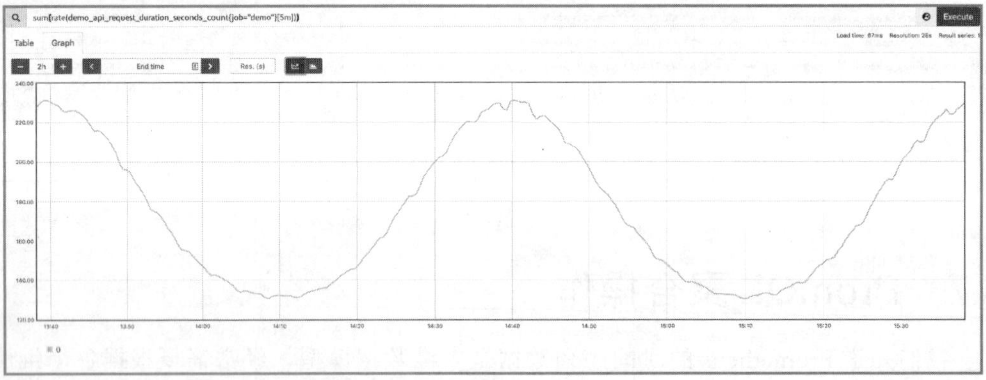


图 5-21

这里的分组概念与 SQL 语句中的分组和聚合类似。Prometheus 支持的聚合器与说明见表 5-1。

**表 5-1 Prometheus 支持的聚合器与说明**

| 聚合器名称 | 说　明 |
| --- | --- |
| sum() | 对聚合分组中的所有值进行求和 |
| min() | 获取一个聚合分组中的最小值 |
| max() | 获取一个聚合分组中的最大值 |
| avg() | 计算聚合分组中所有值的平均值 |
| stddev() | 计算聚合分组中所有数值的标准差 |
| stdvar() | 计算聚合分组中所有数值的标准方差 |
| count() | 计算聚合分组中所有序列的总数 |
| count_values() | 计算具有相同样本值的元素数量 |
| bottomk(k, ...) | 计算最小的 $k$ 个元素的样本值 |
| topk(k，...) | 计算最大的 $k$ 个元素的样本值 |
| quantile(φ，...) | 计算维度上的 $\varphi$-分位数（$0 \leqslant \varphi \leqslant 1$） |
| group(...) | 只是按标签分组，并将样本值设为 1 |

### 5.7.2 基于时间的聚合

前面已经学习了如何使用 sum()、avg() 和相关的聚合运算符从标签维度进行聚合，这些运算符在一个时间段内对多个序列进行聚合，但是有时可能想在每个序列中按时间进行聚合，例如，使尖锐的曲线更平滑，或深入了解一个序列在一段时间内的最大值。

为了基于时间来计算这些聚合，PromQL 提供了一些与标签聚合运算符类似的函数，但是在这些函数名前面附加了_over_time()，具体见表 5-2。

表 5-2 PromQL 中基于时间的聚合函数与说明

| 函数名称 | 说　明 |
| --- | --- |
| avg_over_time(range-vector) | 区间向量内每个指标的平均值 |
| min_over_time(range-vector) | 区间向量内每个指标的最小值 |
| max_over_time(range-vector) | 区间向量内每个指标的最大值 |
| sum_over_time(range-vector) | 区间向量内每个指标的求和 |
| count_over_time(range-vector) | 区间向量内每个指标的样本数据个数 |
| quantile_over_time(scalar, range-vector) | 区间向量内每个指标的样本数据值分位数 |
| stddev_over_time(range-vector) | 区间向量内每个指标的总体标准差 |
| stdvar_over_time(range-vector) | 区间向量内每个指标的总体标准方差 |

当使用 Prometheus 查询特定实例中的原始数据时，比如查询 demo 实例中的 goroutine 数量，可以使用如下简单的 PromQL 表达式：

```
go_goroutines{job="demo"}
```

这种直接查询可能会产生图表上的尖锐峰值，如图 5-22 所示。这些峰值可能由短暂的变化或异常引起，使得图表阅读起来较为困难。为了使图表更加平滑，更便于观察数据的整体趋势，可以使用 PromQL 中的 avg_over_time()函数计算指定时间窗口内的平均值。例如，以下查询计算了过去 10 min 内 goroutine 数量的平均值：

```
avg_over_time(go_goroutines{job="demo"}[10m])
```

通过这种方法，生成的图表会显示出更加平滑的趋势线，从而更容易分析长期趋势，而不是被短期波动干扰。同样的方法也可以用于其他类型的监控指标。比如，如果想要计算过去一小时内系统内存使用率的平均值，可以使用以下查询：

```
100 * (1 - ((avg_over_time(node_memory_MemFree_bytes[1h]) +
avg_over_time(node_memory_Cached_bytes[1h]) +
avg_over_time(node_memory_Buffers_bytes[1h])) /
avg_over_time(node_memory_MemTotal_bytes[1h])))
```

这个查询考虑了内存的各个组成部分，包括可用内存、缓存和缓冲区，从而提供了一个更全面的内存使用率的视图。

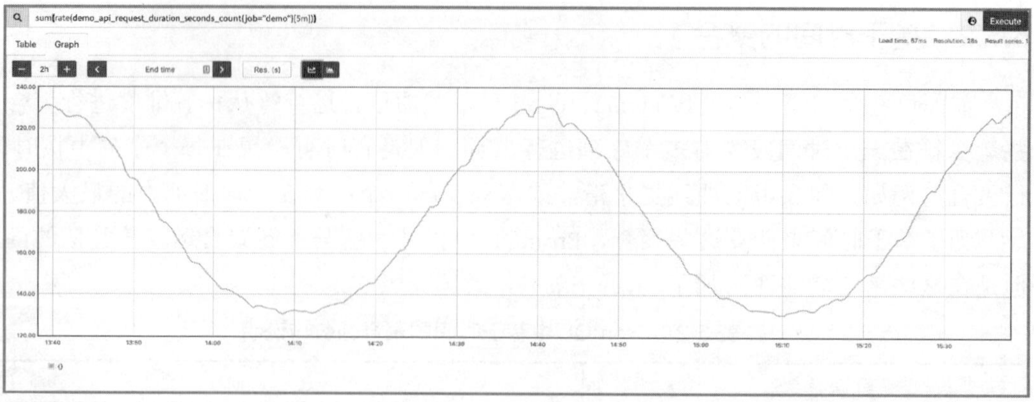

图 5-22

使用 avg_over_time 和类似的函数可以帮助用户从原始数据中提取出有意义的信息，消除短期波动的影响，从而使得监控更加准确和可靠。

## 5.7.3 子查询

表 5-2 中所有_over_time() 函数都需要一个区间向量作为输入，通常情况下只能由一个区间向量选择器来产生，比如 my_metric[5m]。但是如果现在想使用如 max_over_time() 函数找出过去一天中 demo 服务的最大请求率应该如何操作？

请求率 rate 并不是一个可以直接选择时间的原始值，而是一个计算后得到的值，例如：

```
rate(demo_api_request_duration_seconds_count{job="demo"}[5m])
```

如果直接将表达式传入 max_over_time() 并附加一天的持续时间查询的话就会产生如下的错误：

```
# ERROR!
max_over_time(
    rate(
        demo_api_request_duration_seconds_count{job="demo"}[5m]
    )[1d]
)
```

实际上 Prometheus 是支持子查询的，首先它允许以指定的步长在一段时间内执行内部查询，然后根据子查询的结果计算外部查询。子查询的表示方式类似于区间向量的持续时间，但需要冒号后添加一个额外的步长参数 [<duration>:<resolution>]。

重写上面的查询语句，告诉 Prometheus 在一天的范围内评估内部表达式，步长为 15 s，如下：

```
max_over_time(
    rate(
```

```
      demo_api_request_duration_seconds_count{job="demo"}[5m]
   )[1d:15s]          # 在 1 天内明确地评估内部查询, 步长为 15 s
)
```

也可以省略冒号后的步长,这种情况下,Prometheus 会使用配置的全局 evaluation_interval 参数评估内部表达式，如下：

```
max_over_time(
   rate(
      demo_api_request_duration_seconds_count{job="demo"}[5m]
   )[1d:]
)
```

这样就可以得到过去一天中 demo 服务最大的 5 min 请求率,不过冒号仍然是需要的,以明确表示运行子查询。子查询还允许添加一个偏移修饰符 offset 对内部查询进行时间偏移，类似于瞬时和区间向量选择器。

**注意：**长时间计算子查询代价也是非常昂贵的，可以使用记录规则（后续会讲解）预先记录中间的表达式，而不是每次运行外部查询时都实时计算它。

## 5.8 PromQL 运算符

Prometheus 的查询语言支持基本的逻辑运算和算术运算。其中支持的二元算术运算符有+（加法）、-（减法）、*（乘法）、/（除法）、%（模）、 ^（幂）等。

举一个简单的例子，可以将一个数字计算当作一个 PromQL 语句，用于标量与标量之间计算，如(2 + 3 / 6) * 2^2，可以得到图 5-23 所示的结果。

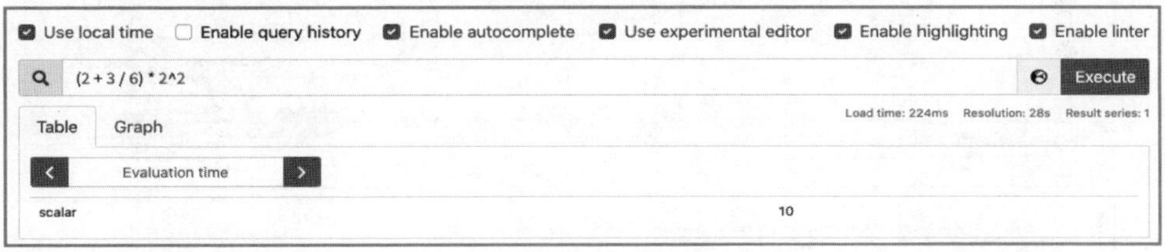


图 5-23

图 5-23 返回的是一个值为 10 的标量（scalar）类型的数据。

二元运算同样适用于向量和标量之间，例如，可以将一个字节数除以两次 1 024 转换为 MB（兆字节），查询语句如下：

```
demo_batch_last_run_processed_bytes{job="demo"} / 1024 / 1024
```

最后的计算结果的单位为 MB，如图 5-24 所示。

另外，PromQL 的一个强大功能是可以在向量与向量之间进行二元运算。

例如，demo_api_request_duration_seconds_sum 数据包含了在 path、method、status 等不同维度上花费的总时间，指标 demo_api_request_duration_seconds_count 包含了上面同维度下的请求总次数。则可以用下面的语句查询过去 5 min 的平均请求持续时间：

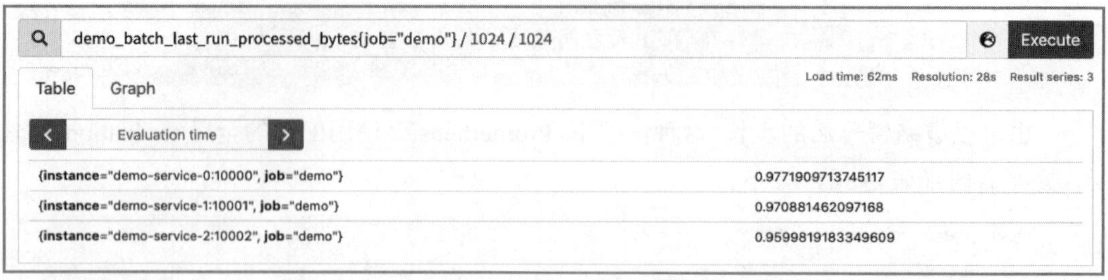


图 5-24

```
rate(demo_api_request_duration_seconds_sum{job="demo"}[5m])/rate(
demo_api_request_duration_seconds_count{job="demo"}[5m])
```

PromQL 会通过相同的标签集自动匹配操作符左边和右边的元素，并进行二元运算。由于上面两个指标的标签集合是一致的，所以可以得到相同标签集的平均请求延迟结果，如图 5-25 所示。

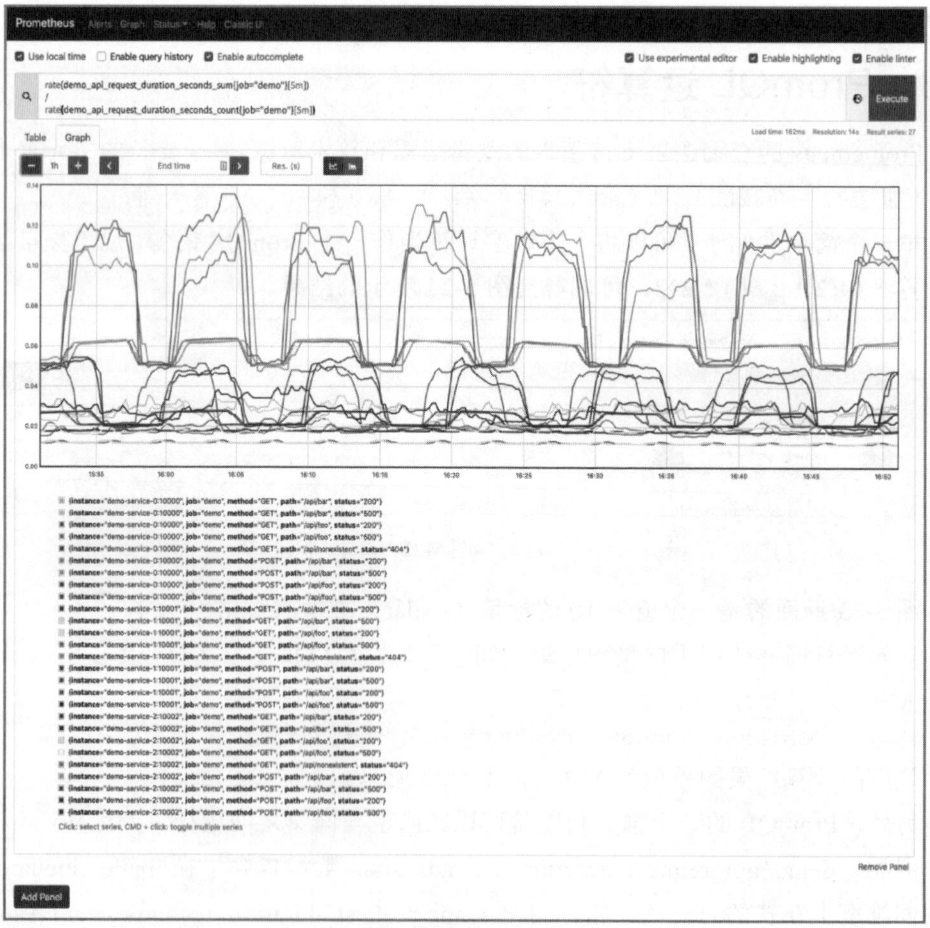


图 5-25

# 5.9　向量匹配

下面介绍几种向量匹配的关系，包括一对一、一对多与多对一。

## 5.9.1　一对一

一对一向量匹配也有两种情况，就是是否按照所有标签匹配进行计算，图 5-26 所示为匹配所有标签的情况。

图 5-26

在图 5-26 中，两个指标 foo 和 bar 分别生成了三个序列，如下：

```
foo{color="red", size="small"} 4
foo{color="green", size="medium"} 8
foo{color="blue", size="large"} 16
bar{color="green", size="xlarge"} 2
bar{color="blue", size="large"} 7
bar{color="red", size="small"} 5
```

当执行查询语句 foo{} + bar{}时，对于向量左边的每一个元素，操作符都会尝试在右边找到一个匹配的元素，匹配是通过比较所有标签完成的，没有匹配的元素会被丢弃，可以看到其中的 foo{color="green", size="medium"} 与 bar{color="green", size="xlarge"}两个序列的标签是不匹配的，其余两个序列标签匹配，所以计算结果会抛弃掉不匹配的序列，得到的结果为其余序列的值相加。

上面例子中标签不匹配的主要是因为第二个 size 标签不一致造成的，那么如果在计算时忽略掉这个标签可以吗？如图 5-27 所示。

同样针对上面的两个指标，在进行计算时可以使用 on 或者 ignoring 修饰符指定用于匹配的标签，由于示例中两边的标签都具有 color 标签，所以在进行计算时可以基于该标签（on (color)）或者忽略其他标签（ignoring (size)）进行计算，这样得到的结果就是所有匹配的标签序列相加的结果，要注意结果中的标签也是匹配的标签。

图 5-27

## 5.9.2 一对多与多对一

上面讲解的一对一的向量计算是最直接的方式，在多数情况下，on 或者 ignoring 修饰符有助于查询返回合理的结果，但通常情况下用于计算的两个向量之间并不是一对一的关系，更多的是一对多或者多对一的关系，对于这种场景就不能简单地使用上面的方式进行处理。

多对一和一对多两种匹配模式指的是一侧的每一个向量元素可以与多侧的多个元素匹配的情况，在这种情况下，必须借助 group 修饰符：使用 group_left 或者 group_right 来确定哪一个向量具有更高的基数（充当多的角色）。多对一和一对多两种模式一定是出现在操作符两侧的表达式返回的向量标签不一致的情况，因此同样需要使用 ignoring 和 on 修饰符排除或者限定匹配的标签列表。

例如，demo_num_cpus 指标告诉用户每个实例的 CPU 核心数量，只有 instance 和 job 这两个标签维度，如图 5-28 所示。

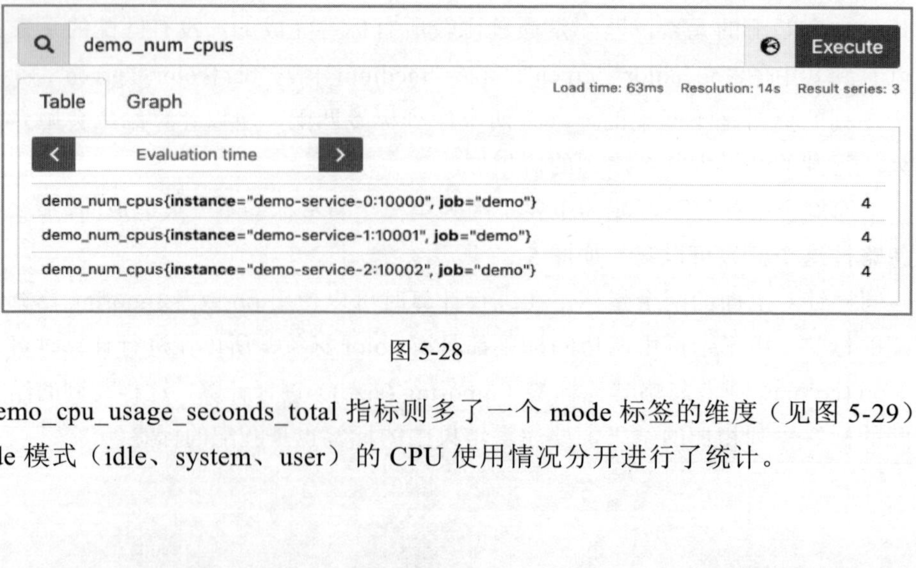


图 5-28

而 demo_cpu_usage_seconds_total 指标则多了一个 mode 标签的维度（见图 5-29），将每个 mode 模式（idle、system、user）的 CPU 使用情况分开进行了统计。

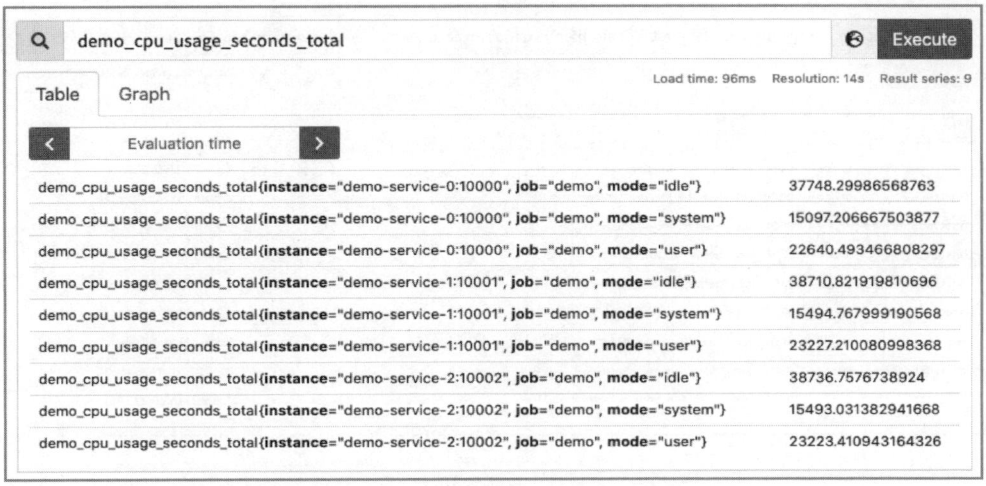


图 5-29

在 Prometheus 中进行复杂的计算时，可能需要对特定维度上的指标进行分组和比较。以计算每种 CPU 模式相对于 CPU 核心数量的使用比例为例，需要对 demo_cpu_usage_seconds_total 指标中不同的 mode 标签进行分组，并将其与 CPU 核心数进行比较。为了实现这一点，PromQL 提供了 group_left 和 on 修饰符。

group_left 修饰符用于指定在进行除法操作时，左侧向量（分子）具有更多的标签，即更高的维度基数。这确保了在进行除法操作时，左侧向量的每个时间序列都可以找到右侧向量（分母）中的对应匹配项。

on()修饰符用于明确指定哪些标签用于在两个向量间进行匹配。这样，可以精确控制哪些标签维度在计算时被考虑。

结合这两个修饰符，可以构建一个 PromQL 查询来计算每种 CPU 模式的使用量相对于 CPU 核心数的比值。查询语句如下：

```
rate(demo_cpu_usage_seconds_total{job="demo"}[5m])
/ on(job, instance) group_left
demo_num_cpus{job="demo"}
```

在此表达式中，rate(demo_cpu_usage_seconds_total{job="demo"}[5m])计算了每种 CPU 模式在过去 5 min 内的使用率。然后，将这个结果除以每个实例的 CPU 核心数 demo_num_cpus{job="demo"}。通过 on(job, instance) group_left 修饰符，确保每个模式的 CPU 使用率都被正确地除以对应实例的核心数。

该查询结果可以反映出在不同模式下，相对于 CPU 核心数量的使用情况，这对于理解各个实例的 CPU 负载分布非常有帮助。在 Prometheus 的 Web UI 中，这种查询通常以图表的形式展示，如图 5-30 所示，提供了直观的视觉反馈。通过这样的查询，Prometheus 使得对复杂系统性能的监控变得更加精确和高效。

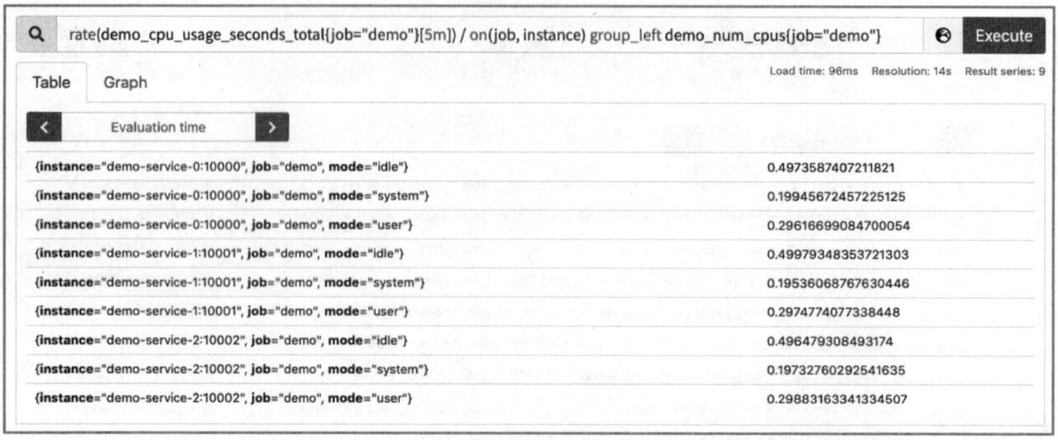


图 5-30

在 PromQL 中，除了使用 on()修饰符指定参与二元运算的标签维度外，还可以使用 ignoring()修饰符排除特定标签的影响。这在处理不同时间序列数据时特别有用，尤其是当想忽略某些标签进行匹配时。另外，当操作符的右侧向量包含额外的维度时，应使用 group_right 修饰符，这表明右边的向量在这种匹配中具有更多的标签维度。

以之前的 CPU 使用率除以 CPU 核心数的例子来说明，同样可以使用 ignoring()修饰符达到类似 on()修饰符的效果：

```
rate(demo_cpu_usage_seconds_total{job="demo"}[5m])
/ ignoring(mode) group_left
demo_num_cpus{job="demo"}
```

在此查询中，ignoring(mode)指示 Prometheus 在进行除法操作时忽略 mode 标签，只考虑其他标签（如 job）。使用 group_left 保证了左侧向量（分子）的所有标签都被考虑在内。这种方法产生的结果与使用 on()修饰符的查询是一致的。

此外，PromQL 中的关联查询（如使用 join 类型的操作）虽然功能强大，但在实践中应尽量避免。一个好的实践是尝试通过重新标记（Relabeling）调整原始数据，为它们添加更有用的标签。这种方法通常能使查询更加简洁高效。如果可以通过单条查询语句获取所需数据，就没有必要进行复杂的关联查询。

## 5.10 PromQL 函数

在本节中，将深入探讨 PromQL 函数的强大功能，它们是 Prometheus 中用于查询和操作时间序列数据的重要工具。这些函数提供了广泛的操作，使我们能够从收集的指标数据中提取有价值的见解，并进行各种计算。从计算绝对值到聚合基于时间的统计信息，PromQL 使我们能够有效地分析和了解系统和应用程序的行为。让我们探索每个函数的简明解释、它们相比其他方法的优势，以及如何逐步实现它们，充分发挥这种查询语言的潜力。

### 5.10.1 数学函数

作为 Prometheus 监控系统中处理和分析指标数据的查询语言，PromQL 提供了多种数学函数来对监控数据进行处理和计算。这些数学函数在数据分析和监控系统中发挥着重要作用，有助于实现对监测数据的深入研究和有效处理。PromQL 提供的主要数学函数与说明，见表 5-3。

表 5-3 PromQL 提供的主要数学函数与说明

| 函数名称 | 说明 |
| --- | --- |
| abs(instant-vector) | 求瞬时向量绝对值 |
| ceil(v instant-vector) | 四舍五入取整 |
| loor(v instant-vector) | 舍弃小数部分取整 |
| changes(v range-vector) | 计算区间向量中每个样本值变化次数，返回的是瞬时向量 |
| clamp_max(v instant-vector, max scalar) | 瞬时向量值如果大于 max，则值修改为 max，否则值不变（用于将向量规范到一个不大于 max 的区间内） |
| clamp_min(v instant-vector, min scalar) | 将向量规范到一个不小于 min 值的范围内 |
| delta(v range-vector) | 该函数的参数是一个区间向量，返回一个瞬时向量。它计算一个区间向量 v 的第一个元素和最后一个元素之间的差值 |
| idelta(v range-vector) | 该函数的参数是一个区间向量，返回一个瞬时向量。它计算最新的 2 个样本值之间的差值（当区间内仅有一个向量时无返回值） |
| deriv(v range-vector) | 该函数的参数是一个区间向量，返回一个瞬时向量。它使用简单的线性回归计算区间向量 v 中各个时间序列的导数 |
| exp(v instant-vector) | 输入一个瞬时向量，返回各个样本值的 e 的指数值，即 e 的 *N* 次方。当得到一个无穷大的值时，显示 +Inf， 反之显示 0，e 的负数次方无限趋近 0。e 的空向量指数依然为空向量 |
| increase(v range-vector) | 获取区间向量中的第一个和最后一个样本并返回其增长量，它会在单调性发生变化时（如由于采样目标重启引起的计数器复位）自动中断 |
| ln(v instant-vector) | 计算瞬时向量 v 中所有样本数据的自然对数 |
| log2(v instant-vector) | 计算瞬时向量 v 中所有样本数据的二进制对数。特殊情况同 ln |
| log10(v instant-vector) | 计算瞬时向量 v 中所有样本数据的十进制对数。特殊情况同 ln |
| round(v instant-vector, to_nearest= 1 scalar) | 返回向量中所有样本值最接近 to_nearest 值整数倍的值，当 to_nearest=1 时等价于 ceil |
| scalar(v instant-vector) | 返回一个单元素瞬时向量的样本值，当多元素或者没有元素返回 Nan |
| sort(v instant-vector) | 对向量按元素的值进行升序排序 |
| sort_desc(v instant-vector) | 对向量按元素的值进行降序排序 |
| sqrt(v instant-vector) | 计算向量 v 中所有元素的平方根 |

### 5.10.2 时间函数

时间函数为 PromQL 提供了丰富的时间处理功能。首先，可以利用 day_of_month()函数获得给定 UTC 时间所在月份的日期，其返回值范围为 1～31。而 day_of_week()函数则返回给定 UTC 时间所在周的第几天，范围为 0～6，其中 0 代表星期天。另外，通过 days_in_month()函数能得知当前月份的天数，返回值为 28～31。若需要获取指定 UTC 时间的年份，则可以使用 year()函数。对于小时和分钟，可以分别利用 hour()和 minute()函数获取给定 UTC 时间的当前小时和分钟，时间范围分别是 0～23 和 0～59。而 month()函数则返回给定 UTC 时间所在的月份，结果范围为 0～12。除此之外，predict_linear()函数允许对时间序列进行预测，它基于简单线性回归的方式对样本数据进行统计，从而可以预测时间序列在未来 *t* 秒后的值。最后，resets()函数可以返回区间向量中每个时间序列的计数器重置次数，其中连续样本之间的单调性发生变化被视为一次计数器重置。而 timestamp()函数则返回向量中每个样本的时间戳（以秒为单位，从 1970 年 1 月 1 日至今的时间）。

具体的时间函数及其说明如下：

- day_of_month(v=vector(time()) instant-vector)函数，返回 1～31 向量所在 UTC 时间中的所在月份的第几天。
- day_of_week(v=vector(time()) instant-vector) 函数，返回给定 UTC 时间所在周的第几天。返回值范围为 0～6，0 表示星期天。
- days_in_month(v=vector(time()) instant-vector) 函数，返回当月一共有多少天。返回值范围为 28～31。
- year(v=vector(time()) instant-vector) 函数，返回给定 UTC 时间的当前年份。
- hour(v=vector(time()) instant-vector) 函数，返回给定 UTC 时间的当前第几个小时，时间范围为 0～23。
- minute(v=vector(time()) instant-vector) 函数，返回给定 UTC 时间当前小时的第多少分钟。结果范围为 0～59。
- month(v=vector(time()) instant-vector) 函数，返回给定 UTC 时间当前属于第几个月，结果范围为 0～12。
- predict_linear(v range-vector, t scalar) 函数，可以预测时间序列 v 在 *t* 秒后的值。它基于简单线性回归的方式，对时间窗口内的样本数据进行统计，从而可以对时间序列的变化趋势做出预测。
- resets(v range-vector) 的参数是一个区间向量。对于每个时间序列，它都返回一个计数器重置的次数。两个连续样本之间单调性发生变化被认为是一次计数器重置。
- timestamp(v instant-vector) 函数，返回向量 v 中的每个样本的时间戳（从 1970-1-1 到现在的秒数）。

这些时间函数可帮助用户在 Prometheus 中能够更灵活、高效地处理时间序列数据。

### 5.10.3 标签操作函数

在 Prometheus 的查询语言 PromQL 中，提供了一系列标签操作函数，这些函数使用户能够更加灵活地处理和修改监控数据中的标签，从而更深入地理解和利用这些数据。以下是一些常用的标签操作函数及其用途。

① absent(v instant-vector)：该函数用于检测空数据。如果传入的瞬时向量 v 非空，它返回一个空向量；如果 v 为空，它返回一个无名称但值为 1 的指标。这个函数对于监控和警报空数据非常有用。

② label_join(v instant-vector, dst_label string, separator string, src_label_1 string, src_label_2 string, ...)：该函数将时间序列 v 中的多个源标签 src_label 的值，通过连接符 separator 连接起来，并将结果写入一个新的目标标签 dst_label 中。例如，使用 label_join(up{name="a", job="b"}, "full_name", "-", "name", "job")，会产生如下带有新标签的向量：

```
up{name="a", job="b", full_name="a-b"} 1
```

③ label_replace(v instant-vector, dst_label string, replacement string, src_label string, regex string)：该函数用于在原标签中匹配字符，并将匹配结果放入目标标签中。它可以用来重命名标签，或者基于现有标签的值创建新的标签。

④ vector(s scalar)：该函数将标量 s 转换成一个无标签的向量，与 scalar()函数相反。它通常用于将简单的数字值转换为 Prometheus 可以理解的时间序列格式。

通过这些标签操作函数，Prometheus 用户可以在查询时动态地重构和修改标签，这为数据的聚合、过滤和呈现提供了巨大的灵活性。这些函数的应用，如合并标签、改变标签名称或格式、处理空数据等，对于创建高效且精确的 PromQL 查询至关重要。

### 5.10.4 Counter 指标增长率

由于使用 rate()或者 increase()函数计算样本的平均增长速率容易陷入长尾问题中，其无法反映在时间窗口内样本数据的突发变化。

例如，对于主机而言，在 2 min 的时间窗口内可能出现由于访问量或者其他问题导致 CPU 占用 100%的情况，但是通过计算在时间窗口内的平均增长率却无法反映出该问题。

为了解决该问题，PromQL 提供了另外一个灵敏度更高的函数 irate(v range-vector)。irate()函数同样用于计算区间向量的增长率，但是其反映出的是瞬时增长率。

irate()函数通过区间向量中最后两个样本数据计算区间向量的增长速率。这种方式可以避免在时间窗口范围内的长尾问题，并且体现出更好的灵敏度，通过 irate()函数绘制的图表能够更好地反映样本数据的瞬时变化状态。既然是使用最后两个点计算，那为什么还要指定类似于[1m]的时间范围呢？这个[1m]不是用来计算的，irate()函数在计算时会最多向前在[1m]范围内找点，如果超过[1m]没有找到数据点，这个点的计算就放弃了，如图 5-31 所示。

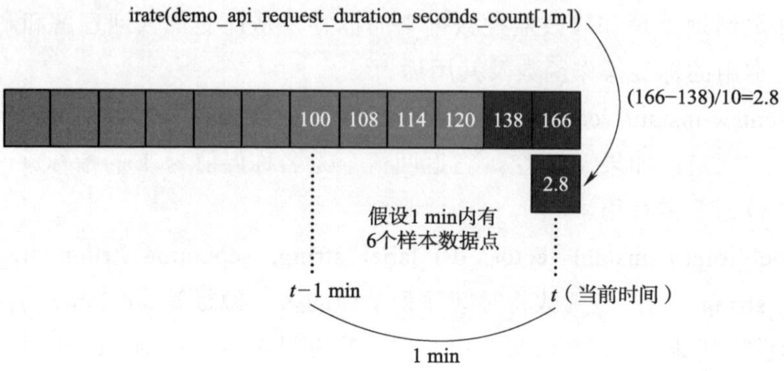


图 5-31

由于 rate()函数提供了更平滑的结果，因此在长期趋势分析或者报警中更推荐使用 rate()函数，因为当速率只出现一个短暂的峰值时，不应该触发该报警。

使用 irate() 函数时，图 5-32 中的表达式会出现一些短暂下降的图形。

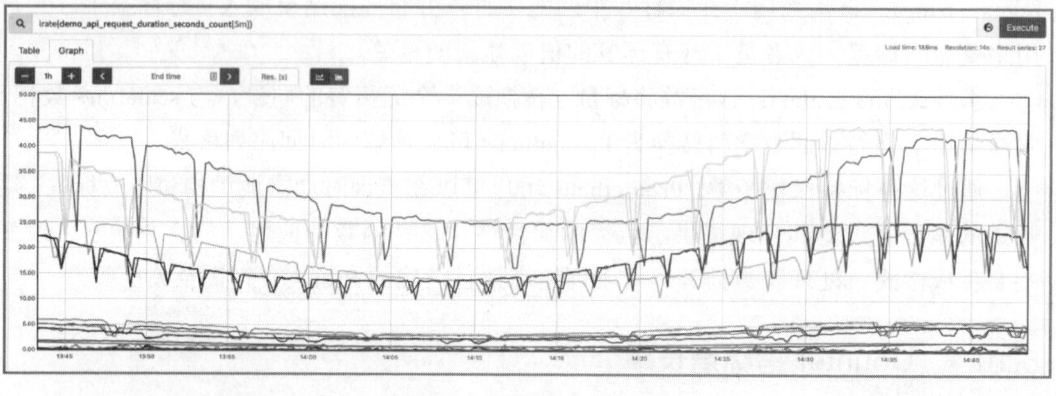


图 5-32

除了计算速率，用户还可以使用 increase() 函数查询指定时间范围内的总增量，它基本上相当于速率乘以时间范围选择器中的秒数，示例表达式如下：

```
increase(demo_api_request_duration_seconds_count{job="demo"}[1h])
```

上面表达式的结果和使用 rate() 函数计算的结果整体图形趋势都是一样的，只是 *Y* 轴的数据不一样而已，一个表示数量，一个表示百分比。rate()、irate() 和 increase()函数只能输出非负值的结果，对于跟踪一个可以上升或下降的值的指标（如温度、内存或磁盘空间），可以使用 delta() 和 deriv() 函数代替。

deriv() 函数可以计算一个区间向量中各个时间序列的二阶导数，使用简单线性回归，deriv(v range-vector) 的参数是一个区间向量，返回一个瞬时向量，该函数一般只用在 Gauge 类型的时间序列上。例如，要计算在 15 min 的窗口下，每秒磁盘使用量上升或下降了多少，执行结果如图 5-33 所示。

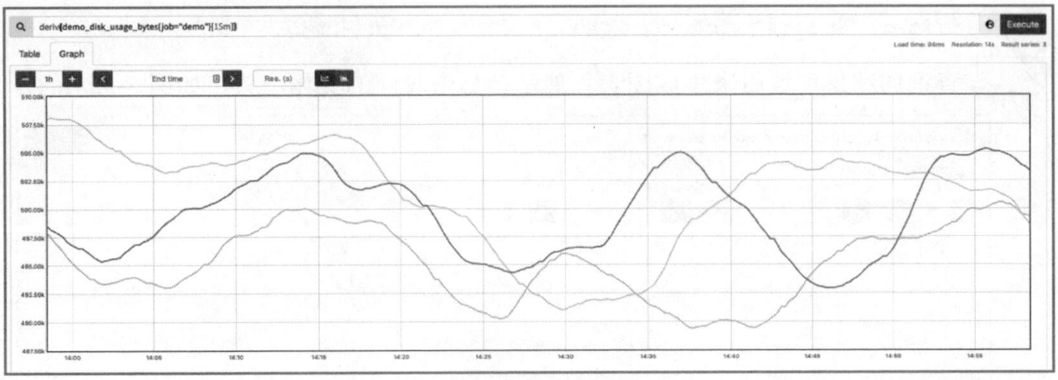


图 5-33

predict_linear() 函数可以预测一个 Gauge 类型的指标在未来指定一段时间内的值，例如，可以根据过去 15 min 的变化情况，预测一个小时后的磁盘使用量，可以用如下所示的表达式来查询：

```
predict_linear(demo_disk_usage_bytes{job="demo"}[15m], 3600)
```

以上表达式的执行结果如图 5-34 所示。

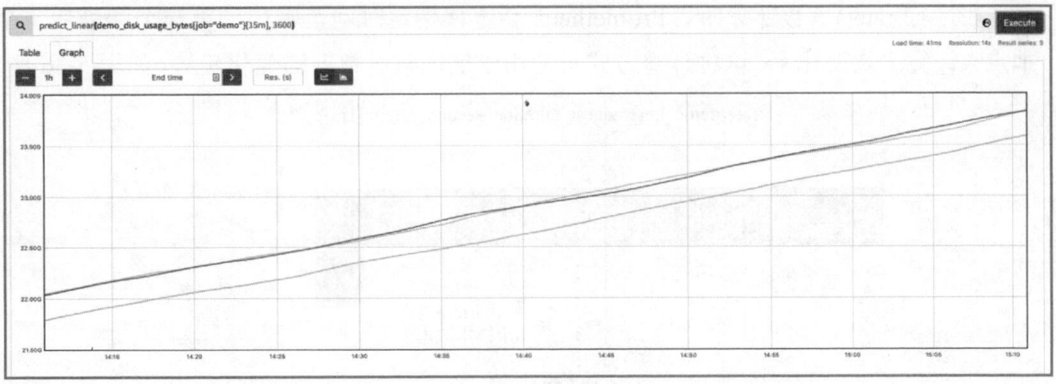


图 5-34

predict_linear()函数可用于报警，告诉用户磁盘会在几个小时内用完。

### 5.10.5 Gauge 指标趋势变化预测

在 Prometheus 中，rate()函数是用于估计 Gauge 类型指标趋势变化的常用工具。它计算在给定时间范围内，计数器型指标（如请求持续时间的计数）的平均每秒增加量。要使用 rate()函数，需要在指标选择器后添加一个范围选择器来指定观察窗口。例如，要计算 demo_api_request_duration_seconds_count 在过去 5 min 内的平均每秒变化率，可以使用以下查询：

```
rate(demo_api_request_duration_seconds_count[5m])
```

该查询的结果可被用来生成图表，展示指标随时间的变化趋势，如图 5-35 所示。

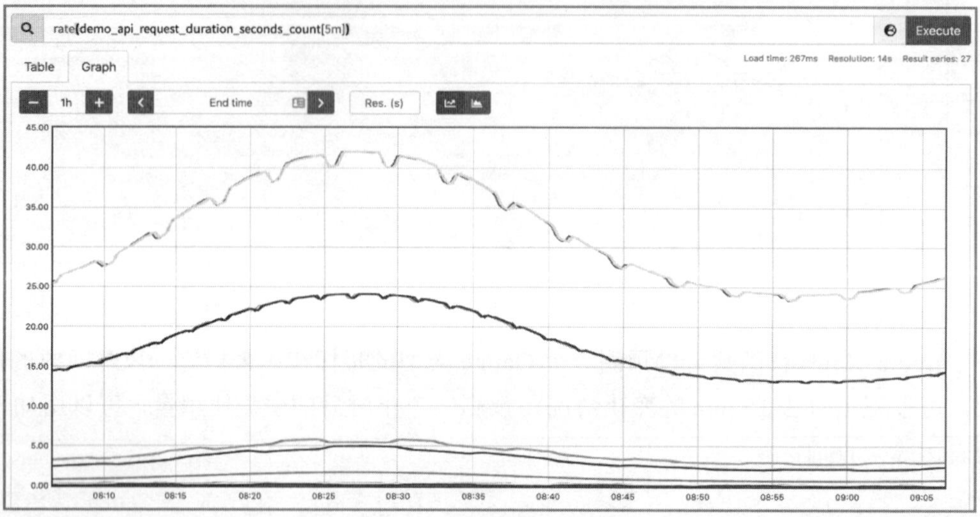


图 5-35

在进行 rate()函数计算时，Prometheus 会选择指定时间范围内的第一个和最后一个样本点来计算平均变化率。这种计算方式更适用于展现瞬时数据的变化趋势，如图 5-36 所示。

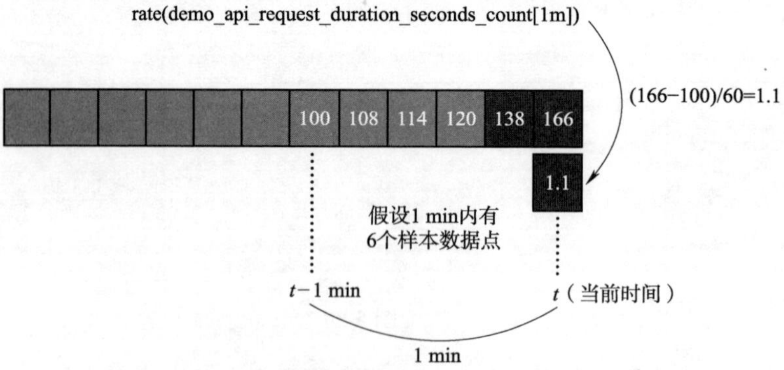


图 5-36

然而，在许多情况下，需要绘制一段时间范围内的趋势图。为此，可以执行区间查询，即在给定的时间范围内重复进行这样的计算，并将所有结果串联起来形成一个连续的图形，如图 5-37 所示。

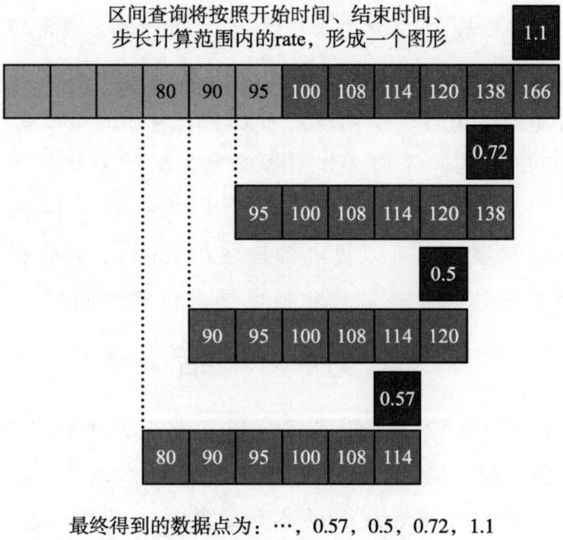


图 5-37

rate()函数在计算时会考虑计数器的重置情况。例如，如果指标由于进程重启而重置，rate()函数会自动检测并调整计算。如果一个时间序列的值是[5, 10, 4, 6]，rate()会将其视为[5, 10, 14, 16]，假定任何下降都是由于重置引起的。

**注意：**

① 由于时间窗口的边界可能不会完全对齐于采样点，即使是始终递增的计数器，计算出的变化率也可能是非整数值，如图 5-38 所示。此外，在使用 rate()函数时，如果与聚合运算符（如 sum()）或时间聚合函数（以_over_time 结尾的函数）结合使用，应先应用 rate()函数，然后再进行聚合，以确保正确处理计数器的重置情况。

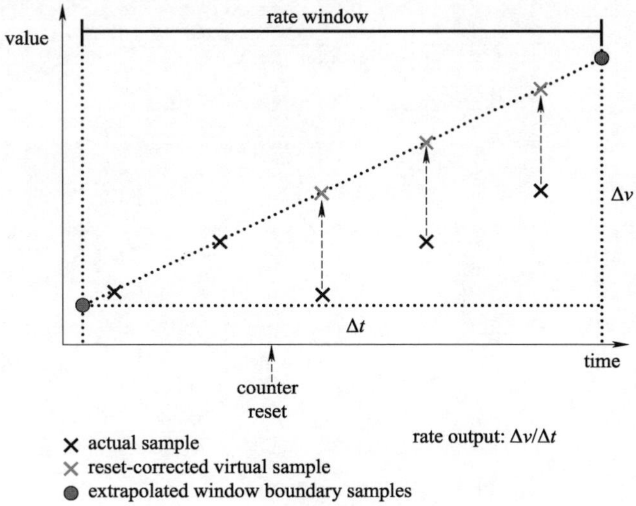


图 5-38

② rate()函数至少需要窗口内有两个样本点才能计算。通常建议的做法是选择一个窗口大小至少为抓取间隔的四倍，以确保在窗口不对齐或抓取失败的情况下有足够的样本进行计算。例如，对于 1 min 的抓取间隔，可以使用 4 min（通常四舍五入为 5 min）的窗口进行 rate()计算。在进行区间查询（如图表绘制）时，查询范围应至少与步长一致，以避免丢失数据。

通过这些技巧和注意事项，可以更准确地使用 rate()函数分析和预测 Gauge 类型指标的趋势变化，从而为系统监控和性能优化提供更有价值的洞察。

## —— 小　结 ——

本章介绍了 PromQL 查询语言的实战应用。首先，了解了时序数据（TSDB）以及 PromQL 的基本概念和介绍。随后，探讨了数据模型与数据类型，学习了如何选择时间序列和进行聚合操作。还介绍了 PromQL 的各种运算符和函数，包括数学函数、时间函数、标签操作函数、Counter 指标增长率和 Gauge 指标趋势变化预测。接着，进行了 PromQL 查询和操作的分析。本章综合介绍了 PromQL 的基础知识和理论基础，并深入探讨了更高级的查询模式，为学习和应用 Prometheus 监控系统提供了重要的指导和帮助。

# 第 6 章　Alertmanager 告警解析

本章深入探讨 Alertmanager，这是 Prometheus 生态系统中的关键组件，负责处理由监控系统发出的警报。在一个动态的生产环境中，能够及时响应潜在的问题是至关重要的，而 Alertmanager 就是在此过程中扮演着中心角色。本章从 Alertmanager 的基础概念入手，详细介绍其配置和工作原理，以及如何与 Prometheus 紧密集成来实现高效的警报管理。

## 6.1　Alertmanager 简介

前面章节已经简单介绍了 Prometheus 中的报警模块 Alertmanager。Alertmanager 是一个独立的告警模块，接收 Prometheus 客户端发来的警报，之后通过分组、删除重复等处理，并将它们通过路由发送给正确的接收器；告警方式为按照不同的规则发送给不同的模块负责人。Alertmanager 支持 Email、Slack 等告警方式，也可以通过 Webhook 接入钉钉等国内 IM 工具；其整体架构如图 6-1 所示。

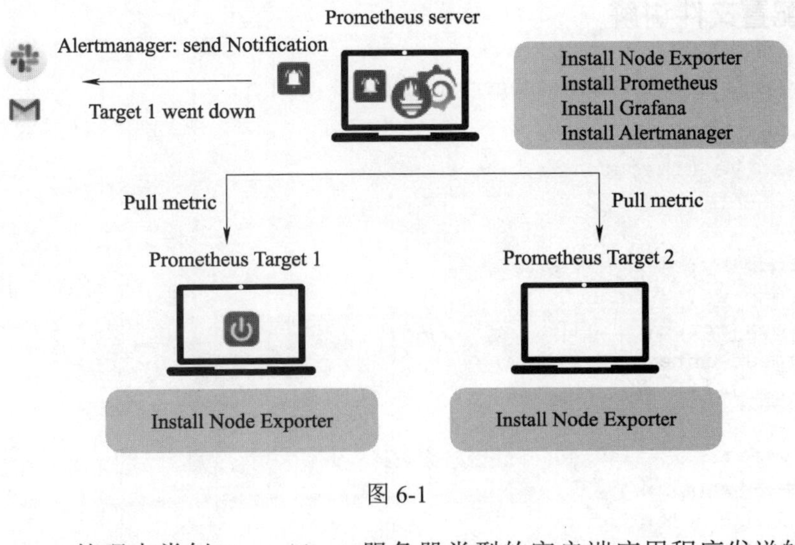


图 6-1

Alertmanager 处理由类似 Prometheus 服务器类型的客户端应用程序发送的警报，它们通过 HTTP POST 请求发送到 Alertmanager API 端点。Alertmanager 管理这些警报，包括静默、抑制、聚合和发送通知，表 6-1 详细解释了每个功能的含义。Alertmanager 通过电子邮件、Slack、PagerDuty、HipChat、OpsGenie、Webhook 等发送通知。

表 6-1　Alertmanager 功能详解

| 功能点 | 名称 | 功能 |
| --- | --- | --- |
| deduplicating | 重复数据删除 | Alertmanager 会对相同的警报进行去重处理，确保每个唯一的警报在设定的时间内只通知一次，避免重复发送相同的警报给最终用户 |
| grouping | 分组 | 相似的警报会被归为一组，并作为一整组进行通知，而不是单独发送每个警报，有助于更好地组织和管理警报 |
| route | 路由 | 警报信息可以根据内容被路由到不同的接收器，如电子邮件、SMS 或者 Webhook 等 |
| silencing | 静默 | 静默功能提供了一个可配置的时间窗口，其间选定的警报将不会发送通知，帮助维护人员集中处理当前问题 |
| inhibition | 抑制 | 抑制规则可以根据警报的属性来定义，如标签或严重性。这可以防止警报洪水，当一个严重的问题已经被识别时 |
| HA | 高可用性 | HA（high-availability，高可用性）机制通过分布式系统设计来确保 Alertmanager 的健壮性和可靠性，无论面对网络分区或实例故障，都能保证警报的连续性 |

## 6.2　Alertmanager 的安装与使用

为了快速演示 Alertmanager 的安装使用，下面通过自动化脚本部署一个单机版本的 Alertmanager。实际生产环境中，worker 节点上也需要部署 Alertmanager，这样才能保证高可用性。

### 6.2.1　配置文件讲解

首先需要准备一个 Alertmanager 的配置文件，如下：

```
global:
    resolve_timeout: 2h

route:
    group_by: ['alertname']
    group_wait: 5s
    group_interval: 10s
    repeat_interval: 1h
    receiver: 'webhook'

receivers:
- name: 'webhook'
  webhook_configs:
  - url: 'http://127.0.0.1:5001/alert'
    send_resolved: true
```

接下来对上面的配置文件进行简要介绍。

global 配置用于全局（如 resolve_timeout），表示在报警恢复时不是立马发送的，在接下来的这个时间内，如果没有此报警信息触发，才发送报警恢复消息，其默认值为 5 s。

route 配置相对比较复杂，其主要根据路由规则中的 match 或者 match_re 来匹配， 如果匹配，则会选择一个树分支来进行，找到此分支对应的 receiver 发送对应的消息。如果所有 route 信息都无法命中，就采用默认的 receiver 配置发送消息。

receivers 用来配置接收器， 这里使用 Alertmanager 的 webhook_configs 选项接收消息，当接收到新的告警信息，它会将消息转发到配置的 url 地址。http://127.0.0.1:5001/alert 是我们自己编写的一个接收告警的服务，后面会讲到。

当警报从 Prometheus 发送到 Alertmanager 后，它们会根据 alertname 进行分组。如果是新的警报，则会创建一个新的组，并在发送通知前等待 group_wait 指定的时间。这一机制可以防止在短时间内由于大量相似警报而导致的通知过多，避免了所谓的警报风暴。

如果一个已经存在的警报组在 group_interval 指定的时间内有新的警报加入，则会在等待时间后发送更新的警报通知。

即使一个警报持续触发， Alertmanager 也不会不停地发送通知， 而是按照 repeat_interval 指定的时间间隔发送，这有助于控制通知的频率，避免对接收者造成干扰。

通过这种配置方式，Alertmanager 确保了警报通知的高效与有效，帮助运维人员及时响应潜在的系统问题，同时又避免了不必要的通知干扰。

### 6.2.2　路由与分组

Prometheus 发给 Alertmanager 的每一条告警信息都是带有标签的，而且 Alertmanager 是通过标签来标识每一条告警信息。下面介绍如何对告警信息按照指定的配置进行路由和分组。

#### 1. 路由

假设 Prometheus 同时监控了数据库组件与缓存组件；用户希望数据库组件的告警能够发送给数据库小组的相关人员，缓存组件的告警能够发送给缓存小组的相关人员。基于告警信息的标签与 Alertmanager 的路由机制，可以达到上面的效果。例如，定义如下的路由树：

```
route:
   receiver: admin-receiver
   routes:
   - receiver: database-receiver
     match:
         component: database
   - receiver: memcache-receiver
    macth:
        componnet: memcache
```

那么，当 Alertmanager 收到一条告警信息时，首先会发送给 admin-receiver；然后根据标签的匹配规则，如果该告警带有标签 component:database，那么还会发送给 database-receiver。

当然，如果数据库的告警还要继续细分，比如 MySQL 的告警还要发送给 mysql-receiver，MarriaDB 的告警发送给 marriadb-receiver，那么路由树如下：

```
route:
    receiver: admin-receiver
    routes:
    - receiver: database-receiver
      match:
        component: database
      routes:
      - receiver: mysql-receiver
        match:
            type: mysql
      - receiver: marriadb-receiver
        match:
            type: marriadb
    - receiver: memcache-receiver
      macth:
          componnet: memcache
```

2．分组

我们有时会遇到下面的场景。

一台主机“挂”了后，主机上所有服务都会挂掉，此时 Alertmanager 会连续接收到很多的告警；如果每条告警都通过邮件发送给接收者，那么短时间内邮件的发送量会很大。那么，有没有可能把多条告警信息合并成一个邮件发送出去呢？答案是可以的，这就是 Alertmanager 的分组功能。

假设有如下的配置：

```
route:
    receiver: admin-receiver
    group_by: ["instance"]
    group_wait: 30s
    group_interval: 5m
    repeat_interval: 4h
```

当接收到如下的第一条告警：

```
{alertname="NodeCPU",instance="peng01",job="node-exporter",serverity="high",...}
time, annotation
```

Alertmanager 便会创建一个 Group：{instance="peng01"}，然后把该条告警加入该 Group 中。如果接收到第二条告警，如下：

```
{alertname="NodeMemory",instance="peng01",job="node-exporter",
serverity="high",...}
```

Alertmanager 也会根据其中的标签“instance="peng01"”将该告警加入刚创建的 Group

中。这时，如果接收到如下的第三条告警：

```
{alertname="NodeCPU",instance="peng02",job="node-exporter",serverity="high",...}
time, annotation
```

Alertmanager 便会创建 Group {instance="peng02"}，然后把这条告警放在该 Group 中。（注意：只有当一个新的告警到达，且它不属于任何已经存在的分组时，才会创建新的分组。）而如果接到了一个告警，它没有“instance=xxx”这个 Label，那么就会创建一个 Group {}，把这个告警加入该 Group 中。

上面讨论了设置 Group By 后 Alertmanager 如何对告警进行分组。如果没有设置 Group By，或设置为 group_by: []，那么 Alertmanager 便不会对告警进行分组（也有可能是对每一个告警中的标签创建一个分组，比如说收到一个告警只有标签 instance="peng01"，那就创建一个分组 {instance="peng01"}，收到另一个告警有标签 instance="peng01" 和 alertname="NodeCPU"，就创建一个分组 {instance="peng01",alertname="NodeCPU"}）。

### 6.2.3 安装 Alertmanager

使用 Ansible 自动化部署 Alertmanager，命令如下：

```
ansible-playbook -i host_file  service_deploy.yaml  -e "tgz=alertmanager-0.21.0.linux-amd64.tar.gz" -e "app=alertmanager"
```

启动之后，查看 Alertmanager 进程，命令如下：

```
[root@k8smaster tgzs]# netstat -ntpl|grep alert
tcp6       0      0 :::9093                 :::*                    LISTEN
12770/alertmanager
tcp6       0      0 :::9094                 :::*                    LISTEN
12770/alertmanager
```

接下来便可以通过浏览器访问 Alertmanager 页面，http://192.168.11.198:9093/#/alerts 对应的页面如图 6-2 所示。

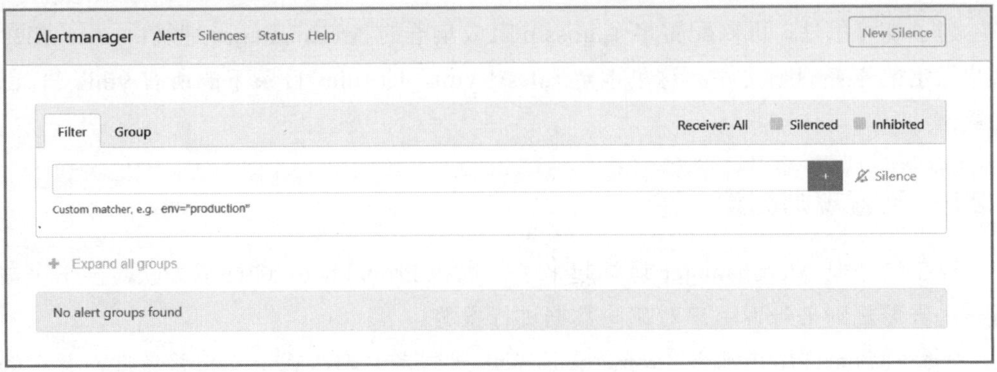


图 6-2

至此，已经成功配置与启动了 Alertmanager，接下来需要配置 Prometheus 将告警信息发送给 Alertmanager。

## 6.2.4 Prometheus 配置 Alertmanager

在 Prometheus 中，一条告警规则由告警名称和告警规则两个关键部分构成。告警名称应简洁明了地反映警报的核心问题，以便用户能够迅速识别；告警规则则是使用 PromQL 表达式来定义，它规定了在特定条件满足一定时间阈值后触发警报。这个 PromQL 表达式指定了什么情况下应该触发警报，而 During 参数定义了该条件必须持续多久才能够认为是一个有效的警报状态。除此之外，还可以通过 group（告警组）对一组相关的告警进行统一定义，示例代码如下：

```
global:
    scrape_interval:     15s       # 设置抓取间隔为 15 s，默认值为 1 min
    evaluation_interval: 15s       # 每 15 s 评估一次，默认值为 1 min
# 告警规则
alerting:
    alertmanagers:
    - static_configs:              # 配置 Alertmanager 地址
      - targets: [ 'localhost:9093' ]

rule_files:
    - "rules/*.yml"

scrape_configs:
    - job_name: 'prometheus'
      static_configs:
      - targets: ['localhost:9090']
    - job_name: 'node_exporter'
      static_configs:
      - targets:
        - 192.168.11.198:9100
        - 192.168.11.199:9100
```

为了高可用性，可以配置多个 gossip 组成集群的 Alertmanager 地址。 rule_files 是由用户指定的告警规则文件，这里指定 rules/*.yml，即 rules 目录下的所有 yml 文件都会被加载。

## 6.2.5 告警规则配置

现在只是把 Alertmanager 运行起来了，也和 Prometheus 进行了关联，接下来需要配置一些告警规则来告诉用户对哪些数据进行报警。

告警规则允许用户基于 Prometheus 表达式语言的表达式定义报警条件，并在触发警报时发送通知给外部的接收者。一条告警规则的主要组成见表 6-2。

表 6-2　告警规则的组成与说明

| 名　称 | 说　明 |
| --- | --- |
| alert | 告警规则的名称 |
| expr | 告警规则 PromQL 查询语句 |
| for | 评估等待时间（pending duration），用于表示只有当触发条件持续一段时间后才发送告警，在等待期间新产生的告警状态为 pending |
| labels | 自定义标签，允许用户指定额外的标签列表，把它们附加在告警上 |
| annotations | 指定了另一组标签，它们不被当作告警实例的身份标识，它们经常用于存储一些额外的信息，用于报警信息的展示之类 |

同样的，在前面 Prometheus 的配置文件中添加如下报警规则配置：

```
rules/*.yml
```

如上的配置表示应用程序会读取 rules 目录下的所有 yml 文件，都会被加载。其中 rule_files 用来指定报警规则，编辑 rule.yml 文件，在 alerting 区域与 rule_files 区域添加如下的内容：

```
groups:
- name: alert_g_1
  rules:
  - alert: NodeLoadTooHigh
    expr:  node_memory_Active_bytes> 10000
    labels:
        severity: critical
        node_name: abc
    annotations:
        summary: The load of machine is too high!
groups:
- name: alert_g_2
  rules:
  - alert: mysql_qps too high
     expr: mysql_global_status_queries > 0
     labels:
        severity: warning
        node_name: abc
    annotations:
        summary: The load of mysql is too high!
```

上述代码定义了名为 NodeLoadTooHigh 和 MysqlQpsTooHigh 的报警规则，分别用于监测节点负载和 MySQL 查询。

一旦定义好告警规则，我们可以使用 Prometheus 的工具 promtool 验证规则的正确性，确保它们在语法和逻辑上没有错误，并符合预期的监控目标，如图 6-3 所示。

```
dows-amd64> ./promtool check config prometheus.yml
Checking prometheus.yml
  SUCCESS: 1 rule files found
 SUCCESS: prometheus.yml is valid prometheus config file syntax

Checking rule.yml
  SUCCESS: 2 rules found
```

图 6-3

发现没有问题之后，需要重启 Prometheus 服务，加载新的告警规则；重启之后，可以在 Prometheus 的告警规则页面看到定义的告警规则，如图 6-4 所示。

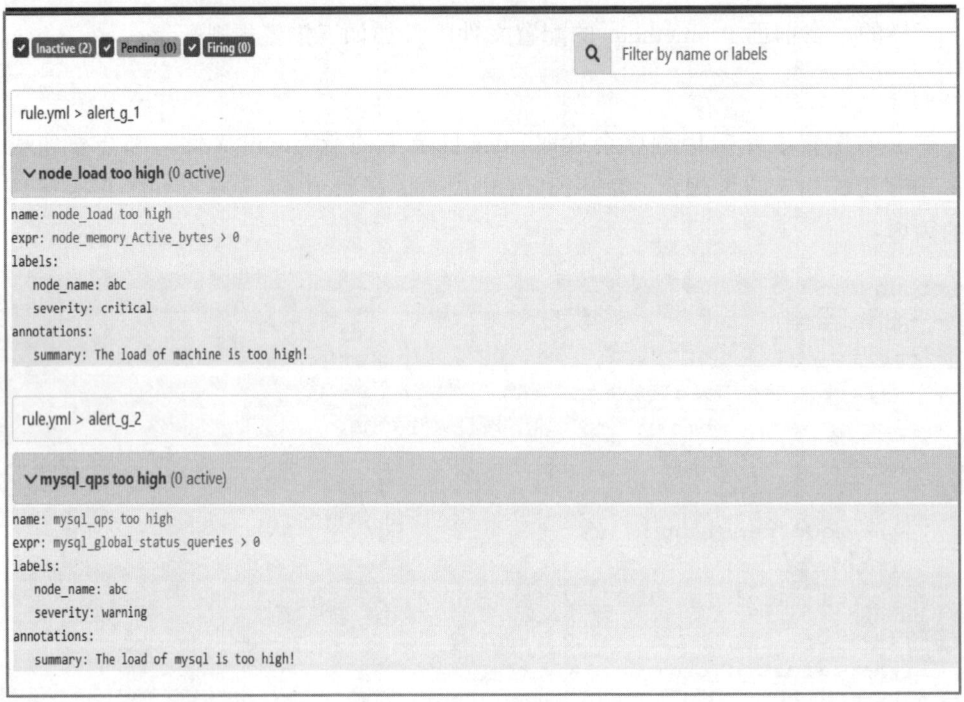


图 6-4

可以看到，图 6-4 所示的页面中出现了刚刚定义的告警规则信息，而且报警信息中还有状态显示，一个报警信息在生命周期内有三种状态，详细如下：

- pending：表示在设置的阈值时间范围内被激活了；
- firing：表示超过设置的阈值时间被激活了；
- inactive：报警规则没有得到满足或者已经过期（还没触发或者已经修复）。

**注意**：这里的 pending 状态是说告警规则已经得到满足，但是持续时间还不够，这里的持续时间是通过配置文件中的 for 来设置的，如果没有设置，那么就不存在 pending 状态，而是告警规则一得到满足就会发送报警，如果设置了这个字段，那么就会进入 pending 状态，并且在持续时间足够时，才会发送出去。

### 6.2.6　报警接收器与通知模板

每个接收器（receiver）在 Alertmanager 配置中都有一个全局唯一的名称，它能够关联到一个或多个具体的通知方式，如 Email、Webhook、Slack 等。这些通知方式定义了当警报被触发时应该如何通知相应的团队或个人。进一步地，还可以利用通知模板来定制化警报信息，确保发送的通知不仅包含所有必要的信息，而且格式化得当，便于接收者快速理解和响应。通过合理配置接收器和精心设计通知模板，可以优化警报处理流程，提高问题解决的效率。每一个 receiver 具有一个全局唯一的名称，并且对应一个或者多个通知方式，配置如下：

```
name: <string>
email_configs:
    [ - <email_config>, ... ]
hipchat_configs:
    [ - <hipchat_config>, ... ]
pagerduty_configs:
    [ - <pagerduty_config>, ... ]
pushover_configs:
    [ - <pushover_config>, ... ]
slack_configs:
    [ - <slack_config>, ... ]
opsgenie_configs:
    [ - <opsgenie_config>, ... ]
webhook_configs:
    [ - <webhook_config>, ... ]
victorops_configs:
    [ - <victorops_config>, ... ]
```

Alertmanager 支持很多内置的报警接收器，如 Email、Slack、企业微信、Webhook 等，上面的测试中使用了 Webhook 来接收报警。

告警通知使用的是默认模板，因为它已经编译到二进制包内了，所以不需要额外配置。Alertmanager 的通知模板是基于 Golang 的模板系统，当然也支持用户自定义和使用自己的模板。下面介绍如何自定义模板。

第一种方式是基于模板字符串，直接在 Alertmanager 的配置文件中使用模板字符串，实现代码如下：

```
receivers:
    - name: "slack-notifications"
    slack_configs:
        - channel: "#alerts"
          text:
              "https://internal.myorg.net/wiki/alerts/{{ .GroupLabels.app }}
/{{ .GroupLabels.alertname }}"
```

在配置文件中可以直接使用一些模板字符串，比如获取 {{ .GroupLabels }} 下面的一些属性。

另一种方法是直接修改官方默认的模板，此外也可以自定义可复用的模板文件，比如针对 Email 的模板，可以创建一个名为 template_email.tmpl 的自定义模板文件，如下：

```
{{ define "email.html" }}
    {{- if gt (len .Alerts.Firing) 0 -}}{{ range .Alerts }}
    @报警<br>
    <strong>实例:</strong> {{ .Labels.instance }}<br>
    <strong>概述:</strong> {{ .Annotations.summary }}<br>
    <strong>详情:</strong> {{ .Annotations.description }}<br>
    <strong>时间:</strong> {{ (.StartsAt.Add 28800e9).Format "2006-01-02 15:04:05" }}<br>
    {{ end }}{{ end -}}<br>
    {{- if gt (len .Alerts.Resolved) 0 -}}{{ range .Alerts }}<br>
    @恢复<br>
    <strong>实例:</strong> {{ .Labels.instance }}<br>
    <strong>信息:</strong> {{ .Annotations.summary }}<br>
    <strong>恢复:</strong> {{ (.StartsAt.Add 28800e9).Format "2024-01-02 11:00:00" }}<br>
    {{ end }}{{ end -}}
    {{- end }}
```

在自定义模板文件中，可以定义特定的模板块，如{{ define "email.html" }}，以构造电子邮件的 HTML 格式。在该模板块中，可以利用 range 语句遍历警报，分别对触发（firing）和恢复（resolved）的警报进行格式化。这种方法允许用户创建详细的警报通知，其中包括警报的实例、摘要、描述以及发生时间等信息。此外，通过自定义模板，可以添加特定的时间格式化字符串，如{{ (.StartsAt.Add 28800e9).Format "2024-01-02 11:00:00" }}，以调整显示的时间格式或时间区。

## 6.3 Webhook 接收 Alertmanager 的告警

编写一个程序来接收 Alertmanager 发送的告警，并将告警打印出来。

首先，安装好 Prometheus、NodeExporter。Prometheus、告警规则和 Alertmanager 的配置在前面已经介绍过。

本示例基于 Python 的 Flask 框架进行，首先需要在 CentOS 7 上安装 Flask，操作如下：

```
yum -y install zlib*

pip install --upgrade pip
pip3 install flask
```

为了接收并处理来自 Alertmanager 的告警通知，可以编写一个简单的 HTTP 服务。以下是使用 Python 语言和 Flask 框架编写的一个基本的 HTTP 服务器示例代码：

```
# coding:utf-8
import json

from flask import request, Flask, jsonify, redirect
import logging

logging.basicConfig(
    format='%(asctime)s %(levelname)s %(filename)s [func:%(funcName)s]
[line:%(lineno)d]:%(message)s',
    datefmt="%Y-%m-%d %H:%M:%S",
    level="INFO"
)

app = Flask(__name__)

@app.route('/alert', methods=['GET', 'PUT', 'POST'])
def push_metrics_redirect():
    req_data = request.data
    req_path = request.path
    req_host = request.host
    msg = "[host:{}][path:{}][data:{}]".format(
        req_host,
        req_path,
        req_data,

    )
    logging.info(msg)
    return jsonify("ok"), 200

if __name__ == '__main__':
    app.run(host='localhost', port=5001, threaded=True, processes=1)
```

上述代码中创建了一个简单的 HTTP 服务器来监听本地端口 5001。当 Alertmanager 发送警报到/alert 路由时，服务器会处理 GET、PUT 或 POST 请求。服务器记录警报信息并以 JSON 格式响应，返回状态码 200 表示成功接收。这是一个基础的接收器，仅打印接收到的警报信息。

如果想要将警报信息发送到钉钉，可以在收到警报后，调用钉钉 API 的代码逻辑，将警报信息转发到指定的钉钉群。这通常涉及发送一个特定格式的 HTTP 请求到钉钉机器人的 Webhook 地址，包含警报的详细信息以及任何其他需要的格式化内容。

### 6.3.1 测试报警

下面介绍如何测试 Alertmanager 的警报接收能力。为了验证 Alertmanager 是否能正确处理不同来源的警报，可以编写一个名为 alertm_send.py 的 Python 脚本，该脚本负责模拟警报生成并触发 Alertmanager 的 API。该过程不仅可以用来测试本地警报，也适用于集成外部云监控服务，如 AWS CloudWatch、Google Cloud Monitoring 或 Azure Monitor。通过这种方式，可以确保无论是私有云还是公有云环境中产生的警报，Alertmanager 都能接收并按照既定的流程进行处理。

进一步地，用户可以注册并使用公有云提供的消息通知服务，如 AWS 的 SNS 或华为云的 SMN，来接收和推送警报消息。这些服务通常提供 Webhook 或其他机制，允许 Alertmanager 作为一个订阅者接收到警报通知。在配置了相关云平台的警报规则和通知策略后，可以将这些警报路由到 Alertmanager，完成从警报检测到通知发送的整个工作流。

此外，通过这种集成，可以实现一个中央化的警报管理系统，它能够收集来自各个监控系统的警报，统一管理和响应。这不仅提高了监控的效率，还确保了在出现潜在问题时能够及时采取行动。通过模拟警报发送和接收，可以确保所有的配置和集成都能在实际警报发生时正确运行。实现的代码如下：

```
# coding:utf-8
import requests
def send(host):
    uri = "http://{}:9093/api/v1/alerts".format(host)
    data = [
        {
            "labels": {
                "alertname": "2023-06-13-abc_test",
                "group": "abc",
                "severity": "2",
                "job": "node_exporter",
                "k1": "v1",
            },
            "annotations": {
                "value": "100ms"
            },
        },
    ]
    res = requests.post(uri,json=data)
    print(res.status_code)
    print(res.text)
send("localhost")
```

上述代码中，我们向 Alertmanager 的 API 发送了一条告警信息，Alertmanager 会将告警信息发送给 Webhook 接收器，用户可以在 Webhook 接收器的日志中看到告警信息，如图 6-5 所示。

在完成了发送端触发报警功能之后，接着使用 alert_receive.py 作为告警接收端，可以看到告警信息已经被接收到了，如图 6-6 所示。

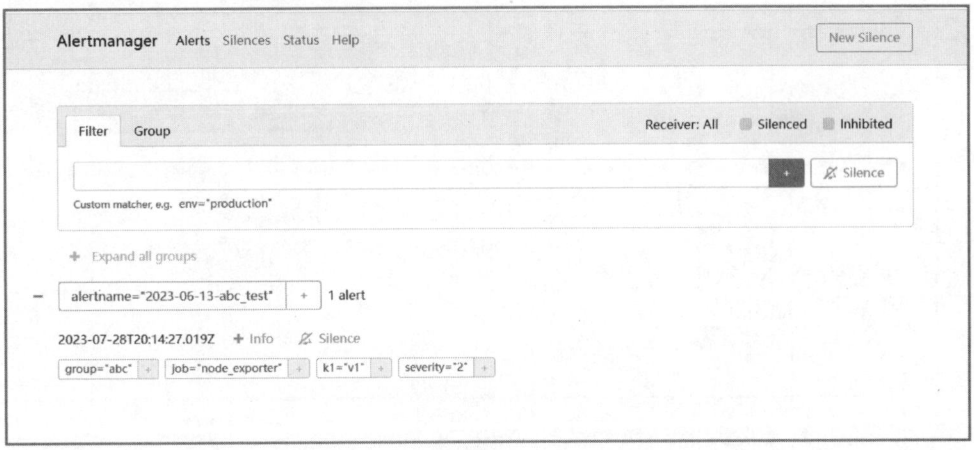


图 6-5

```
[root@k8smaster tgzs]# python3 ../scripts/005_alert_receive.py
 * Serving Flask app '005_alert_receive' (lazy loading)
 * Environment: production
   WARNING: This is a development server. Do not use it in a production deployment.
   Use a production WSGI server instead.
 * Debug mode: off
2021-08-28 22:16:55 WARNING _internal.py [func:_log] [line:225]: * Running on all addr
esses.
   WARNING: This is a development server. Do not use it in a production deployment.
2021-08-28 22:16:55 INFO _internal.py [func:_log] [line:225]: * Running on http://192.
168.11.198:5001/ (Press CTRL+C to quit)
2021-08-28 22:17:18 INFO 005_alert_receive.py [func:push_metrics_redirect] [line:57]:[
host:127.0.0.1:5001][path:/alert][data:b'{"receiver":"web\\\\.hook","status":"firing",
"alerts":[{"status":"firing","labels":{"alertname":"2021-06-13-abc_test","group":"abc"
,"job":"node_exporter","k1":"v1","severity":"2"},"annotations":{"value":"100ms"},"star
tsAt":"2021-08-28T22:17:08.464903234+08:00","endsAt":"0001-01-01T00:00:00Z","generator
URL":"","fingerprint":"e78800cd4d7ad3f1"}],"groupLabels":{"alertname":"2021-06-13-abc_
test"},"commonLabels":{"alertname":"2021-06-13-abc_test","group":"abc","job":"node_exp
orter","k1":"v1","severity":"2"},"commonAnnotations":{"value":"100ms"},"externalURL":"
http://k8smaster:9093","version":"4","groupKey":"{}:{alertname=\\"2021-06-13-abc_test\
\"}","truncatedAlerts":0}\n']
2021-08-28 22:17:18 INFO _internal.py [func:_log] [line:225]:127.0.0.1 - - [28/Aug/202
1 22:17:18] "POST /alert HTTP/1.1" 200 -
```

图 6-6

## 6.3.2 报警过滤

有时报警过于频繁，会影响正常工作进展，这时需要对报警进行过滤。关于报警过滤，Alertmanager 提供了静默和抑制两种方式。在 Alertmanager 页面中可以看到这两个功能，如图 6-7 所示。

### 1. 静默

用户或者管理员可以直接通过 Alertmanager 的 UI 屏蔽特定的告警通知。具体实现原理是首先定义标签的匹配规则（字符串或者正则表达式），如果新的告警通知满足静默规则的设置，则停止向 receiver 发送通知。

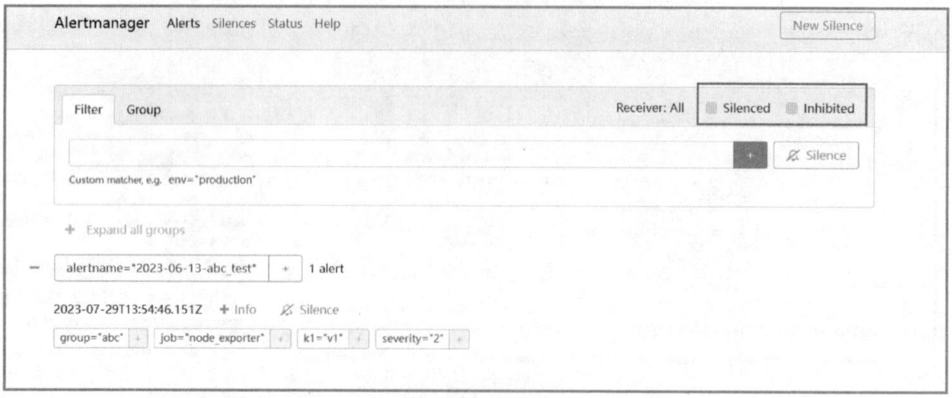


图 6-7

进入 Alertmanager 的 UI，单击 New Silence 按钮 ，打开图 6-8 所示的界面。用户可以在该界面中定义新的静默规则的开始时间以及持续时间，通过 Matchers 部分可以设置多条匹配规则（字符串匹配或者正则匹配）。填写当前静默规则的创建者以及创建原因后，单击 Create 按钮即可完成设置。

图 6-8

当成功创建了静默规则之后，Alertmanager 会立即将该规则载入，并将其状态初始化为 pending。这意味着 Alertmanager 已经接收了这条静默规则，但尚未开始执行。这个过程通常是瞬时的，因为在短时间内，规则状态会自动转变为 Active，表明静默规则现在已经开始生效，即在规则定义的时间范围内，与之匹配的警报将不会发送通知。

要查看静默规则的当前状态和详细信息，可以访问 Alertmanager 提供的 Web 界面。在这个界面上，通常会有一个专门的静默规则（silences）部分，其中列出了所有静默规则及其状态。例如，在图 6-9 所示的页面上，可以看到每条静默规则的创建时间、持续时间、匹配的标签和当前状态等。这个可视化的界面对于管理员来说是非常有用的，因为它允许他们快速地理解哪些警报被静默了，以及这些静默规则何时会过期。此外，如果需要对静默规则进行调整或删除，也可以通过该界面来管理。

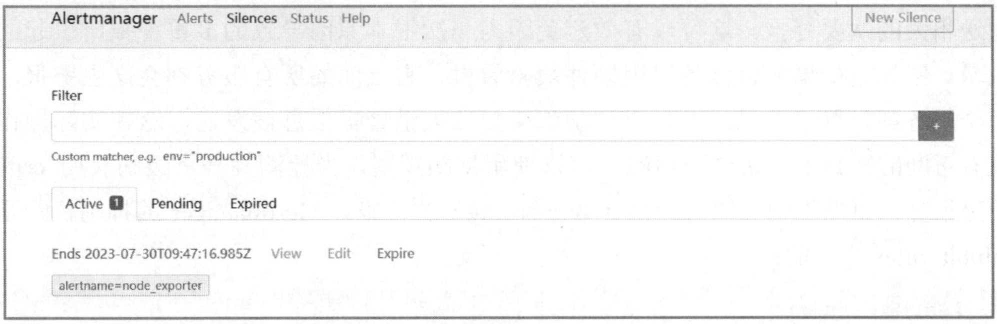


图 6-9

上面的规则设置了两小时的持久时间，两个小时后，该规则就会变成 Expired 状态。接下来，通过故意“拉高”主机的内存使用率触发告警，观察 Prometheus 的告警变化，读者可以自行尝试看看效果。

除此之外，可以直接调用 API 创建静默规则，Python 示例代码如下：

```
import json
import requests

def create_silence():

    payload = {
    "matchers":[
        {
            "name":"k1",
            "value":"v1",
            "isRegex":False
        }
    ],
    "startsAt":"2021-07-02T04:16:08.334Z",
    "endsAt":"2021-07-02T06:16:08.334Z",
    "createdBy":"aoho",
    "comment":"just test",
    "id":None
    }
    uri = "http://192.168.11.199:9093/api/v2/silences"
    res = requests.post(uri,json=payload)
    print(res.status_code)
```

上述代码通过调用 API 直接创建了一个规则。创建成功后，可以在 Alertmanager 的

UI 中看到静默规则，并返回静默规则的 ID，如下所示：

```
return {"silenceID":"85b1506f-41a9-40c0-a950-c8a460dcbfa4"}
```

### 2. 抑制

在 Alertmanager 中，抑制功能是一种重要的机制，它用于在发生主警报的情况下阻止发送相关的次要警报。这可以有效避免因为一次根本原因导致的多重警报所引起的告警风暴。例如，如果一台服务器因硬件故障宕机，它上面的所有服务都会产生警报。如果每个服务都设置了警报，不加以控制就会导致大量警报信息被发送，这在实际操作中是没有帮助的。为了解决这一问题，可以使用抑制规则，当检测到严重级别（如 critical）的警报时，可以抑制掉较低级别（如 warning）的警报。Alertmanager 的抑制机制是通过 inhibit_rules 实现的：

```
inhibit_rules:
   - source_match:
       severity: 'critical'
     target_match:
       severity: 'warning'
     equal: ['node_name']
```

在 Alertmanager 配置中，抑制规则通过 inhibit_rules 数组定义，每一条规则包含三个关键部分：source_match、target_match 和 equal。source_match 定义了触发抑制机制的警报的条件，target_match 定义了将被抑制的警报的条件。equal 参数是一个数组，指定了在执行抑制时必须匹配的标签，仅当这些标签的值相等时，抑制才会生效。如果没有指定 equal，则所有标签都必须相等才能触发抑制。这样配置后，只有当 node_name 相同的情况下，一个 critical 警报会抑制相应的 warning 警报，从而确保管理员只收到最关键的警报，减少不必要的干扰。

## 6.4 Alertmanager 高可用部署

在具体实践中，单个 Alertmanager 容易出现单点故障，造成整个服务的可用性不高（见图 6-10），因此 Alertmanager 支持 Gossip 协议，可以将多个 Alertmanager 节点组成集群，实现高可用部署。

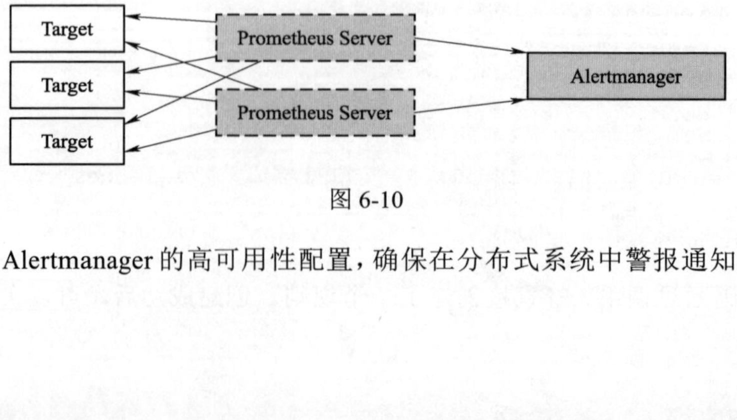


图 6-10

下面介绍 Alertmanager 的高可用性配置，确保在分布式系统中警报通知的可靠性和持续性。

## 6.4.1 Prometheus 产生的报警并行发往多个 Alertmanager

为了提升 Prometheus 的服务可用性，通常用户会部署两个或者两个以上的 Prometheus Server，它们具有完全相同的配置（包括 Job 配置、告警配置等）。当某一个 Prometheus Server 发生故障后可以确保 Prometheus 持续可用。Prometheus 产生的报警并行发往多个 Alertmanager，实现高可用。整体架构如图 6-11 所示。

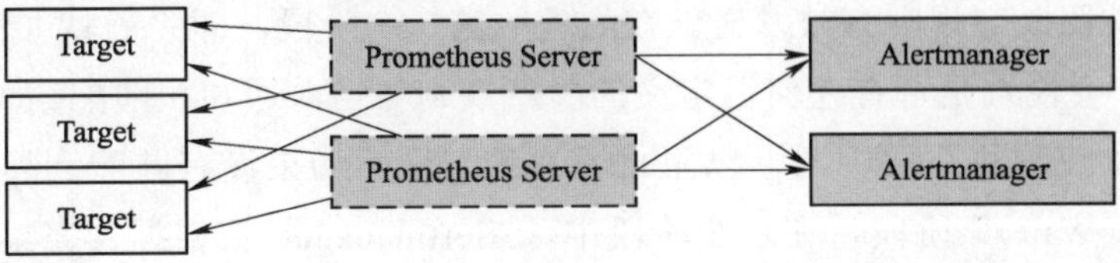


图 6-11

以上方案能保证告警信息不会因为单个 Alertmanager 出现故障而接收不到，但是仔细观察或者经过实践会发现，这种并行的方式会造成同一条告警信息重复发送多次。这是因为 Alertmanager 之间并不了解彼此的存在，因此则会出现告警通知被不同的 Alertmanager 重复发送多次的问题。

## 6.4.2 Alertmanager 引入 Gossip 协议同步节点间的信息

Alertmanager 引入 gossip 协议为多个 Alertmanager 之间提供信息传递，确保即使多个 Alertmanager 分别接收到相同告警信息，也只有一个告警通知被发送给 receiver，原理如图 6-12 所示。

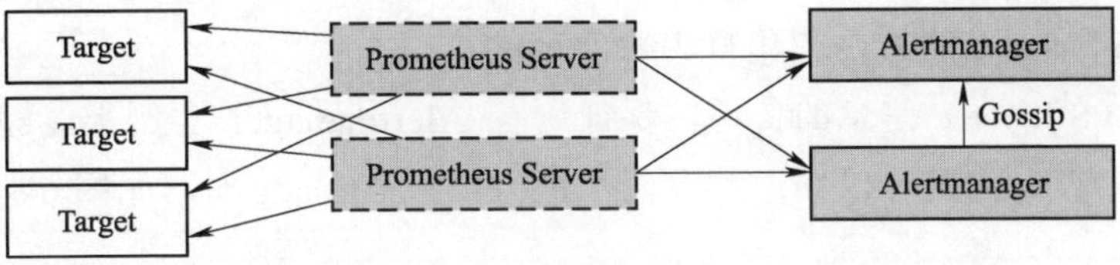


图 6-12

Gossip 协议是分布式系统中被广泛使用的协议，用于实现分布式节点之间的信息交换和状态同步。Gossip 协议同步状态类似于流言或者病毒的传播。一般来说 ，Gossip 协议有 Push-based 和 Pull-based 两种实现方式。在 Push-based 方式下，当集群中某一节点 A 完成一个工作后，随机地从节点 B 并向其发送相应的消息，节点 B 接收到消息后再重复完成相同的工作，直至传播到集群中的所有节点。而在 Pull-based 的实现中，节点 A 会随机地询问节点 B 是否有新的状态需要同步，如果有则返回。Alertmanager 使用的是 Push-based 的实现方式。当 Alertmanager 接收到来自 Prometheus 的告警消息后，会按照图 6-13 所示的流程对告警进行处理。

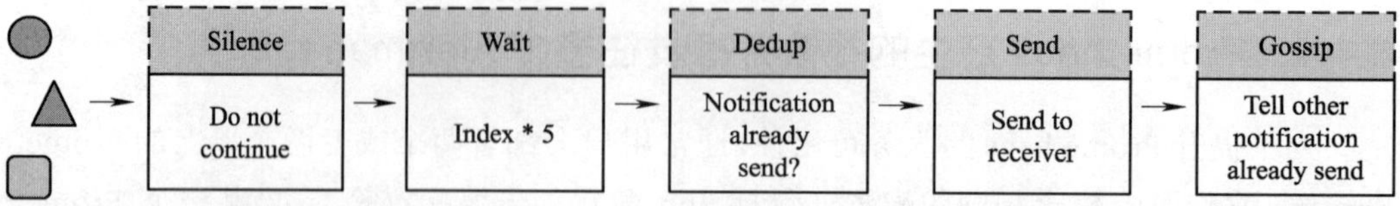


图 6-13

分析图 6-13 所示的流程，Alertmanager 处理通知的工作流程是分阶段进行的，以确保通知能够按照既定规则有效发送。在处理的第一个阶段，即“静默（Silence）”阶段，Alertmanager 会检查是否有任何已定义的静默规则与当前通知相匹配。如果找到匹配的静默规则，通知流程将立即中断，以阻止通知的发送。如果没有匹配到静默规则，流程将进入“等待（Wait）”阶段，在这个阶段中，Alertmanager 会根据其在集群中的位置顺序暂停一定时间（Index * 5 s），以保证集群中的状态一致性。

一旦等待时间过去，流程进入“去重（Dedup）”阶段，此时 Alertmanager 会检查自己的数据库判断该通知是否已经被发送。如果发现通知已发送，则不会再次发送相同的通知。如果没有发送过，通知就会进入“发送（Send）”阶段，Alertmanager 将执行实际的通知发送操作。

通知发送后，Alertmanager 进入 Gossip 阶段。在这个阶段中，发送通知的 Alertmanager 实例会向集群中的其他实例广播告警已发送的消息。收到 Gossip 消息的其他实例随后会在自己的数据库中更新通知发送状态，从而保持集群状态的一致。

Gossip 机制的关键点在于：

- 对新收到的告警信息进行传播；
- 同步通知发送状态，确保每个实例都知道哪些警报已被处理，这是通过基于推送（Push-based）的方法在集群内部实现的；
- 静默（Silence）信息的传播，保证所有 Alertmanager 实例都能够对静默规则达成共识。查看代码可以知道共有两个地方被 SetBroadcast，如图 6-14 所示。

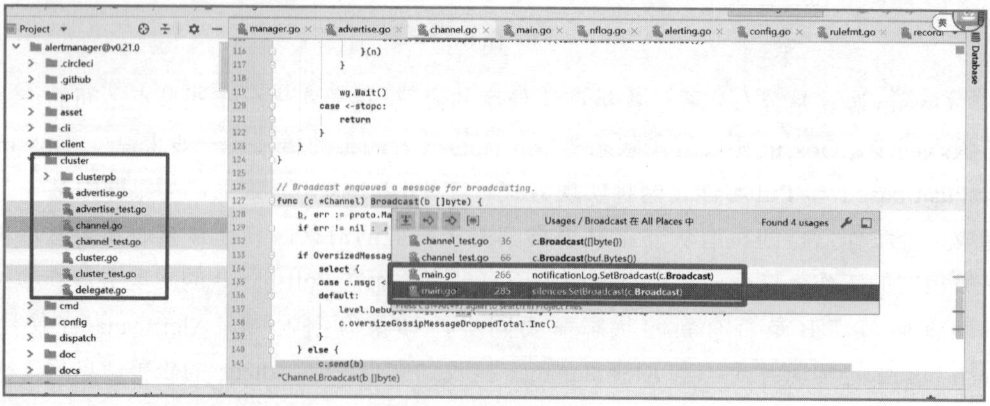

图 6-14

这个机制虽然复杂，但它能有效地避免告警风暴，并确保集群中的每个实例都能正确地处理告警通知。通过梳理 Gossip 机制，可以更好地理解 Alertmanager 如何在保持高可用性的同时，有效地管理和发送告警通知。

Alertmanager 基于 Gossip 协议实现的集群机制虽然不能保证所有实例的数据时刻保持一致，但是实现了 CAP[consistency（一致性），availability（可用性），partition tolerance（分区容错性）]理论中的 AP 系统，即可用性和分区容错性。同时对于 Prometheus Server 而言保持了配置的简单性，Prometheus Server 之间不需要任何的状态同步。

### 6.4.3 高可用部署

在配置 Alertmanager 集群以提高系统的可用性和容错能力时，关键在于确保集群中的各个 Alertmanager 实例能够互相通信。使用两台服务器，可以创建一个多实例的 Alertmanager 集群环境进行模拟。为了建立实例间的通信，需要在每个 Alertmanager 实例启动时传入特定的集群相关参数：

- --cluster.listen-address string：该参数指定了 Alertmanager 实例用于集群通信的监听地址，每个实例监听此地址等待来自集群内其他节点的连接；
- --cluster.peer value：该参数用于在启动时指定集群中其他实例的地址，这有助于新启动的实例发现并加入现有的集群。

为了应用这些参数，需要配置 Alertmanager 的服务启动脚本，如下所示：

```
vim /etc/systemd/system/alertmanager.service
ExecStart=/opt/app/alertmanager/alertmanager  --
config.file=/opt/app/alertmanager/alertmanager.yml --
storage.path=/opt/app/alertmanager/data/ --cluster.peer=192.168.11.198:9094
systemctl daemon-reload
systemctl restart alertmanager
```

查看集群的状态，如图 6-15 所示，可以看到有两个成员节点。配置完成后，可以通过在其中一个 Alertmanager 实例上创建静默规则，并在另一个实例上发送告警，来测试集群中的 Gossip 通信是否正常。如果在发送警报的实例上看不到任何由于静默规则而被抑制的告警，那就说明 Gossip 协议正常工作，静默规则已经成功地在集群中共享。这样的测试确保 Alertmanager 集群能够在实际生产环境中作为一个整体来管理和处理警报，如图 6-16 所示，显示配置已经同步。

当 Alertmanager 集群启动完成后，可以使用 sender 对集群进行简单测试，分别向三个 Alertmanager 实例发送告警信息。之后，查看 Alertmanager 日志（见图 6-17），可以看到三个 Alertmanager 实例分别接收到模拟的告警信息。最后需要确认的是，Webhook 日志只接收到一个告警通知。

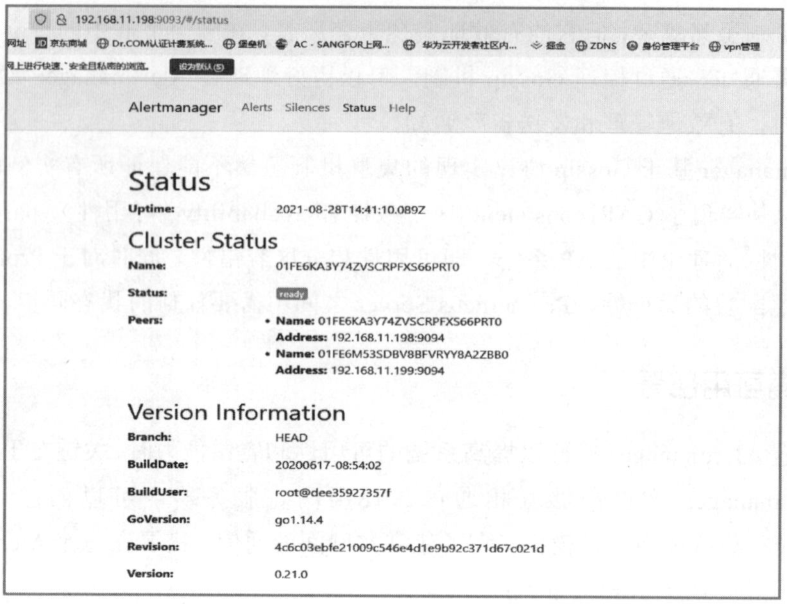


图 6-15

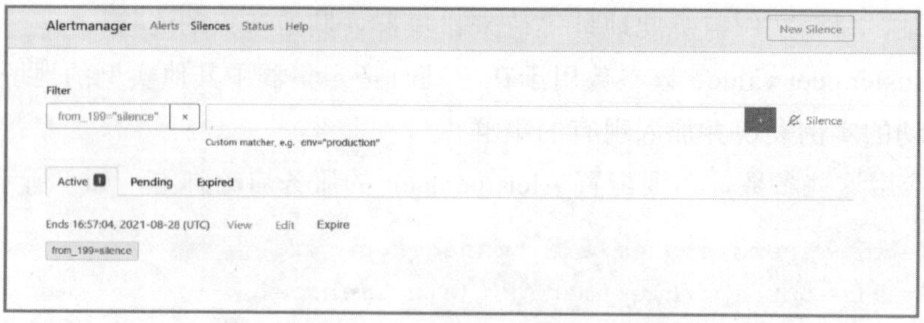


图 6-16

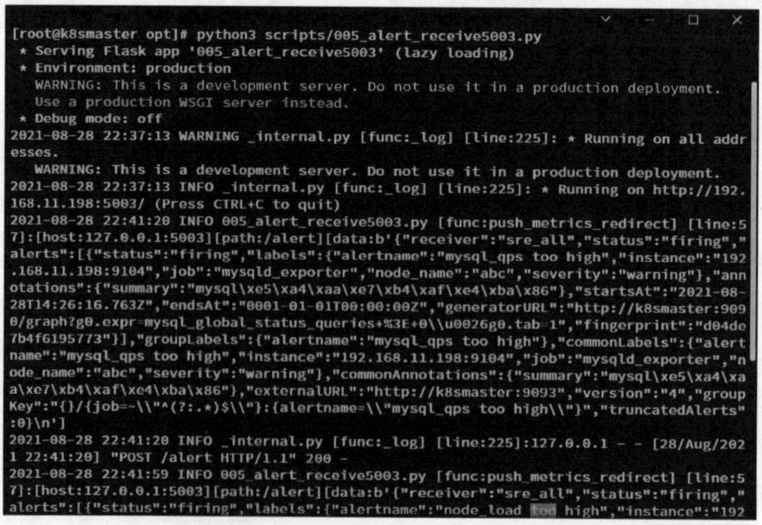


图 6-17

以上示例说明了 Gossip 机制确实可以解决多个 Alertmanager 实例之间的告警重复发送问题。

## 6.5　企业微信配置介绍

Alertmanager 的灵活性体现在它对多种通知渠道的支持上，其中就包括了企业微信，这是一种非常受欢迎的即时通信工具，尤其适合用作即时的告警通知通道。下面展示如何在实际操作中配置企业微信作为 Alertmanager 的报警接收器。

### 1. 注册企业微信

访问企业微信官网，并注册一个新的企业应用。在创建应用过程中，用户会获得一个 AgentID 和 AppSecret，这些信息将用于 Alertmanager 的配置和认证过程。

### 2. 配置 Alertmanager

打开 Alertmanager 的配置文件 alertmanager.yml，添加企业微信的接收器配置。这里需要填入企业微信应用的 Webhook 地址和 AppSecret。示例配置如下：

```
route:
  receiver: 'wechat-alert'

receivers:
- name: 'wechat-alert'
  webhook_configs:
  - url:'https://qyapi.weixin.qq.com/cgi-bin/webhook/send?key=YOUR_WEBHOOK_KEY'
    send_resolved: true
    http_config:
      bearer_token: 'YOUR_APP_SECRET'
```

在这个配置中，YOUR_WEBHOOK_KEY 是企业微信应用的 Webhook 地址，YOUR_APP_SECRET 是应用的 AppSecret。

### 3. 配置 Prometheus 告警规则

在 Prometheus 的配置文件 prometheus.yml 中添加告警规则。这些规则定义了告警的条件和通知的内容。告警规则配置示例如下：

```
groups:
- name: example-rules
  rules:
  - alert: HighErrorRate
    expr: job:request_error_rate:ratio > 0.5
    for: 5m
    labels:
      severity: critical
    annotations:
      summary: "High error rate detected"
```

```
        description: "Error rate is {{ $value }} (current value) at
{{ $timestamp }}"
```

以上示例定义了一个名为 HighErrorRate 的告警，当请求错误率（由指标 job:request_error_rate:ratio 表示）超过 0.5 时，持续时间达到 5 min，则触发告警。

### 4．启动服务

确保已经正确加载了配置文件，并启动 Prometheus 和 Alertmanager 服务。

### 5．测试告警

通过模拟错误情况或修改指标数据来触发配置的告警规则。这可以通过发送不符合预期的测试请求或人为造成错误来完成。

### 6．接收企业微信通知

在企业微信应用中设置 Webhook 作为通知方式。当告警条件满足并触发时，Alertmanager 会通过配置的 Webhook 地址发送告警通知到企业微信，相关人员将在企业微信中收到及时的告警信息，如图 6-18 所示。

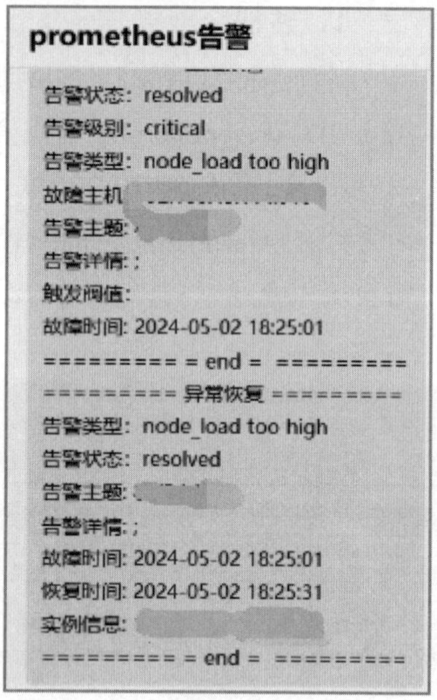


图 6-18

通过结合 Prometheus 和 Alertmanager，成功实现了企业微信告警通知的功能。团队成员现在可以及时获得系统问题的通知，从而更快地做出响应和解决，提高了系统的稳定性和可靠性。通过合理的配置和规则设置，用户可以根据实际需求来优化告警通知，确保关键问题不会被忽视。利用这些强大的开源工具，用户可以在现代监控体系中构建更加灵活和高效的告警系统。

## —— 小　　结 ——

本章主要介绍了 Prometheus 的告警处理组件 Alertmanager。Alertmanager 支持告警去重、分组、路由、静默、抑制等功能，可以构建灵活的告警处理流程。通过在 Prometheus 中定义告警规则，可以灵活配置在何种条件下触发告警，并由 Alertmanager 处理后发送给各种外部接收器，如 Email、Slack、Webhook 等。

为了处理告警高可用性问题，Alertmanager 采用 Gossip 协议实现集群部署。本章还演示了如何使用 Python Flask 服务来接收和处理 Alertmanager 的 Webhook 告警，以及如何将 Alertmanager 与企业微信对接完成微信告警通知。Alertmanager 为 Prometheus 提供了专业可靠的告警处理能力，可以方便地构建自动化、智能化的监控告警系统。

# 第 7 章　服务发现方案与实践

在分布式的生产环境中，服务通常以集群模式部署多个实例来保证高可用性；但是在前面学习 Prometheus 时，主要是通过静态配置的方式来管理监控目标，这对 Prometheus 服务器或目标服务而言，都会带来高昂的维护成本和巨大的稳定性风险。为了应对动态变化的云环境，特别是容器化部署场景，需要监控系统能够动态感知变化，而不是每次都手动重新配置。因此，Prometheus 引入了服务发现机制，以便与基础设施层的服务发现能力集成。

服务发现允许 Prometheus 自动识别并监控新出现的目标实例，并实时获取它们的状态信息。这意味着无论监控目标何时扩展、缩减或更新，Prometheus 的配置都能自动适应变化，消除了人工干预的需要。这不仅显著减少了日常运维工作，也是构建一个响应迅速、可靠的监控系统的关键所在。本章将具体介绍 Prometheus 中服务发现方案与实践。

与静态配置相比，服务发现的动态特性使得 Prometheus 特别适合于云原生环境，它提供了多种服务发现机制，使得根据具体场景调整监控策略变得灵活且易于扩展。这些机制不仅提升了监控系统的效率，也提高了对云环境中服务变动的适应能力。

## 7.1　解决静态配置问题：引入动态服务发现

尽管在前文中探讨了静态配置监控目标的方法，这种方法简单且易于理解，如下所示的配置为 Prometheus 指定了一组明确的目标地址：

```
- job_name: 'sample-targets'
  honor_timestamps: true
  scrape_interval: 15s
  scrape_timeout: 10s
  metrics_path: /metrics
  scheme: http
  static_configs:
  - targets:
    - 192.168.10.205:9100
    - 192.168.10.215:9100
    - 192.168.10.205:3000
    - 192.168.10.205:9104
    - 192.168.10.205:9256
    - 192.168.10.215:9256
```

上述代码为 Prometheus 配置了一个称为 sample-targets 的监控任务，其中包含了多个具体的目标地址。然而，静态配置方法在现代动态环境中存在明显的限制：它不能适应目标服务实例数量的变化，当新实例部署或旧实例下线时，监控配置需要手动更新，这不仅容易出错，也大大增加了运维的工作负担。

为了解决这些问题，Prometheus 引入了动态服务发现机制，允许 Prometheus 实时地从服务发现系统获取监控目标列表。这使得 Prometheus 可以自动调整监控范围以适应目标服务的变化，从而确保监控系统始终反映当前的基础设施状态。

**1．感知目标变化：实时服务发现**

动态服务发现允许系统实时感知目标节点的变化，无须手动修改配置文件。通过与服务注册中心交互，可以动态获取目标节点的信息，从而保持配置的最新状态。这种实时感知机制确保了系统在节点变化时能够迅速作出响应，从而实现了更高的灵活性和可用性。

**2．灵活添加标签：动态标签管理**

与静态配置不同，动态服务发现支持在运行时添加标签信息。这意味着用户可以根据实际需求为目标节点动态增加标签，而无须重启整个系统。这为系统的管理和监控提供了更大的灵活性和可扩展性，让用户能够更好地适应不断变化的业务需求。

**3．自动化管理：结合版本控制**

动态服务发现与版本控制系统相结合，能够实现自动化的配置管理。通过将服务发现的配置信息与版本控制的变更关联起来，可以轻松追踪配置的历史变更，并实现自动化部署和回滚。这种自动化管理方式简化了配置维护的过程，提高了系统的可维护性和稳定性。

动态服务发现是解决静态配置问题的有效方法。它实现了对目标节点的实时感知，支持动态添加标签，同时与版本控制相结合，实现了自动化的配置管理。这些优势使得动态服务发现成为构建现代分布式系统的重要工具，为系统的可用性和可扩展性提供了有力保障。

## 7.2 服务发现概述

服务发现是构建分布式系统和微服务架构过程中的关键技术。在传统的单体应用中，通常可以通过固定的 IP 地址和端口号来访问服务，但在分布式系统中，服务的 IP 地址和端口号通常是动态变化的，因为服务可能会启动、停止或者迁移到不同的节点上。服务注册与发现的目的是让服务能够自动地注册自己的地址和端口信息，并让其他服务能够发现并使用这些服务。

### 7.2.1 服务注册与发现的原理

服务注册表是存储服务信息的数据库，每个服务都有一个唯一的标识符（ID），以及与之相关的元数据，如服务的地址、端口号和标签。服务注册表通常提供 API 接口，使得服务可以注册自己的信息、查询其他服务的信息，或者对已注册的信息进行更新和维护。其组成如图 7-1 所示。

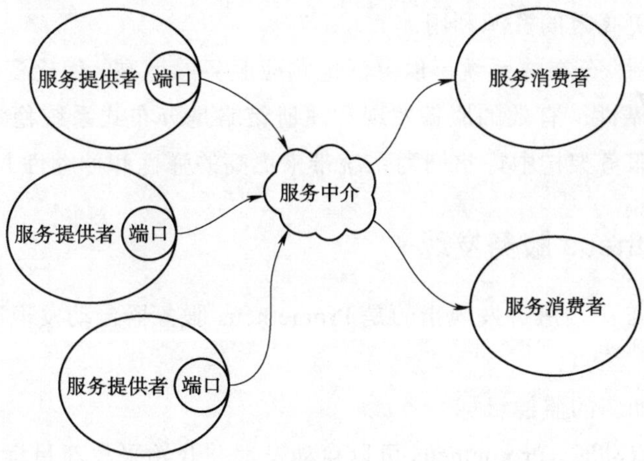


图 7-1

### 1．服务发现的角色和过程

（1）服务提供者

服务提供者是具体提供服务的实体，比如一个 Web 服务器或数据库。它在启动时会将自己的地址和其他必要信息注册到服务注册表中。

（2）服务消费者

服务消费者需要调用其他服务来完成其功能。它通过查询服务注册表来发现所需服务的地址和其他相关信息。

（3）服务中介（服务注册表）

服务中介作为服务提供者和消费者之间的桥梁，维护着所有服务的地址和状态信息。它接收服务提供者的注册请求，处理服务消费者的查找请求，并维护服务的健康状态。

### 2．服务注册与查找

（1）服务注册

服务提供者将自己的信息注册到服务中介，类似于向字典添加键值对。

（2）服务查找

服务消费者从服务中介查询所需服务的信息，类似于从字典获取键对应的值。

### 3．服务列表维护

为了保证服务发现机制的高可用性和稳定性，服务列表需要定期维护，主要包括以下两个方面：

（1）服务下线处理

当服务提供者不可用时，应从服务注册表中移除其信息，以防止服务消费者访问已失效的服务。

（2）新服务通知

当新的服务提供者加入时，服务中介可以及时更新服务列表，通知服务消费者，从而实现负载均衡和更高效的资源利用。

通过这种机制，分布式系统可以灵活地响应服务的增减，优化资源分配，并提高系统的整体性能和可靠性。有效的服务发现和注册策略是分布式系统稳定运行的基石，特别是在容器化和微服务架构中，它们为系统带来更高的弹性和伸缩性。

### 7.2.2 Prometheus 服务发现

在 Prometheus 中，服务发现指的是 Prometheus 服务器自动发现监控目标的机制，其主要作用包括如下三点：

（1）自动添加新的监控目标

当有新服务启动时，Prometheus 可以自动发现并开始采集新目标的指标，不需要人工修改配置。

（2）自动移除不可用目标

当监控目标下线时，Prometheus 会自动从目标列表中移除，而不会卡在尝试采集的状态。

（3）动态获取目标信息

Prometheus 可以动态获取每个目标的元信息（如地址、标签等），用于生成监控指标。

通过内置和自定义的服务发现集成，Prometheus 实现了自动化和动态化的监控目标管理，大大减少了人工维护的工作量。Prometheus 支持多种服务发现机制，具体见表 7-1。

表 7-1　Prometheus 支持的服务发现机制

| 服务发现机制 | 说　明 |
| --- | --- |
| 基于文件 | 直接从静态配置文件中读取监控目标，需要手动维护 |
| 基于 DNS | 通过 DNS 域名解析发现目标 |
| CloudProviders | 使用云厂商 API 自动发现云资源作为目标 |
| Kubernetes | 利用 Kubernetes API 自动发现 Pod、Service、Endpoints 等作为目标 |
| Consul | 从 Consul 目录中发现服务来添加监控目标 |
| Zookeeper | 使用 Zookeeper 服务注册表发现目标 |
| OpenStack、EC2 | 集成云平台服务目录 |
| 自定义服务发现 | 调用外部脚本或接口获取目标信息 |

用户可以通过 Prometheus 配置文件中的 scrape_config 部分进行配置，Prometheus 会不断更新动态地抓取目标列表，自动停止抓取旧的实例，开始抓取新的实例，Prometheus 特别适合运行于 Kubernetes 集群下面，可以自动发现监控目标。

此外，大部分服务发现机制还会提供目标的一些元数据，通常都是带有“__”前缀，比如标签、注解、服务名等，可以在 relabeling 阶段使用这些元数据来过滤修改目标，这些元信息标签在重新标记阶段后被删除。

### 7.2.3　服务发现组件对比

服务发现组件在分布式系统中起着至关重要的作用，它们帮助服务实例互相发现并进行通信。常用服务发现组件的对比见表 7-2。

表 7-2　常用服务发现组件的对比

| Feature | Consul | Zookeeper | etcd | Euerka |
|---|---|---|---|---|
| 服务健康检查 | 服务状态、内存、硬盘等 | （弱）长连接，keepalive | 连接心跳 | 可配支持 |
| 多数据中心 | 支持 | — | — | — |
| kv 存储服务 | 支持 | 支持 | 支持 | — |
| 一致性 | Raft | Paxos | Raft | — |
| CAP | CA | CP | CP | AP |
| 使用接口（多语言能力） | 支持 HTTP 和 DNS | 客户端 | HTTP/GRPC | HTTP（Sidecar） |
| Watch 支持 | 全量/支持 long polling | 支持 | 支持 long polling | 支持 long polling/大部分增量 |
| 自身监控 | metrics | — | metrics | Metrics |
| 安全 | AD/HTTPS | ACL | HTTPS 支持（弱） | — |
| Spring Cloud 集成 | 已支持 | 已支持 | 已支持 | 已支持 |

下面梳理一下表 7-2 中的服务发现组件。

Consul 提供健康检查、键值存储、基于 Raft 算法的数据一致性保证。它遵循 CAP 理论的一致性和可用性原则，支持 HTTP 和 DNS 两种服务发现方式，并且具有长轮询监控服务变动的能力。Consul 还提供了度量指标集成和 ACL/HTTPS 增强安全性的功能，同时与 Spring Cloud 有很好的兼容性。

Zookeeper 是一个经典的协调服务，主要用于配置管理和服务命名。它使用 Paxos 算法的变种来确保数据一致性，并且满足 CAP 理论中的一致性和分区容错性。Zookeeper 提供了长轮询的 Watch 机制，有 ACL 安全控制，并且可以与 Spring Cloud 环境协同工作。

etcd 是一个为快速和可靠配置管理设计的轻量级键值存储系统，使用 Raft 协议保证数据的一致性。它同样遵循 CAP 的一致性和分区容错性原则，通过 HTTP/GRPC 接口进行服务注册和发现，并支持长轮询和事件触发机制。etcd 内置了度量指标，支持 HTTPS，并可通过 sidecar 模式与 Spring Cloud 集成。

Eureka 是一个简化的服务发现组件，不提供数据一致性保障，而是选择 AP 原则，即可用性和分区容错性。它不支持键值存储和健康检查，也不支持 ACL 安全控制，但提供了简单的 HTTP 接口和与 Spring Cloud 的兼容性。

每种服务发现组件都有其独特的特点和适用场景，选择哪个组件取决于系统的具体需求和运行环境。

## 7.3 服务发现和监控系统对接

服务发现源作为监控采集的上级。监控系统 Watch 服务变化，获得 Target 列表并采集。服务发现机制在监控系统中扮演着至关重要的角色，它允许监控系统自动发现并追踪监控目标（targets），这些目标通常是运行在动态环境中的服务实例。在 Kubernetes 环境中，服务发现对于识别和监控各种资源，如节点（nodes）、容器组（pods）、服务（services）等尤其关键。

以 Prometheus 为例，它内置了对 Kubernetes 的服务发现支持，能够与 Kubernetes API 无缝对接，自动检测集群中的变动，并据此更新监控目标列表。这一机制大大简化了配置过程，因为用户不再需要手动指定每个要监控的服务地址。

在 Prometheus 的服务发现页面，如图 7-2 所示的界面中，我们可以看到各类资源的发现状态。例如，对于 Kubernetes 节点监控，Prometheus 会列出所有被发现的节点，并展示相关的标签信息，这些信息包括节点的 IP 地址、角色以及任何自定义的标签，这有助于 Prometheus 进行精确的数据采集和分析。

图 7-2

Prometheus 支持多种服务发现配置，Prometheus 支持的服务发现源见表 7-3。

表 7-3　Prometheus 支持的服务发现源及其含义

| 服务发现源 | 含义 |
| --- | --- |
| azure_sd_config | 从微软云 Azure 发现 vm ip |
| consul_sd_config | 从 Consul 发现 service |
| digitalocean_sd_config | 从 DigitalOcean 发现虚拟专用服务器（VPS） |
| dockerswarm_sd_config | 从 Docker Swarm 抓取 service/node/task |
| dns_sd_config | 从 DNS 发现 A 记录等 |
| ec2_sd_config | 从 AWS 发现 EC2 记录等 |
| openstack_sd_config | OpenStack Nova 实例中检索抓取目标 |
| gce_sd_config | GCP GCE 实例 |
| hetzner_sd_config | hetzner 云实例 |
| marathon_sd_config | Marathon 容器编排云实例 |
| nerve_sd_config | AirBnB 的 Nerve 中检索该目标 |
| file_sd_config | 从文件抓取目标 |
| kubernetes_sd_config | 从 k8s 发现 service/node/pod/endpoint/ingress |

通过这些服务发现源，Prometheus 可以自动地、实时地从 Kubernetes 集群获得目标列表，并基于这些列表对集群的健康状况和性能进行监控。这种自动化的服务发现和监控集为运维团队提供了强大的工具，使他们能够及时响应系统状态的变化，并保持系统的高效稳定运行。

## 7.4　基于文件的服务发现

基于文件的服务发现为 Prometheus 提供了一个灵活的方式来动态配置监控目标，尤其适用于那些并非直接由服务发现系统管理的场景。这种方法允许 Prometheus 监控系统通过定期读取本地文件中的更新来获取目标列表和标签信息。具体优点和配置示例如下：

- 灵活性：用户可以通过更新文件内容来动态添加或移除监控目标，无须重新启动 Prometheus 服务；
- 通用性：这种方法不依赖于具体的服务发现系统，只要可以生成正确格式的 JSON 或 yaml 文件即可；
- 自定义：作为一个自定义服务发现的接口，用户可以根据自己的需求来编写脚本或程序，生成所需的配置文件；
- 简便性：对于那些无法直接从服务发现系统获取信息的服务，基于文件的服务发现提供了一种简单而有效的解决方案。

支持的文件类型有 yaml 和 JSON 两种，在配置 Prometheus 时，可以指定包含这些文件的目录路径，并使用通配符以匹配多个文件。Prometheus 会监视这些文件的变化，一旦检测到文件更新，就会自动重新加载配置。

以下是一个 Prometheus 的配置样例，展示了如何设置基于文件的服务发现。

```
- job_name: 'ECS'
  scrape_interval: 30s
  scrape_timeout: 10s
  metrics_path: /metrics
  scheme: http
  honor_timestamps: false
  file_sd_configs:
  - files:
    - /App/prometheus/sd/file_sd_by_prome_shared.json
      refresh_interval: 5m
```

在这个示例中，file_sd_configs 指定了 Prometheus 应当监视的文件路径。files 字段支持通配符，允许同时匹配多个文件。refresh_interval 设置为 5 min，意味着 Prometheus 会每 5 min 检查一次文件内容是否有更新。

通过基于文件的服务发现机制，Prometheus 的监控目标可以更加灵活地适应环境变化，同时减少了配置更新对服务的影响，提高了运维效率。

### 7.4.1 JSON 格式

配置中对应的 JSON 文件定义如下：

```
[
    {
        "targets": [
            "192.168.10.205:9100"
        ],
        "labels": {
            "name": "prometheus-storage-01",
            "account": "aliyun-01",
            "region": "ap-south-1",
            "env": "prod",
            "group": "inf",
            "project": "monitor",
            "stree_gpa": "inf.monitor.prometheus"
        }
    },
    {
        "targets": [
            "192.168.10.205:9091",
            "192.168.10.215:9091"
        ],
        "labels": {
            "account": "aliyun-01",
            "region": "ap-south-2",
            "env": "prod",
```

```
            "group": "inf",
            "project": "middleware",
            "stree_gpa": "inf.middleware.kafka"
        }
    }
]
```

在上面的 JSON 文件中，字段 targets 是一组实例地址的列表，labels 是这组实例的标签，应用到列表中所有实例。如果想每个实例不同的标签，可以将 targets 列表保留一个实例即可。另外，标签可以自定义，表 7-4 中列出几个例子，供读者参考。

表 7-4　自定义标签及其含义

| 标签名称 | 含义 |
| --- | --- |
| Account | 代表公有云账户，多账户情况 |
| region | 代表区域 |
| env | 代表所属环境 |
| prod | 代表生产 |
| pre | 代表预发 |
| test | 代表测试 |
| group | 代表业务大组 |
| project | 代表项目 |
| stree_gpa | 代表服务树三级标签 |

那么，Prometheus 在采集对应 target 时就会将对应标签写入其 metrics 中，为后续按照标签过滤提供方便。

## 7.4.2　yaml 格式

使用 yaml 格式进行配置时，该文件允许用户定义一系列的目标（targets）和与之关联的标签（labels），便于 Prometheus 识别和收集指标数据。以下是一个改进后的 yaml 格式文件配置的说明。

```
- targets:
  - 192.168.10.205:9100
  - 192.168.10.215:9100
  labels:
    account: "aliyun-01"
    region: "ap-south-1"
```

在这个配置中，targets 字段列出了所有要监控的目标，每个目标由它的网络地址和端口号组成。labels 字段为这些目标定义了一组标签，它们提供了额外的上下文信息，可以用于 Prometheus 的查询和警报功能。

例如，account 标签可以用来区分不同的账户或项目，而 region 标签可以表示服务运行的地理位置，这对于在全球范围内分布的服务尤为重要。这样的标签设计可以帮助运维团队更好地组织和查询监控数据，特别是在有多个环境或多个云服务提供商时。

利用基于文件的服务发现，用户可以通过简单地编辑 yaml 文件来快速更新监控目标和标签，而不需要访问 Prometheus 服务器的配置文件或重启服务。这提供了一种快速反应环境变化的方法，并简化了监控系统的维护工作。

### 7.4.3 多实例 target

在 Prometheus 中配置多实例的 target 是一种常见的需求，特别是在大规模部署时，节点和服务的数量可能会非常庞大。为了有效管理这些实例，可以使用基于文件的服务发现机制来简化配置。以下是如何配置多实例监控目标的步骤和示例配置。

#### 1. Prometheus 配置

将 http 探测和 node_exporter 改为文件发现，如下：

```
- job_name: 'blackbox-http'
  # metrics 的 path 注意不都是 /metrics
  metrics_path: /probe
  params:                       # 传入的参数
      module: [http_2xx]
  scrape_interval: 30s
  scrape_timeout: 10s
  scheme: http
  honor_timestamps: false
  file_sd_configs:
  - files:
    - /opt/app/prometheus/sd/blackbox_http.json
    refresh_interval: 2m
  relabel_configs:
    - source_labels: [__address__]
      target_label: __param_target
    - source_labels: [__param_target]
      target_label: instance
    - target_label: __address__
      replacement: 192.168.10.205:9115

- job_name: 'node_exporter'
  scrape_interval: 30s
  scrape_timeout: 10s
  scheme: http
  honor_timestamps: false
  file_sd_configs:
  - files:
    - /opt/app/prometheus/sd/node_exporter.json
    refresh_interval: 2m
```

### 2．创建服务发现的 sd 目录

目录如下：

```
mkdir -pv /opt/app/prometheus/sd/
```

将 node_exporter 的相关配置写入 JSON 文件，如下：

```
cat <<EOF > /opt/app/prometheus/sd/node_exporter.json
[
    {
        "targets": [
            "192.168.10.205:9100"
        ],
        "labels": {
            "name": "prometheus-master-01",
            "account": "aliyun-01",
            "region": "ap-south-1",
            "env": "prod",
            "group": "inf",
            "project": "monitor",
            "stree_gpa": "inf.monitor.prometheus"
        }
    },
    {
        "targets": [
            "192.168.10.215:9100"
        ],
        "labels": {
            "name": "prometheus-node-01",
            "account": "aliyun-01",
            "region": "ap-south-1",
            "env": "prod",
            "group": "inf",
            "project": "monitor",
            "stree_gpa": "inf.monitor.prometheus"
        }
    }
]
EOF

cat <<EOF > /opt/app/prometheus/sd/blackbox_http.json
[
    {
        "targets": [
           "192.168.10.205:9115",
           "http://prometheus.io",
           "https://www.baidu.com"
        ]
    }
]
EOF
```

### 3．重新加载 Prometheus（Reload Prometheus）

观察 target 页面（http://192.168.10.205:9090/targets）和 sd 结果页面（http://192.168.10.205:9090/service-discovery#blackbox-http），如图 7-3 所示，多个实例已经成功部署（192.168.10.215:9100 和 192.168.10.205:9115）。

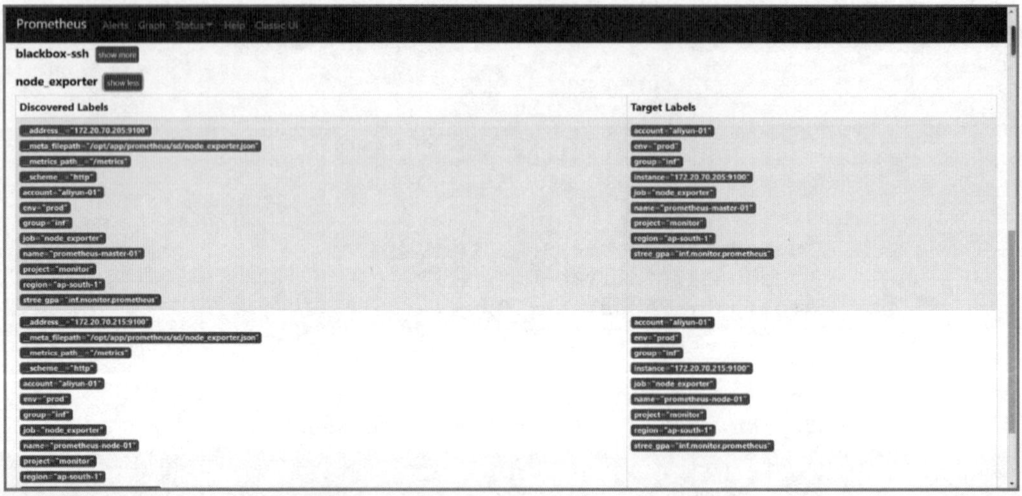


图 7-3

上面实现了基于文件的服务发现配置，类似地，如果需要在 blackbox 中新增 https://github.com/的探测。只需要修改文件 blackbox_http.json，新增 https://github.com/的探测；具体实现代码如下：

```
cat <<EOF > /opt/app/prometheus/sd/blackbox_http.json
[
    {
        "targets": [
            "192.168.10.205:9115",
            "http://prometheus.io",
            "https://www.baidu.com",
            "https://github.com/"
        ]
    }
]
EOF
```

接着通过下面的代码重新加载 Prometheus ，观察 target 页面，可以看到新增的配置。

```
curl -X POST http://localhost:9090/-/reload
```

## 7.5 基于 Consul 的服务发现

Consul 是由 HashiCorp 开发的支持多数据中心的分布式服务发现和键值对存储服务

的开源软件，是一款通用的服务发现和注册中心工具，被大量应用于基于微服务的软件架构当中。

### 7.5.1 Consul 的安装与使用

关于 Consul 下载和安装，这里使用的是单机版的 Consul，在官网下载后解压到 /usr/bin/ 目录下即可。

```
wget -O /opt/tgzs/consul_1.9.4_linux_amd64.zip
https://releases.hashicorp.com/consul/1.9.4/consul_1.9.4_linux_amd64.zip

cd /opt/tgzs/
unzip consul_1.9.4_linux_amd64.zip

/bin/cp -f consul /usr/bin/
```

下载并解压完毕后，接下来要进行的是配置和启动 Consul，代码如下：

```
$ sudo mkdir /etc/consul.d

# 准备配置文件
cat <<EOF > /etc/consul.d/consul_server.json
{
    "datacenter": "dc1",
    "server": true,
    "bootstrap_expect": 1,
    "data_dir": "/opt/app/consul/",
    "log_level": "INFO",
    "log_file": "/opt/logs/",
    "ui": true,
    "bind_addr": "0.0.0.0",
    "client_addr": "0.0.0.0",
    "retry_interval": "10s",
    "raft_protocol": 3,
    "enable_debug": false,
    "rejoin_after_leave": true,
    "enable_syslog": false
}
EOF
# 注意多 IP 时 Consul 的 bind 要指定

# 写入 service 文件
cat <<EOF > /etc/systemd/system/consul.service
[Unit]
Description=consul server
Wants=network-online.target
After=network-online.target
```

```
[Service]
ExecStart=/usr/bin/consul agent -config-file=/etc/consul.d/consul_server.json
StandardOutput=syslog
StandardError=syslog
SyslogIdentifier=consul
[Install]
WantedBy=default.target
EOF

# 启动服务
systemctl daemon-reload && systemctl start consul

systemctl status consul
```

安装完毕后，需要访问 http://localhost:8500/。如果能够正常访问，说明 Consul 已经安装成功。查看 Consul 的成员列表，可以看到当前只有一个节点，如下：

```
$ consul members
Node  Address         Status  Type    Build  Protocol DC  Partition  Segment
node1 127.0.0.1:8301  alive   server  1.16.0 2        dc1 default    <all>
```

## 7.5.2 注册与注销服务

在 Consul 中，服务可以通过服务定义文件或者是 HTTP API 的方式进行注册。这里使用服务定义文件的方式将本地运行的 node_exporter 注册到 Consul 中。

```
$ echo '{"service": {"name": "node_exporter", "tags": ["exporter"], "port": 9100}}' \
    | sudo tee /etc/consul.d/node_exporter.json
```

重新启动 Consul 服务，并且声明服务定义文件所在目录，如图 7-4 所示。

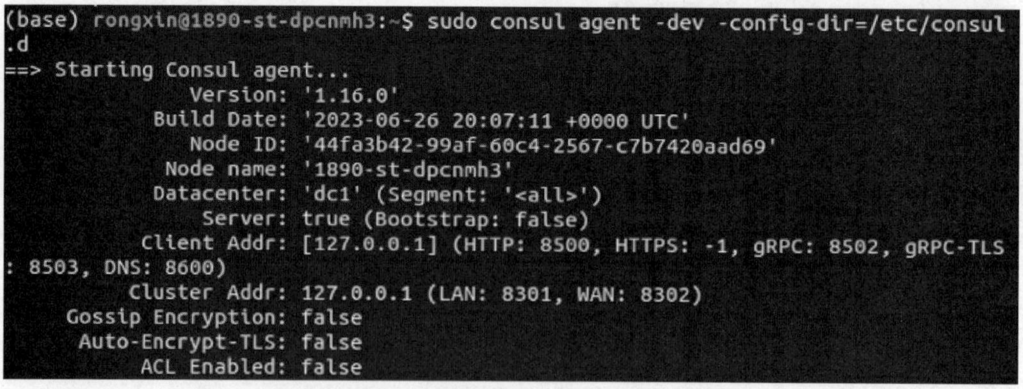

```
(base) rongxin@1890-st-dpcnmh3:~$ sudo consul agent -dev -config-dir=/etc/consul
.d
==> Starting Consul agent...
              Version: '1.16.0'
           Build Date: '2023-06-26 20:07:11 +0000 UTC'
              Node ID: '44fa3b42-99af-60c4-2567-c7b7420aad69'
            Node name: '1890-st-dpcnmh3'
           Datacenter: 'dc1' (Segment: '<all>')
               Server: true (Bootstrap: false)
          Client Addr: [127.0.0.1] (HTTP: 8500, HTTPS: -1, gRPC: 8502, gRPC-TLS
: 8503, DNS: 8600)
         Cluster Addr: 127.0.0.1 (LAN: 8301, WAN: 8302)
    Gossip Encryption: false
     Auto-Encrypt-TLS: false
          ACL Enabled: false
```

图 7-4

成功启动 Consul 之后，通过其 UI 页面，可以看到 node_exporter 服务已经注册到 Consul 当中，如图 7-5 所示。

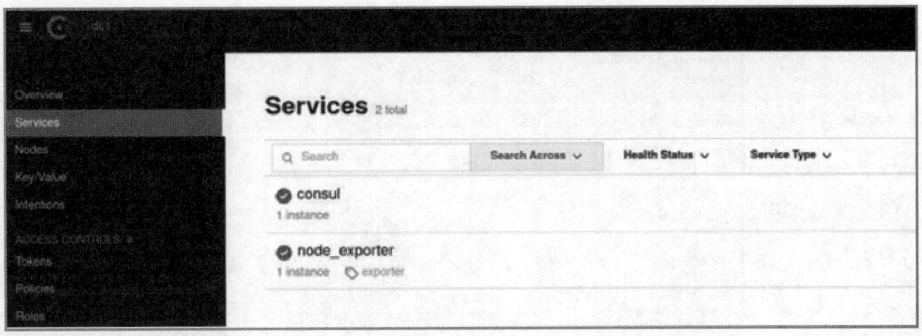


图 7-5

服务注册成功之后，用户就可以通过 DNS 或 HTTP API 的方式查询服务信息。默认情况下，所有服务都可以使用 NAME.service.consul 域名的方式进行访问。为了从本地 Consul 代理查询 node_exporter 服务，可以使用如下 dig 命令：

```
$ dig @127.0.0.1 -p 8600 node_exporter.service.consul
```

这里，127.0.0.1 是 Consul 代理运行的本地地址，8600 是 Consul DNS 服务的默认端口号。上述命令将返回 node_exporter 服务的地址信息，包括其 IP 地址和端口号，如图 7-6 所示。

Consul 的 DNS 接口提供了一种简单直接的方法来解析服务地址，这对于需要动态服务发现的应用来说非常方便。此外，Consul 的 HTTP API 也提供了更丰富的查询能力，允许用户检索更详细的服务信息和健康状况数据。

```
(base) rongxin@1890-st-dpcnmh3:~$ dig @127.0.0.1 -p 8600 node_exporter.service.consul

; <<>> DiG 9.16.1-Ubuntu <<>> @127.0.0.1 -p 8600 node_exporter.service.consul
; (1 server found)
;; global options: +cmd
;; Got answer:
;; ->>HEADER<<- opcode: QUERY, status: NOERROR, id: 40591
;; flags: qr aa rd; QUERY: 1, ANSWER: 1, AUTHORITY: 0, ADDITIONAL: 1
;; WARNING: recursion requested but not available

;; OPT PSEUDOSECTION:
; EDNS: version: 0, flags:; udp: 4096
;; QUESTION SECTION:
;node_exporter.service.consul.  IN      A

;; ANSWER SECTION:
node_exporter.service.consul. 0 IN      A       127.0.0.1

;; Query time: 4 msec
;; SERVER: 127.0.0.1#8600(127.0.0.1)
;; WHEN: Tue Aug 01 02:03:55 EDT 2023
;; MSG SIZE  rcvd: 73
```

图 7-6

观察图 7-6，看到 DNS 记录会返回当前可用的 node_exporter 服务实例的 IP 地址信息。除了使用 DNS 的方式以外，Consul 还支持用户使用 HTTP API 的形式获取服务列表，如图 7-7 所示。

```
(base) rongxin@1890-st-dpcnmh3:~$  curl http://localhost:8500/v1/catalog/service/node_exporter
[
    {
        "ID": "44fa3b42-99af-60c4-2567-c7b7420aad69",
        "Node": "1890-st-dpcnmh3",
        "Address": "127.0.0.1",
        "Datacenter": "dc1",
        "TaggedAddresses": {
            "lan": "127.0.0.1",
            "lan_ipv4": "127.0.0.1",
            "wan": "127.0.0.1",
            "wan_ipv4": "127.0.0.1"
        },
        "NodeMeta": {
            "consul-network-segment": ""
        },
        "ServiceKind": "",
        "ServiceID": "node_exporter",
        "ServiceName": "node_exporter",
        "ServiceTags": [
            "exporter"
        ],
        "ServiceAddress": "",
        "ServiceWeights": {
            "Passing": 1,
            "Warning": 1
        },
        "ServiceMeta": {},
        "ServicePort": 9100,
        "ServiceSocketPath": "",
        "ServiceEnableTagOverride": false,
        "ServiceProxy": {
            "Mode": "",
            "MeshGateway": {},
            "Expose": {}
        },
        "ServiceConnect": {},
        "ServiceLocality": null,
        "CreateIndex": 15,
        "ModifyIndex": 15
    }
]
```

图 7-7

除了注册服务以外，Consul 还支持注销服务的操作。例如，注销刚刚添加的 node-exporter 服务，API 命令如下：

```
$ curl -X PUT http://localhost:8500/v1/agent/service/deregister/node-exporter
```

注销后，可以通过 Consul UI 页面查看服务是否已经被注销，具体过程不再赘述。

### 7.5.3 Prometheus 配置 Consul 服务发现

Prometheus 的服务发现功能支持与 Consul 集成，以动态发现和监控服务。在配置文件中可以定义需要监控的指标和采集规则。例如，可以通过以下配置定义一个简单的监控目标：

```
scrape_configs:
  - job_name: 'consul-sd-demo'
```

```
      consul_sd_configs:
       - server: 'localhost:8500'
         #  services: ['demo']
      metrics_path: '/metrics'
      params:
        param1: ['value1', 'value2']
```

上述代码定义了一个名为 consul-sd-demo 的作业，指定了监控目标的地址为 node_exporter，并指定了采集的路径和参数。Prometheus 将会定期从 node_exporter/metrics 地址采集指标数据。配置完毕后，重启 Prometheus 服务，此时可以在 Prometheus UI 页面的 Targets 下（见图 7-8）查看是否配置成功。

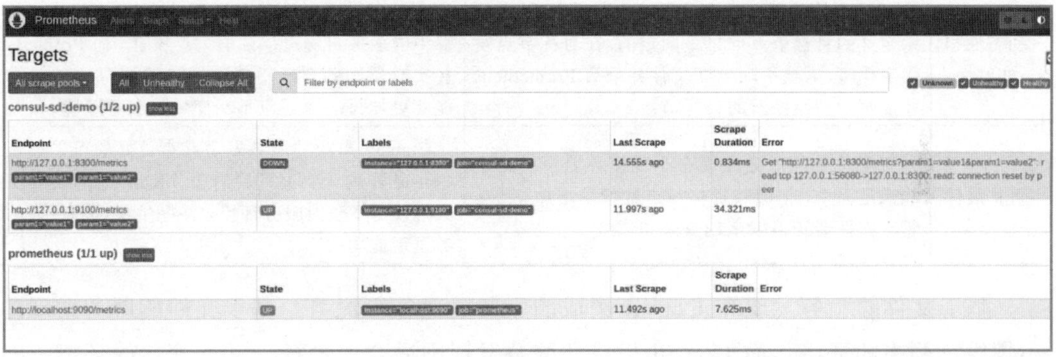


图 7-8

接下来梳理一下图 7-8 中的各种配置。

- 过滤 Consul 默认服务：如果不希望监控 Consul 自身作为服务，需要在 consul_sd_configs 中使用适当的过滤表达式来排除它。
- 配置前后标签重写：relabel_configs 可以用来控制哪些标签在抓取前后保留或修改。这对于将服务的一些元数据作为监控指标的标签非常有用。
- 自定义标签：用户可以通过 relabel_configs 添加自定义标签，如 team、group、project，这些可以用于后续的告警规则匹配。
- 分组不同类型的 Exporter：如果 Consul 中注册了多种类型的 Exporter，用户可以在 relabel_configs 中根据服务的属性或标签将它们分配到不同的监控组。

以上问题，可以通过 Prometheus 配置中的 relabel_configs 参数来解决。

### 7.5.4　Prometheus 中基于文件的服务发现和 Consul 的对比

在 Prometheus 中，服务发现是一个关键功能，它允许 Prometheus 自动发现和监控目标节点。Prometheus 提供了基于文件的服务发现和 Consul 集成的服务发现这两种主要的服务发现方法。这里通过表 7-5 对比一下这两种方法，以获得更直观的理解。

表 7-5　Prometheus 中服务发现方法对比

| 特性 | 基于文件的服务发现 | Consul 集成的服务发现 |
|---|---|---|
| 原理和工作方式 | 基于文件的服务发现是一种简单的手动配置方法。用户需要手动创建一个包含目标节点信息的文件，并将其放置在 Prometheus 配置中指定的目录中。Prometheus 会定期读取该目录下的所有文件，并使用其中的信息来发现和监控目标节点 | Consul 集成的服务发现是一种自动化的服务发现方法。Prometheus 与 Consul 集成后，会自动连接到 Consul 集群，并获取所有注册在 Consul 中的服务目标。这使得 Prometheus 能够动态地感知和监控服务的变化 |
| 配置和管理 | 基于文件的服务发现需要用户手动创建和管理目标节点信息的文件。这在小规模环境中可能还是比较简单的，但在大规模、动态变化的环境中，手动管理文件可能会变得烦琐和容易出错 | Consul 集成的服务发现是自动化的，无须手动配置和管理目标节点信息。Prometheus 会自动从 Consul 中获取并监控服务目标，大大减轻了用户的配置和管理工作 |
| 动态性和实时性 | 基于文件的服务发现是静态的，即配置文件中定义的目标节点信息是固定的。在目标节点发生变化时，需要手动更新文件并重启 Prometheus 才能感知和监控新的目标节点 | Consul 集成的服务发现是动态的，即 Consul 集群中的服务目标可以随时发生变化，而 Prometheus 会实时感知并自动更新配置。这使得 Prometheus 能够更加灵活地适应不断变化的服务环境 |
| 可扩展性 | 基于文件的服务发现在小规模环境中可能还能满足需求，但随着目标节点数量的增加，手动管理文件会变得越来越复杂和低效 | Consul 集成的服务发现具有更好的可扩展性。Consul 作为一个高可用的服务发现系统，能够支持大规模、复杂的服务环境，并提供稳定和可靠的服务发现能力 |

基于文件的服务发现和 Consul 集成的服务发现各有优势。基于文件的服务发现适合小规模、静态的环境，而 Consul 集成的服务发现则适合大规模、动态变化的环境。对于复杂的分布式系统，使用 Consul 集成的服务发现能够更好地满足服务发现和监控的需求，提供更灵活、自动化和可靠的服务发现功能。

## 7.6　Relabeling 机制的介绍与实践

在采集任务设置中，Prometheus 允许用户通过 relabel_configs 添加自定义的 Relabeling 过程，来对标签进行指定规则的重写。

Prometheus 加载 Targets 后，这些 Targets 会自动包含一些默认的标签，Target 以“__”作为前置的标签是在系统内部使用的，这些标签不会被写入样本数据中。每次增加 Target 时会自动增加一个 instance 标签，而 instance 标签的内容刚好对应 Target 实例的 __address__ 值，这是因为实际上 Prometheus 内部做了一次标签重写处理，默认 __address__ 标签设置为 <host>:<port> 地址，经过标签重写后，默认会自动将该值设置为 instance 标签，所以用户能够在页面中看到该标签。下面介绍 Relabeling 规则的工作原理，并将它们应用于不同的场景中。

### 7.6.1　Relabeling 介绍

Prometheus 在发现、抓取和处理不同类型的 label 标签对象时，根据标签值操作或过滤这些对象非常有用，例如：

- 只监视具有特定服务发现注解的某些目标，通常在服务发现中使用；
- 向目标抓取请求添加 HTTP 查询参数；
- 仅存储从指定目标中提取样本的子集；
- 将抓取序列的两个标签值合并为一个标签。

Relabeling 是作为一系列转换步骤实现的，用户可以在 Prometheus 的配置文件中应用这些步骤来过滤或修改标记对象，可以对以下类型的标记对象应用 Relabeling 操作：

- 发现的抓取目标（relabel_configs）；
- 抓取的单个样本（metric_relabel_configs）；
- 发送给 Alertmanager 的报警（alert_relabel_configs）；
- 写到远程存储的样本（write_relabel_configs）。

所有这些 Relabeling 配置块都是相同类型的 relabel_config，每个配置块都由一个规则列表组成，这些规则依次应用于每个标记的对象。

例如，一个 Relabeling 规则可以根据正则表达式的匹配来保留或丢弃一个对象，可以修改其标签，也可以将一整组标签映射到另一组。一旦一个 Relabeling 步骤决定放弃一个有标签的对象，就不会对这个对象执行进一步的 Relabeling 步骤，它将从输出列表中删除。

### 7.6.2　隐藏的标签与元数据

以双下画线“_ _”开头的标签属于特殊的标签，它们在重新标记后会被删除。标记对象的来源最初可以附加这些隐藏的标签，以提供关于标记对象的额外元数据，这些特殊的标签可以在 Relabeling 阶段被用来对对象的标签进行修改。

对于抓取指标，其中就包含如下的隐藏标签，可以用来控制目标应该如何被抓取。

- _ _address_ _：包含应该被抓取目标的地址，它最初默认为服务发现机制提供的 <host>:<port>，如果在此之前没有明确地将实例标签 instance 设置为其他值，那么在 Relabeling 之后，Prometheus 会将 instance 标签设置为__address__的值；
- __scheme__：抓取目标的请求模式，包括 http 与 https，默认值为 http；
- __metrics_path__：表示用于采集指标的 HTTP 路径，默认值为 /metrics；
- __param_<name>：包含 HTTP 查询参数名称和它们的值。

上面的这些标签都可以使用 Relabeling 规则来设置或覆盖，这样就可以为抓取目标进行自定义抓取行为。

此外，服务发现机制也可以提供一组以“_ _meta_” 开头的标签，包含关于目标的特定发现元数据。例如，当发现 Kubernetes 集群中的 pod 时，Kubernetes 服务发现引擎将为每个 pod 目标提供一个 _ _meta_kubernetes_pod_name 标签，包含被发现的 pod 的名字，以及一个_ _meta_kubernetes_pod_ready 标签，表明 pod 是否处于就绪状态，关于服务发现生成的元标签可以查看官方文档了解更多。

如果一个 Relabeling 步骤需要将一个值保存到一个临时标签中（以便在随后的步骤中处理），那么可以使用__tmp 标签名称前缀进行标记，以“__tmp”开头的标签是不会被 Prometheus 本身使用的。

### 7.6.3 Relabeling 规则

Relabeling 规则主要由表 7-6 中的配置属性组成，但对于每种类型的操作，只使用这些字段的一个子集。

表 7-6 Relabeling 规则的配置属性

| 属性名称 | 含义 |
| --- | --- |
| action | 执行的 Relabeling 动作，可选值包括 replace、keep、drop、hashmod、labelmap、labeldrop 或者 labelkeep，默认值为 replace |
| separator | 分隔符，一个字符串，用于在连接源标签 source_labels 时分隔它们，默认值为“;” |
| source_labels | 源标签，使用配置的分隔符串联的标签名称列表，并与提供的正则表达式进行匹配 |
| target_label | 目标标签，当使用 replace 或者 hashmod 动作时，应该被覆盖的标签名 |
| regex | 正则表达式，用于匹配串联的源标签，默认值为（.*），匹配任何源标签 |
| modulus | 模数，串联的源标签哈希值的模，主要用于 Prometheus 水平分片 |
| replacement | Replacement 字符串，写在目标标签上，用于替换 Relabeling 动作，它可以参考由 regex 捕获的正则表达式捕获组 |

### 7.6.4 Relabeling 动作

详细 relabel_configs 配置及说明可以参考 relabel_config 官网说明，这里笔者简单列举一下其中每个 relabel_action 的作用（见表 7-7），方便下边演示。

表 7-7 relabel_configs 配置及说明

| 操作 | 说明 |
| --- | --- |
| replace | 根据 regex 的配置匹配 source_labels 标签的值（注意：多个 source_label 的值会按照 separator 进行拼接），并且将匹配到的值写入 target_label 中，如果有多个匹配组，则可以使用 ${1}、${2} 确定写入的内容。如果没匹配到任何内容则不对 target_label 进行重新，默认值为 replace |
| keep | 丢弃 source_labels 的值中没有匹配到 regex 正则表达式内容的 Target 实例 |
| drop | 丢弃 source_labels 的值中匹配到 regex 正则表达式内容的 Target 实例 |
| hashmod | 将 target_label 设置为关联的 source_label 的哈希模块 |
| labelmap | 根据 regex 去匹配 Target 实例所有标签的名称（注意是名称），并且将捕获到的内容作为新的标签名称，regex 匹配到标签的值作为新标签的值 |
| labeldrop | 对 Target 标签进行过滤，会移除匹配过滤条件的所有标签 |
| labelkeep | 对 Target 标签进行过滤，会移除不匹配过滤条件的所有标签 |

接下来，逐一处理在 7.5.3 小节末尾提出的四个问题。

**问题一**：过滤 Consul 默认服务

用户可以通过配置 relabel_configs 实现标签过滤，只加载符合规则的服务，因此可以通过过滤__meta_consul_tags 标签为 exporter 的服务，使 relabel_config 向 Consul 注册服务时，只加载匹配 regex 表达式的标签的服务到自己的配置文件。修改 prometheus.yml 配置如下：

```
scrape_configs:
  - job_name: 'consul-sd-demo'
    consul_sd_configs:
       - server: 'localhost:8500'
         #  services: ['demo']
    metrics_path: '/metrics'
    relabel_configs:
       - source_labels: [__meta_consul_tags]
         regex: .*exporter.*
         action: keep
```

在该配置中，relabel_configs 部分的作用是只保留那些其__meta_consul_tags 中包含 exporter 文本的服务。__meta_consul_tags 对应 Consul 服务中的值为 "tags": ["exporter"]，默认情况下，Consul 服务是不带该标签的，从而实现过滤。重启 Prometheus 可以看到现在只获取了 node-exporter 服务，如图 7-9 所示。

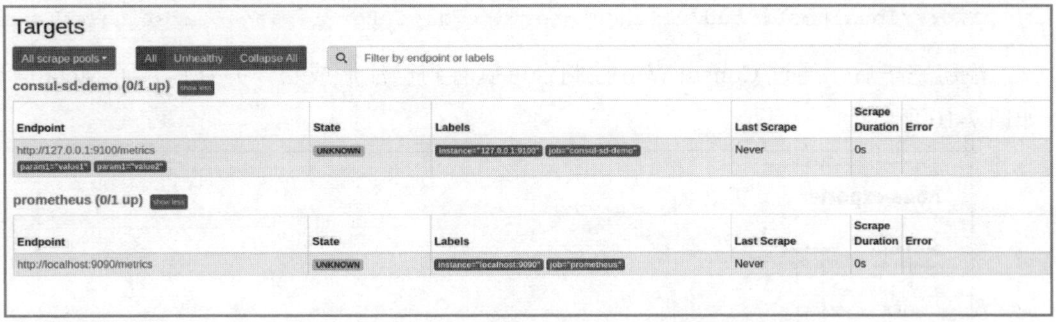


图 7-9

**问题二和问题三**：配置前后标签重写和自定义标签

这两个问题可以归为一类，就是将系统默认标签或者用户自定义标签转换成可视化标签，方便查看及后续 Alertmanager 进行告警规则匹配分组。不过要实现给服务添加自定义标签，还得做一下修改，就是在注册服务时，将自定义标签信息添加到 Meta Data 数据中，具体可以参考官网说明，下面演示如何操作。

新建 consul-p1.json 实现代码如下：

```
$ vim consul-p1.json
{
    "ID": "node-exporter",
```

```
    "Name": "node-exporter-1",
    "Tags": [
       "exporter"
    ],
    "Address": "localhost",
    "Port": 9100,
    "Meta": {
       "key1": "value1",
       "key2": "value2"
    },
    "EnableTagOverride": false,
    "Check": {
       "HTTP": "http://localhost:9100/metrics",
       "Interval": "10s"
    },
    "Weights": {
       "Passing": 10,
       "Warning": 1
    }
}
```

该 JSON 文件为要注册的服务信息，同时向 Meta 信息中添加了 key1=value1、key2=value2 标签，目的是方便告警分组使用。执行如下命令进行注册：

```
$ curl --request PUT --data @consul-p1.json
http://localhost:8500/v1/agent/service/register?replace-existing-checks=1
```

注册完毕后，通过 Consul Web 控制台可以看到已注册成功，并且包含了 Meta 信息，如图 7-10 所示。

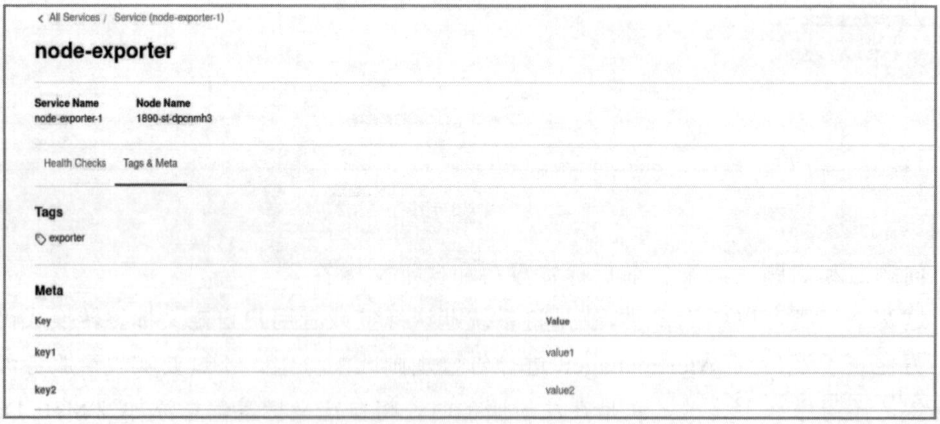


图 7-10

接下来修改 prometheus.yml 配置，具体如下：

```
scrape_configs:
   - job_name: 'consul-sd-demo'
```

```
        consul_sd_configs:
            - server: 'localhost:8500'
              #  services: ['demo']
        metrics_path: '/metrics'
        relabel_configs:
          - source_labels: [__meta_consul_tags]
            regex: .*exporter.*
            action: keep
          - regex: __meta_consul_service_metadata_(.+)
            action: labelmap
```

上述代码中，增加的配置的作用为匹配__meta_consul_service_metadata_开头的标签，将捕获到的内容作为新的标签名称，匹配到标签的值作为新标签的值，而刚添加的两个自定义标签系统会自动添加，经过 relabel 后，Prometheus 将会新增这两个标签。重启 Prometheus 服务，可以看到新增了对应的自定义标签，如图 7-11 为所示。

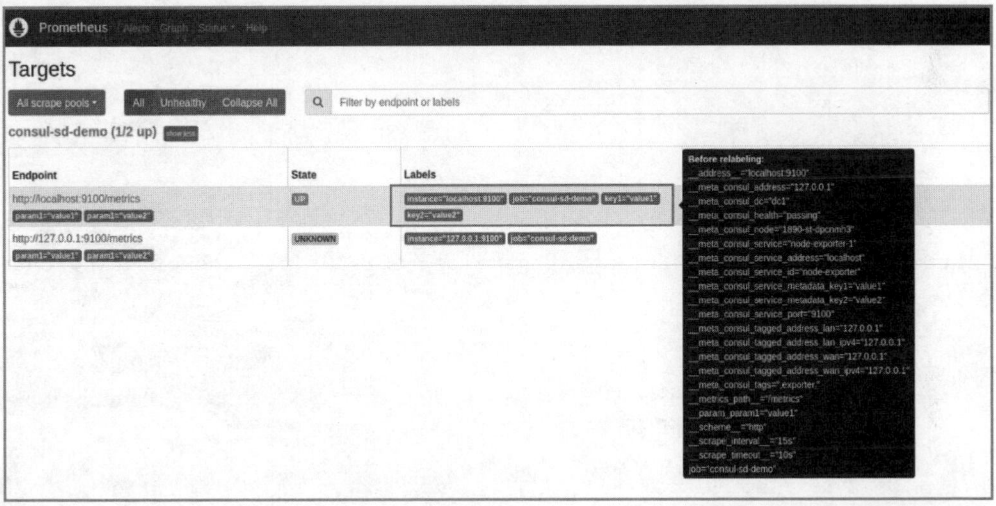


图 7-11

**问题四：**分组不同类型的 Exporter

将自动发现的服务进行分类，本质上与问题二和三的处理方式一致，解决该问题的方法有如下两种：

① 先添加自定义标签的方式，然后通过标签来区分。

② 通过服务 Tag 进行匹配，以创建不同类型的 exporter 分组。

这里以第二种方法为例，通过给每个服务标记不同的 Tag，然后通过 relabel_configs 进行匹配区分。首先更新一下原 node-exporter-1 服务标签，同时注册一个其他类型的 exporter 服务，具体实现代码如下：

```
$ vim consul-p2.json
{
```

```
    "ID": "node-exporter",
    "Name": "node-exporter-1",
    "Tags": [
        "node-exporter"
    ],
    "Address": "localhost",
    "Port": 9100,
    "Meta": {
        "key1": "value1",
        "key2": "value2"
    },
    "EnableTagOverride": false,
    "Check": {
        "HTTP": "http://localhost:9100/metrics",
        "Interval": "10s"
    },
    "Weights": {
        "Passing": 10,
        "Warning": 1
    }
}

# 更新注册服务
$ curl --request PUT --data @consul-p2.json
http://localhost:8500/v1/agent/service/register?replace-existing-checks=1

$ vim consul-p3.json
{
    "ID": "mysql-exporter",
    "Name": "mysql-exporter-1",
    "Tags": [
        "cadvisor-exporter"
    ],
    "Address": "localhost",
    "Port": 9104,
    "Meta": {
        "key3": "value3",
        "key4": "value4"
    },
    "EnableTagOverride": false,
    "Check": {
        "HTTP": "http://localhost:9104/metrics",
        "Interval": "10s"
    },
    "Weights": {
        "Passing": 10,
        "Warning": 1
    }
}
```

```
# 注册服务
$ curl --request PUT --data @consul-p3.json
http://localhost:8500/v1/agent/service/register?replace-existing-checks=1
```

在上述代码中，更新了原 node-exporter-localhost 服务的标签为 node-exporter，同时注册了一个新类型 cadvisor-exporter-localhost 服务，并设置标签为 cadvisor-exporter，以示区别。注册完毕，通过 Consul Web 控制台（见图 7-12）可以看到成功注册了这两个服务。

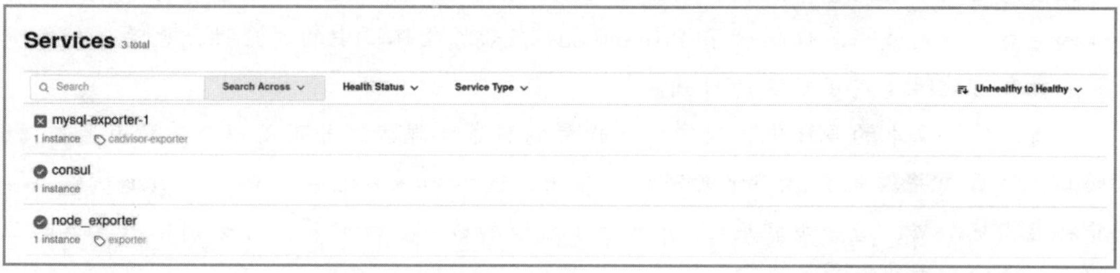


图 7-12

最后，修改 prometheus.yml 配置，具体如下：

```
- job_name: 'consul-node-exporter'
  consul_sd_configs:
      - server: 'localhost:8500'
        services: []
  relabel_configs:
      - source_labels: [__meta_consul_tags]
        regex: .*node-exporter.*
        action: keep
      - regex: __meta_consul_service_metadata_(.+)
        action: labelmap

- job_name: 'consul-mysql-exproter'
  consul_sd_configs:
      - server: 'localhost:8500'
        services: []
  relabel_configs:
      - source_labels: [__meta_consul_tags]
        regex: .*mysql-exporter.*
        action: keep
      - regex: __meta_consul_service_metadata_(.+)
        action: labelmap
```

在这个配置中，为 consul-node-exporter 和 consul-mysql-exporter 定义了两个不同的作业，并且只保留了带有相应标签的服务。labelmap 操作用于将 Consul 服务的元数据映射为 Prometheus 的标签。通过这样的配置，Prometheus 能够有效地从 Consul 服务发现中区分和监控不同类型的 Exporter，这提高了监控数据的组织性和可用性，同时减少了监控配置的复杂性。

## —— 小 结 ——

本章介绍了 Prometheus 中的服务发现机制以及如何在实际环境中利用这一机制。通过服务发现，Prometheus 能够动态监控服务实例的状态变化，有效地简化了运维人员的监控配置工作，提高了监控系统的灵活性和可维护性。使用 Consul 作为案例，演示了服务注册与自动发现的整个流程，并通过 relabel_configs 精细化地控制了目标服务的标签管理和分类。这些技术不仅提升了 Prometheus 在云原生环境中的适应性，也为监控系统的扩展性和可靠性奠定了坚实的基础。

随着监控需求的多样化，仅依赖于内置的服务发现机制并不足以覆盖所有监控场景。因此，第 8 章将转向 Exporter 的定制与应用，探讨如何通过自定义 Exporter 来采集那些非标准指标数据，进一步扩展 Prometheus 监控的边界。读者将学习如何根据具体的业务需求，编写和部署自定义的 Exporter，以及如何将这些 Exporter 与 Prometheus 无缝集成，以实现对特定应用或服务的深入监控。

# 第 8 章　Exporter 的介绍与自定义

前面介绍了通过一个 metrics 接口为 Prometheus 提供监控指标，最好的方式就是直接在目标应用中集成该接口，但是有的应用并没有内置支持 metrics 接口，如 Linux 系统、MySQL、Redis、kafka 等，这种情况下就可以单独开发一个应用来专门提供 metrics 服务，这时就可以通过 Exporter 实现。广义上讲，所有可以向 Prometheus 提供监控样本数据的程序都称为 Exporter，Exporter 的一个实例就是要监控的 Target。本章介绍常用的几种 Exporter，以及如何自己动手编写一个 Exporter。

## 8.1　Exporter 简介

Prometheus 社区提供了众多 Exporter，这些 Exporter 遵循一个统一的命名规范，通常形式为 xx_exporter。例如，node_exporter 专门用于收集主机信息，覆盖了基础设施、中间件以及网络监控的方方面面。除了官方提供的 Exporter 外，社区也涌现了许多 Exporter。如果有特定需求，可以参照官方的最佳实践文档开发自定义 Exporter。本章后续内容中详细介绍如何开发高质量的 Exporter。

对于那些标准 Exporter 无法满足特定需求的场合，Prometheus 允许开发者基于官方的最佳实践自行开发定制 Exporter。此外，Prometheus 社区还提供了多种编程语言的客户端库，如 Go、Java/Scala、Python 和 Ruby，以及 Bash、C++等第三方实现，进一步拓宽了定制 Exporter 的可能性。

此外，Prometheus 文本数据格式同样具有重要性。Exporter 的核心功能是将收集到的数据转换成 Prometheus 能够识别的文本格式，然后通过 HTTP 接口提供给 Prometheus。

Exporter 的灵活性和多样性是构建强大 Prometheus 监控系统的基石。随着监控需求的多样化，了解如何选择、配置和定制 Exporter 变得尤为重要。在后续章节中，将更深入地探索 Exporter 的具体应用，包括如何根据特定监控需求选择合适的 Exporter，以及如何在 Prometheus 系统中高效地部署和管理这些 Exporter。通过对这些内容的学习，读者将能够更全面地掌握 Prometheus 监控系统的构建和优化。

## 8.2　Exporter 的相关概念

在具体介绍 Exporter 之前，先来了解一下 Exporter 的相关概念，包括 Prometheus 文本数据格式和运行方式，这些概念对于理解 Exporter 的工作原理以及后续的使用非常重要。

### 8.2.1 文本格式

讨论 Exporter 之前，首先了解一下 Prometheus 的文本数据格式，因为 Exporter 的主要作用是将收集到的数据转换为这种格式，并通过 HTTP 接口提供给 Prometheus。Exporter 的输出内容主要包括注释信息（HELP）、样本类型信息（TYPE）以及样本数据本身，Prometheus 会逐行解析这些内容。

Exporter 收集的数据转化的文本内容以行（\n）为单位，空行将被忽略，文本内容最后一行为空行。Exporter 返回的样本数据，主要由样本的一般注释信息（HELP）、样本的类型注释信息（TYPE）和样本三部分组成。

**1．注释**

文本行以# HELP 开头的部分提供指标的名称和说明，格式为 HELP <metrics_name> <doc_string>。# TYPE 开头的行定义了 metric 的类型，如 counter、gauge、histogram、summary 和 untyped 等，格式为# TYPE <metrics_name> <metrics_type>。其他以#开头的内容为普通注释，供阅读使用，不被 Prometheus 解析。

**2．采样数据**

文本内容如果不以#开头，则表示采样数据。它通常紧挨着类型定义行，满足以下格式：

```
metric_name [
  "{" label_name "=" `"` label_value `"` { "," label_name "=" `"` label_value
`"` } [ "," ] "}"
] value [ timestamp ]
```

下面来看一个 Node Exporter 的例子，代码如下：

```
node_cpu{cpu="cpu0",mode="idle"} 362812.7890625
node_load1 3.0703125
```

第一组数据表示 node_cpu 指标，它是一个 counter 类型，记录了 CPU 在不同模式下运行的时间。具体到 cpu="cpu0",mode="idle"标签组合的值是 362812.7890625。

第二组数据则是 node_load1 指标，一个 gauge 类型，表示系统 1 min 的平均负载，其值为 3.0703125。

需要特别注意的是，对于 histogram 和 summary 类型的 metric，需要符合特定的格式要求：

- demo_sum：表示名称为 demo 的指标的总和；
- demo_count：表示 demo 的样本数量；
- demo{quantile="y"}：summary 类型指标的特定分位数值；
- demo_bucket{le="y"}：histogram 类型指标的特定分桶统计；

- demo_bucket{le="+Inf"}：必须包含，其值等于 demo_count。

这些特定格式的遵循确保 Prometheus 能够正确解析和存储这些类型的指标数据。

### 8.2.2 Exporter 的运行方式

从 Exporter 的运行方式上来讲，又可以分为独立使用和集成到应用两种。

**1. 独立使用**

以前面章节已经使用过的 Node Exporter 为例，由于操作系统本身并不直接支持 Prometheus，同时用户也无法从操作系统层面提供对 Prometheus 的支持。因此，用户只能选择独立运行一个程序的方式，通过操作系统提供的相关接口，将系统的运行状态数据转换为可供 Prometheus 读取的监控数据。

除了 Node Exporter 以外，MySQL Exporter、Redis Exporter 等都是通过类似方式实现的。这些 Exporter 程序扮演了中间代理人的角色。

**2. 集成到应用中**

为了能够更好地监控系统的内部运行状态，有些开源项目（如 Kubernetes、ETCD 等）直接在代码中使用 Prometheus 的 Client Library 提供了对 Prometheus 的支持。这种运行方式打破了监控的界限，让应用程序直接将内部的运行状态暴露给 Prometheus，更适合于一些需要更多自定义监控指标需求的项目。

## 8.3 黑盒监控（blackbox_exporter）

监控主机的资源利用率、容器运行状况和数据库中间件的操作数据是构成业务和服务的基础架构的关键部分。通过白盒监控，用户能够深入了解这些基础设施内部的实际运行状况。白盒监控通过对各种监控指标的深入分析，能够预测并识别潜在的问题，从而有助于提前采取措施优化系统性能和可靠性。

然而，仅依赖白盒监控并不足以提供一个全面的监控视角。因此，加入适当的黑盒监控是必要的。黑盒监控不同于白盒监控，它主要关注的是从最终用户的角度去测试和评估服务的外部可见性和性能。黑盒监控常用的手段包括 HTTP 探针和 TCP 探针，这些探针能有效检测网站或服务的可访问性和响应效率。

黑盒监控的核心特点是以故障发现为导向。它不像白盒监控那样主动寻找或预测问题，而是当故障发生时能够迅速进行识别和响应。因此，在构建一个全面的监控系统时，应该同时兼顾黑盒和白盒监控。这样一来，系统管理员不仅能从白盒的角度探查并预防潜在问题，还能从黑盒的角度对已发生的问题进行快速响应和处理。这种双重监控策略确保了系统的全面性和有效性，大大增强了监控体系的覆盖范围和应对能力。

blackbox_exporter 是 Prometheus 官方提供的 Exporter 之一，可以提供 HTTP、DNS、TCP、ICMP 的监控数据采集，blackbox_exporter 可用于以下监测：

- HTTP 测试：定义 Request Header 信息和判断 Http status/Http Respones Header/HttpBody 内容；
- TCP 测试：业务组件端口状态监听、应用层协议定义与监听；
- ICMP 测试：主机探活机制；
- POST 测试：接口连通性；
- SSL 证书过期时间。

### 8.3.1 Blackbox Exporter 安装部署

由于 Blackbox Exporter 是一个独立的二进制文件，可以直接从 Prometheus 下载页面下载解压运行。为了自动化部署，同样通过编写 ansible 发布 blackbox_exporter 服务脚本，执行如下的运行命令：

```
ansible-playbook -i host_file service_deploy.yaml -e "tgz=blackbox_exporter-0.18.0.linux-amd64.tar.gz" -e "app=blackbox_exporter"
```

Blackbox Exporter 对应的配置文件为 blackbox.yml，该文件定义了需要采集的目标和采集方式，用户可以通过命令行参数指定配置文件的位置，也可以通过环境变量指定配置文件的位置。如果不指定配置文件的位置，blackbox_exporter 会默认加载当前目录下的 blackbox.yml 配置文件。

### 8.3.2 Blackbox Exporter 的采集方式

在 Prometheus 监控系统中，使用 Blackbox Exporter 进行黑盒监控是一种常见的做法。它通过各种类型的探针检测服务的外部可见性和可访问性。下面具体介绍几种常见的探针监控方式。

#### 1. ICMP 测试

我们可以通过 ping 命令检测服务器的存活，在 blackbox.yml 使用的配置是 ICMP 模块，如下：

```
modules:
   icmp:
      prober: icmp
```

Module 配置了 prober 为 icmp，即使用 ICMP 协议进行探测。在 Prometheus 的配置文件中，可以通过 params 参数指定探针的类型，如下所示：

```
- job_name: "check_hosts"
  metrics_path: /probe
  params:
     modelus: [icmp]
  static_configs:
```

```
  - targets:
    - 192.168.11.199
  relabel_configs:
  - source_labels: [__address__]
    target_label: __param_target
  - source_labels: [__param_target]
    target_label: instance
  - target_label: __address__
    replacement: blackbox-exporter:9115
```

其中 job_name 定义了 Prometheus 作业的名称，这里是"check_hosts"；metrics_path: /probe 指定探针接口的路径；params.modules 指定探针类型为 ICMP。

### 2．TCP 测试

TCP 测试主要用于监控主机端口存活状态，在 blackbox.yml 配置文件中使用的配置是 tcp_connect 模块，如下：

```
modules:
    tcp_connect:
        prober: tcp
```

相应地，在 Prometheus 的配置文件中，可以通过 params 参数指定探针的类型为 tcp_connect，如下：

```
- job_name: "check_ports"
  metrics_path: /probe
  params:
     module: [tcp_connect]
  static_configs:
  - targets:
     - 192.168.11.199:8080
  relabel_configs:
  - source_labels: [__address__]
    target_label: __param_target
  - source_labels: [__param_target]
    target_label: instance
  - target_label: __address__
    replacement: blackbox-exporter:9115
```

其中 job_name 定义作业名称为"check_ports"; params.module 指定探针类型为 TCP 连接测试。

static_configs 指定要测试 TCP 连接的目标地址和端口；relabel_configs: 标签和目标配置调整，逻辑与 ICMP 测试类似。

### 3．HTTP 探针

HTTP 探针是黑盒监控中最常用的探针之一，它能有效监控网站或 HTTP 服务的可用性和响应性能。下面的配置展示了如何设置一个简单的 HTTP 探针：

```
http_2xx:
    prober: http
    timeout: 10s
    http:
        preferred_ip_protocol: "ipv4"
        valid_http_versions: ["HTTP/1.1", "HTTP/2"]
        valid_status_codes: [200,301,302,303]
        method: GET
```

对应地，在 Prometheus 的配置文件中，可以通过 params 参数指定探针的类型为 http_2xx，如下：

```
- job_name: "check_ssl"
  metrics_path: /probe
  params:
    module: [http_2xx]
  static_configs:
  - targets:
    - https://www.baidu.com
  relabel_configs:
  - source_labels: [__address__]
    target_label: __param_target
  - source_labels: [__param_target]
    target_label: instance
  - target_label: __address__
    replacement: blackbox-exporter:9115
```

通过 prober 配置项指定探针类型。配置项 http 用于自定义探针的探测方式，这里没有对 http 配置项添加任何配置，表示完全使用 HTTP 探针的默认配置，该探针将使用 HTTP GET 的方式对目标服务进行探测，并且验证返回状态码是否为 2xx，如果是，则表示验证成功，否则失败。

#### 4. 自定义 HTTP 请求

HTTP 服务通常会以不同的形式对外展现，有些可能就是一些简单的网页，而有些则可能是一些基于 REST 的 API 服务。 对于不同类型的 HTTP 的探测需要管理员能够对 HTTP 探针的行为进行更多的自定义设置，包括 HTTP 请求方法、HTTP 头信息、请求参数等。对于某些启用了安全认证的服务还需要能够对 HTTP 探测设置相应的 Auth 支持。对于 HTTPS 类型的服务还需要能够对证书进行自定义设置。

下面的代码通过 method 定义了探测时使用的请求方法。对于一些需要请求参数的服务，还可以通过 headers 定义相关的请求头信息，使用 body 定义请求内容。

```
http_post_2xx:
    prober: http
    timeout: 5s
    http:
```

```
      method: POST
      headers:
        Content-Type: application/json
      body: '{}'
```

如果 HTTP 服务启用了安全认证，Blockbox Exporter 内置了对 basic_auth 的支持，可以直接设置相关的认证信息即可，代码如下：

```
http_basic_auth:
  prober: http
  timeout: 5s
  http:
    method: POST
    headers:
      Host: "login.baidu.com"
    basic_auth:
      username: "aoho"
      password: "secret"
```

对于一些启用了 HTTPS 但需要自定义证书的服务，可以通过 tls_config 指定相关的证书信息，具体代码如下：

```
http_custom_ca:
  prober: http
  http:
    method: GET
    tls_config:
      ca_file: "/certs/my_cert.crt"
```

### 5. 自定义探针行为

在默认情况下，HTTP 探针只会对 HTTP 返回状态码进行校验，如果状态码为 2xx（200≤StatusCode < 300）则表示探测成功，并且探针返回的指标 probe_success 值为 1。

如果用户需要指定 HTTP 返回状态码，或者对 HTTP 版本有特殊要求，可以使用 valid_http_versions 和 valid_status_codes 进行定义，具体代码如下：

```
http_2xx_example:
  prober: http
  timeout: 5s
  http:
    valid_http_versions: ["HTTP/1.1", "HTTP/2"]
    valid_status_codes: []
```

除了基于 HTTP 返回状态码、HTTP 协议版本以及是否启用 SSL 作为控制探针探测行为成功与否的标准以外，还可以匹配 HTTP 服务的响应内容。用户可以使用 fail_if_matches_regexp 和 fail_if_not_matches_regexp 定义一组正则表达式，用于验证 HTTP 返回内容是否符合或者不符合正则表达式的内容。示例代码如下：

```
http_2xx_example:
    prober: http
    timeout: 5s
    http:
        method: GET
        fail_if_matches_regexp:
            - "Could not connect to database"
        fail_if_not_matches_regexp:
            - "Download the latest version here"
```

在该配置中，如果 HTTP 响应包含了“Could not connect to database”这样的文本，探测将被判定为失败。相反，如果响应中没有出现“Download the latest version here”这样的文本，也会被判定为失败。

默认情况下，HTTP 探针可能会优先使用 IPv6 协议。在大多数场景中，如果需要强制使用 IPv4 协议，可以通过设置 preferred_ip_protocol: "ipv4"来实现。这对于只支持 IPv4 或网络环境中主要使用 IPv4 的情况特别有用。

Blackbox Exporter 不局限于 HTTP 协议的探测，它还支持对 TCP、DNS、ICMP 等其他网络协议进行探测。对于不同类型的网络服务或应用，这些额外的探测类型可以提供更全面的监控能力。想要获取更多关于 Blackbox Exporter 的使用信息，可以访问其在 Github 上的项目页面，那里包含了更多的文档和示例，有助于读者深入理解和应用该工具。

## 8.3.3 Prometheus 配置文件

上面介绍了几种探针的用法，为了帮助读者更好地理解探针的具体应用， 接下来以 HTTP 探针为例，将其配置信息添加到 Prometheus 的配置文件中，以便 Prometheus 能够定时采集这些探针的数据。在 Prometheus 的配置文件中，需要定义一个 job，用于采集 blackbox_exporter 的指标数据，配置代码如下：

```
- job_name: 'blackbox'
  metrics_path: /probe
  params:
    module: [http_2xx]
  static_configs:
  - targets:
    - https://baidu.com
    - https://www.google.com
  relabel_configs:
    - source_labels: [__address__]
      target_label: __param_target
    - source_labels: [__param_target]
      target_label: instance
    - target_label: __address__
      replacement: 127.0.0.1:9115
```

这里针对每一个探针服务（如 http_2xx）定义一个采集任务，并且直接将任务的采集目标定义为自己需要探测的站点。在采集样本数据之前通过 relabel_configs 对采集任务进行动态设置。通过以上代码中的三个 relabel 步骤，即可大大简化 Prometheus 任务配置的复杂度。可以通过地址 http://localhost:9115/ 来访问 blackbox 的配置页面，如图 8-1 所示。

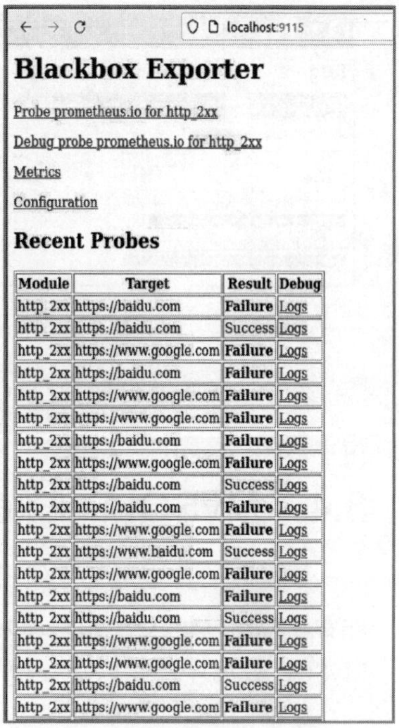


图 8-1

图 8-1 所示的页面展示了 HTTP 探针访问配置对象的结果，还可以查看相应的日志信息。如果要访问指定的探测对象，即页面访问 target http 探测，可以构建如下类似的 URL：

```
http://192.168.11.198:9115/probe?target=https://www.baidu.com&module=http_2xx& debug=true
```

对应的探测结果如图 8-2 所示。

在使用 blackbox_exporter 时，监控探针的超时时间是一个关键参数，它决定了探针等待目标响应的最大时间。这个超时时间是由 Prometheus 配置文件中的 scrape_timeout 参数自动确定的。通常，为了考虑网络延迟的可能性，blackbox_exporter 的超时时间设置会稍短于 scrape_timeout 的值。默认情况下，scrape_timeout 的时间设置为 10 s。通过调用 Reload 命令 curl -XPOST http://127.0.0.1:9115/-/reload 热更新配置，Prometheus 页面如图 8-3 所示。

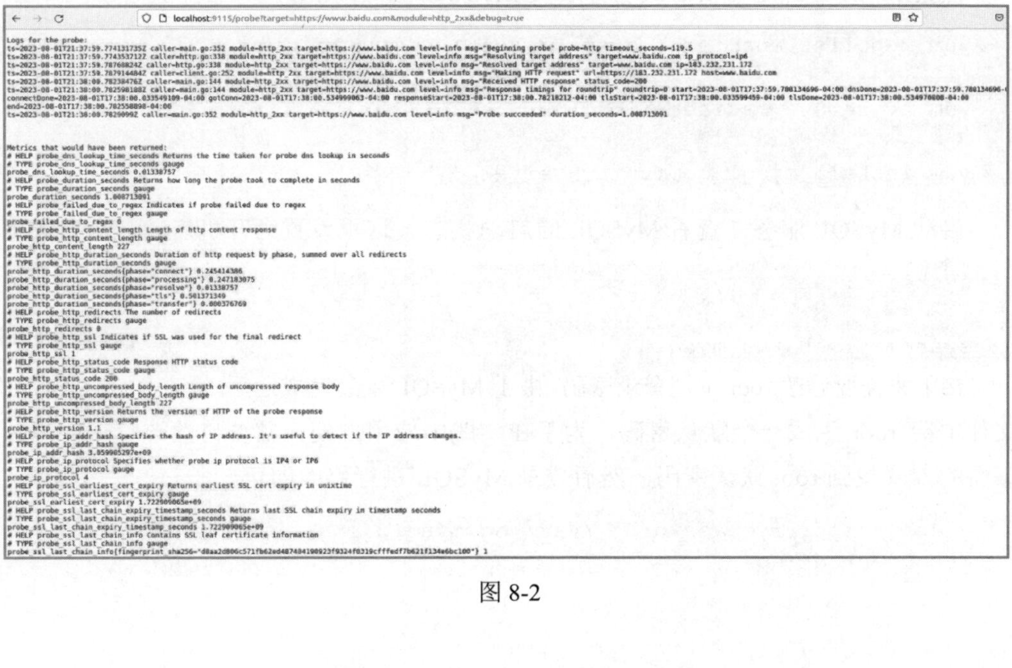


图 8-2

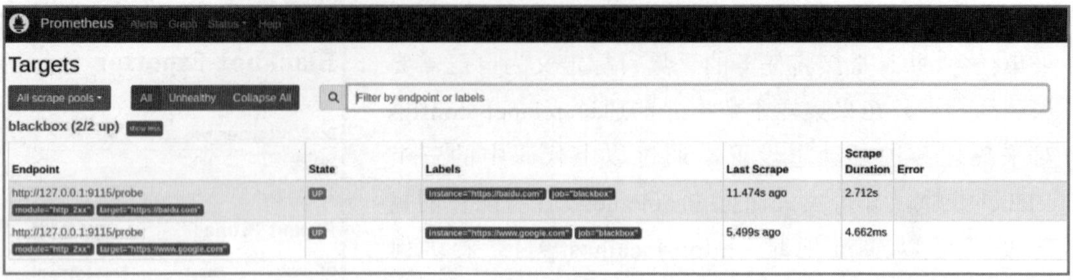


图 8-3

在图 8-3 中可以看到，配置的两个目标都已经被成功采集到了，同时也看到了采集的指标数据。

# 8.4 MySQLD Exporter

数据库的稳定运行是保证业务可用性的关键因素之一。下面以当前流行的关系型数据库管理系统 MySQL 为例，介绍如何使用 Prometheus 提供的 MySQLD Exporter 实现对 MySQL 数据库性能以及资源利用率的监控和度量。

## 8.4.1 安装 MySQL

在 CentOS 中安装 MySQL，下载 MySQL 源安装包，并安装 MySQL 源。

```
wget http://dev.mysql.com/get/mysql57-community-release-el7-8.noarch.rpm
yum localinstall mysql57-community-release-el7-8.noarch.rpm -y
```

检查 MySQL 源是否安装成功并安装 MySQL，操作如下：

```
yum repolist enabled | grep "mysql.*-community.*"

yum -y remove mariadb-libs

yum install mysql-community-server -y
```

启动 MySQL 服务，查看 MySQL 的启动状态。这里设置为开机启动，命令如下：

```
systemctl start mysqld

systemctl status mysqld
```

接下来需要修改 root 本地登录密码。由于 MySQL 安装完成之后，会在/var/log/mysqld.log 文件中给 root 生成一个默认密码，为了在实践中应用方便，需要修改该默认密码。通过下面的方式找到 root 默认密码，然后登录 MySQL 进行修改即可。

```
grep 'temporary password' /var/log/mysqld.log
mysql -uroot -p
```

对于 MySQL 5.7，默认安装了密码安全检查插件（validate_password），要求密码符合特定的安全标准。如果不需要该密码策略，可以通过修改/etc/my.cnf 文件禁用它，并重启 MySQL 服务。命令如下：

```
echo -e "validate_password = off\ncharacter_set_server=utf8\ninit_connect='SET NAMES utf8'\nskip-name-resolve\n" >> /etc/my.cnf

systemctl restart mysqld

mysql -uroot -p

set password for 'root'@'localhost'=password('111111');

flush privileges;
```

接着设置 root 用户远程访问权限。为 root 用户授予远程访问权限，并设置相应的密码。命令如下：

```
alter user 'root'@'localhost' identified by '111111';

grant all privileges on *.* to root@'%' identified by '111111' with grant option;
flush privileges;
```

通过以上步骤，可以成功在 CentOS 系统上安装、配置 MySQL，并允许 root 用户通过远程方式访问数据库。这对于开发和生产环境中的数据库管理来说非常重要。

## 8.4.2 安装并使用 mysqld_exporter

MySQL 安装成功后，接下来就需要部署 mysql_exporter 了。可以通过编写 ansible 来发布 mysql_exporter 服务脚本，命令如下：

```
ansible-playbook -i host_file service_deploy.yaml -e "tgz=mysqld_exporter-0.12.1.linux-amd64.tar.gz" -e "app=mysqld_exporter"
```

接着检查服务状态，发现服务未启动，报错如下：

```
# 查看运行状态
ansible -i host_file all -m shell -a " ps -ef |grep mysqld_exporter| grep -v grep"

master_01 mysqld_exporter[30089]: time="2021-07-30T10:41:10+08:00" level=fatal msg="failed reading ini file: open .my.cnf: no such file or directory" source="mysqld_exporter.go:264"
```

解决以上报错的方法是创建采集用户并授权。在MySQL中，对数据库授权的命令如下：

```
mysql -uroot -pP@ssw0rd
```

```
CREATE USER 'exporter'@'%' IDENTIFIED BY '123123' ;
GRANT PROCESS, REPLICATION CLIENT, SELECT ON *.* TO 'exporter'@'%';
FLUSH PRIVILEGES;
```

创建好采集用户后，需要修改 mysqld_exporter 的配置文件来指定采集的用户信息，可以使用如下两种方式进行修改。

方式一：在 mysqld_exporter 的 service 文件中使用环境变量 DATA_SOURCE_NAME。命令如下：

```
# 代表 localhost
Environment=DATA_SOURCE_NAME=exporter:123123@tcp/
```

重启 mysqld_exporter 服务之后，查看 mysqld_exporter 日志，命令如下：

```
[root@prome_master_01 logs]# systemctl status mysqld_exporter -l
mysqld_exporter.service - mysqld_exporter Exporter
   Loaded: loaded (/etc/systemd/system/mysqld_exporter.service; enabled;
vendor preset: disabled)
   Active: active (running) since Tue 2021-07-30 10:53:08 CST; 11min ago
Main PID: 30158 (mysqld_exporter)
   CGroup: /system.slice/mysqld_exporter.service
           └─30158 /opt/app/mysqld_exporter/mysqld_exporter

Mar 30 10:53:08 prome_master_01 mysqld_exporter[30158]: time="2021-07-
30T10:53:08+08:00" level=info msg="Starting mysqld_exporter (version=0.12.1,
branch=HEAD, revision=48667bf7c3b438b5e93b259f3d17b70a7c9aff96)"
source="mysqld_exporter.go:257"
Mar 30 10:53:08 prome_master_01 mysqld_exporter[30158]: time="2021-07-
30T10:53:08+08:00" level=info msg="Build context (go=go1.12.7,
user=root@0b3e56a7bc0a, date=20190729-12:35:58)"
source="mysqld_exporter.go:258"
...
```

可以看到，mysqld_exporter 已经成功启动。

方式二：使用 my.cnf 启动服务。命令如下：

```
Environment=DATA_SOURCE_NAME='exporter:123123@(localhost:3306)/'
```

接下来需要将 mysqld_exporter 采集加入采集池中，修改 Prometheus 的配置文件，添加如下配置：

```
- job_name: mysqld_exporter
  honor_timestamps: true
  scrape_interval: 15s
  scrape_timeout: 10s
  #metrics_path: /metrics
  #scheme: http
  static_configs:
```

```
  - targets:
    - localhost:9104
```

在浏览器中访问 http://localhost:9090/targets，结果如图 8-4 所示。

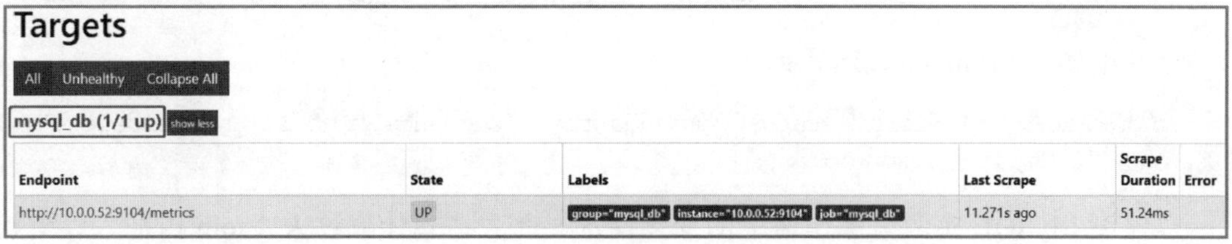


图 8-4

通过图 8-4 可以看到，在 Prometheus 中已经成功添加了 mysqld_exporter 采集任务。接下来就可以通过 Prometheus 的查询语句来查询 mysqld_exporter 采集到的监控指标。

### 8.4.3 监控数据库吞吐量

监控数据库的吞吐量是评估其性能的关键指标之一。对于 MySQL 数据库，一种重要的监控指标是查询次数（即 Questions 计数器）。每当客户端发送一个查询语句，Questions 计数器就会增加。可以通过以下 MySQL 命令查询 Questions 计数器的当前值：

```
mysql> SHOW GLOBAL STATUS LIKE "Questions";
+---------------+-------+
| Variable_name | Value |
+---------------+-------+
| Questions     | 1326  |
+---------------+-------+
1 row in set (0.00 sec)
```

在 MySQLD Exporter 返回的样本数据中，mysql_global_status_questions 指标代表了 Questions 计数器的当前值。使用 PromQL 查询语言，通过表达式 rate(mysql_global_status_questions[2m])，可以监控到 MySQL 实例查询速率的变化情况。查询次数的突增可能表明数据库正遇到问题，因此，监控这一指标并设置相应的告警规则是非常重要的。

此外，监控数据库的读写操作也是评估数据库性能的关键部分。MySQL 全局状态中的 Com_select 指标可用于查询服务器执行查询语句的总次数。同理，Com_insert、Com_update、Com_delete 指标分别用于衡量服务器上的写操作总次数。在 MySQLD Exporter 的/metrics 返回的监控样本中，mysql_global_status_commands_total 指标提供了当前实例执行各类指令的次数。例如：

```
mysql_global_status_commands_total{command="admin_commands"} 0
mysql_global_status_commands_total{command="alter_db"} 0
mysql_global_status_commands_total{command="alter_db_upgrade"} 0
```

```
mysql_global_status_commands_total{command="select"} 10
mysql_global_status_commands_total{command="insert"} 2
mysql_global_status_commands_total{command="update"} 2
mysql_global_status_commands_total{command="delete"} 1
```

通过如下 PromQL 表达式：

```
sum(rate(mysql_global_status_commands_total{command=~"insert|update|delete"}[2m
])) without (command)
```

可以监测 MySQL 实例写操作速率的变化情况。此表达式计算过去 2 min 内插入、更新和删除操作的速率，并将这些操作聚合在一起，提供一个总体的写操作速率视图。通过这些监控指标，数据库管理员可以及时了解数据库的运行状况，并采取适当的措施以确保其稳定性和性能。

### 8.4.4 连接情况

监控 MySQL 数据库的连接情况是关键的数据库管理任务之一。MySQL 的全局设置 max_connections 决定了服务器允许的最大客户端连接数。超过这个数值后，新的客户端连接将被拒绝，这可能导致“Too many connections”错误，并增加 Connection_errors_max_connections 的计数。

要查看 MySQL 服务的 max_connections 配置，可以使用以下 SQL 命令：

```
mysql> SHOW VARIABLES LIKE 'max_connections';
```

MySQL 默认的最大连接数通常为 151。要临时调整最大连接数，可以使用以下 SQL 命令：

```
SET GLOBAL max_connections = 200;
```

如果想要永久更改此设置，需要在 MySQL 配置文件 my.cnf 中进行修改。

通过 Global Status 的 Threads_connected、Aborted_connects、Connection_errors_max_connections 和 Threads_running 变量，可以监控当前 MySQL 实例的连接状态。例如，如果 Aborted_connects 的计数不断增加，则表明客户端连接失败。使用 PromQL 查询当前 MySQL 实例的连接拒绝数：

```
mysql_global_status_aborted_connects
```

若发现可用连接数接近上限，可以使用以下 PromQL 表达式监控剩余可用连接数：

```
mysql_global_variables_max_connections - mysql_global_status_threads_connected
```

此外，通过查看 Connection_errors_max_connections 和 Connection_errors_internal 可以分析连接失败的具体原因。

以下是与 MySQL 连接相关的一些关键监控指标，可以帮助管理员及时了解数据库的连接状态，确保数据库的稳定运行。

- mysql_global_variables_max_connections：显示了设置的最大连接数；
- mysql_global_status_threads_connected：显示了当前连接的线程数；
- mysql_global_status_threads_running：显示了当前正在运行的线程数；
- mysql_global_status_aborted_connects：显示了由于错误而终止的连接尝试数；
- mysql_global_status_connection_errors_total{error="max_connections"}：显示了由于超出最大连接数而拒绝的连接数；
- mysql_global_status_connection_errors_total{error="internal"}：显示了由于内部错误而拒绝的连接数。

监控这些指标有助于及时识别和解决数据库连接相关的问题，保证数据库服务的高可用性和稳定性。

## 8.4.5　查询性能

在监控 MySQL 数据库时，查询性能是一个重要的指标。特别是慢查询（slow queries）的监控可以帮助用户发现可能的性能瓶颈。MySQL 的 Slow_queries 计数器记录了执行时间超过 long_query_time 设置值的查询数量。默认情况下，long_query_time 设置为 10 s。要查看当前的 long_query_time 设置，可以使用以下 MySQL 命令：

```
mysql> SHOW VARIABLES LIKE 'long_query_time';
```

要查看当前 MySQL 实例中的慢查询数量，可以使用以下 MySQL 命令：

```
mysql> SHOW GLOBAL STATUS LIKE "Slow_queries";
```

慢查询的增长率可以作为 MySQL 服务器性能状态的一个反映。使用 PromQL 查询慢查询的增长情况，可以使用以下表达式：

```
rate(mysql_global_status_slow_queries[2m])
```

此外，通过安装并启用 MySQL 的响应时间插件（response time plugin），可以获取更详细的查询响应时间分布信息。此插件记录了不同时间区间内查询的统计数据，这可以帮助管理员更精确地监控和优化数据库查询性能。

启用了响应时间插件后，MySQLD Exporter 会自动收集相关数据。这可以为数据库管理员提供更多关于查询响应时间的细化视图，从而有助于更好地理解数据库查询性能的各个方面。

总而言之，通过监控慢查询和查询响应时间，数据库管理员可以及时识别和解决数据库性能问题，提高数据库的整体性能和稳定性。对于进一步提高数据库性能的深入分析，安装响应时间插件是一个值得尝试的步骤。

## 8.5 基于 Go 语言自定义 Exporter

要创建一个自定义的 Exporter，基于 Go 语言和 Prometheus 的 client_golang 库是一个很好的选择。client_golang 库提供了创建自定义 Exporter 所需的各种工具和方法。在下面的例子中，将创建一个简单的 sample_exporter，它将模拟监控数据并以 Prometheus 理解的格式输出。

首先，创建一个 Go 程序，导入必要的包，并设置一个 HTTP 处理函数返回模拟的监控数据；然后定义 exportData 字符串，其中包含了模拟的监控数据。这些数据遵循 Prometheus 的文本格式规范。

```
package main

import (
    "fmt"
    "net/http"
)

func handler(w http.ResponseWriter, r *http.Request) {
    fmt.Fprintf(w, exportData)
}

func main() {
    http.HandleFunc("/", handler)
    http.ListenAndServe(":8080", nil)
}

# TYPE sample_http_requests_total counter
sample_http_requests_total{method="post",code="200"} 1027 1395066363000
sample_http_requests_total{method="post",code="400"}    3 1395066363000

# Escaping in label values:
sample_msdos_file_access_time_seconds{path="C:\\DIR\\FILE.TXT",error="Cannot
find file:\n\"FILE.TXT\""} 1.458255915e9

# Minimalistic line:
sample_metric_without_timestamp_and_labels 12.47

# A histogram, which has a pretty complex representation in the text format:
# HELP sample_http_request_duration_seconds A histogram of the request duration.
# TYPE sample_http_request_duration_seconds histogram
sample_http_request_duration_seconds_bucket{le="0.05"} 24054
sample_http_request_duration_seconds_bucket{le="0.1"} 33444
sample_http_request_duration_seconds_bucket{le="0.2"} 100392
sample_http_request_duration_seconds_bucket{le="0.5"} 129389
sample_http_request_duration_seconds_bucket{le="1"} 133988
```

```
sample_http_request_duration_seconds_bucket{le="+Inf"} 144320
sample_http_request_duration_seconds_sum 53423
sample_http_request_duration_seconds_count 144320

sample_rpc_duration_seconds{quantile="0.01"} 3102
sample_rpc_duration_seconds{quantile="0.05"} 3272
sample_rpc_duration_seconds{quantile="0.5"} 4773
sample_rpc_duration_seconds{quantile="0.9"} 9001
sample_rpc_duration_seconds{quantile="0.99"} 76656
sample_rpc_duration_seconds_sum 1.7560473e+07
sample_rpc_duration_seconds_count 2693
```

在这段代码中，exportData 包含了多种类型的样本数据，包括计数器（counter）、直方图（histogram）和摘要（summary）类型的数据。每种类型的样本数据都以一定的格式进行表示，例如：

- 计数器数据标识了总 HTTP 请求的数量；
- 直方图数据展示了请求持续时间的分布；
- 摘要数据提供了 RPC 持续时间的统计信息。

运行该程序后，通过访问 http://localhost:8080，可以看到以文本形式返回的监控数据。这些数据可以被 Prometheus 抓取和解析，从而允许 Prometheus 收集和监控从这个自定义 Exporter 发出的指标，如图 8-5 所示。

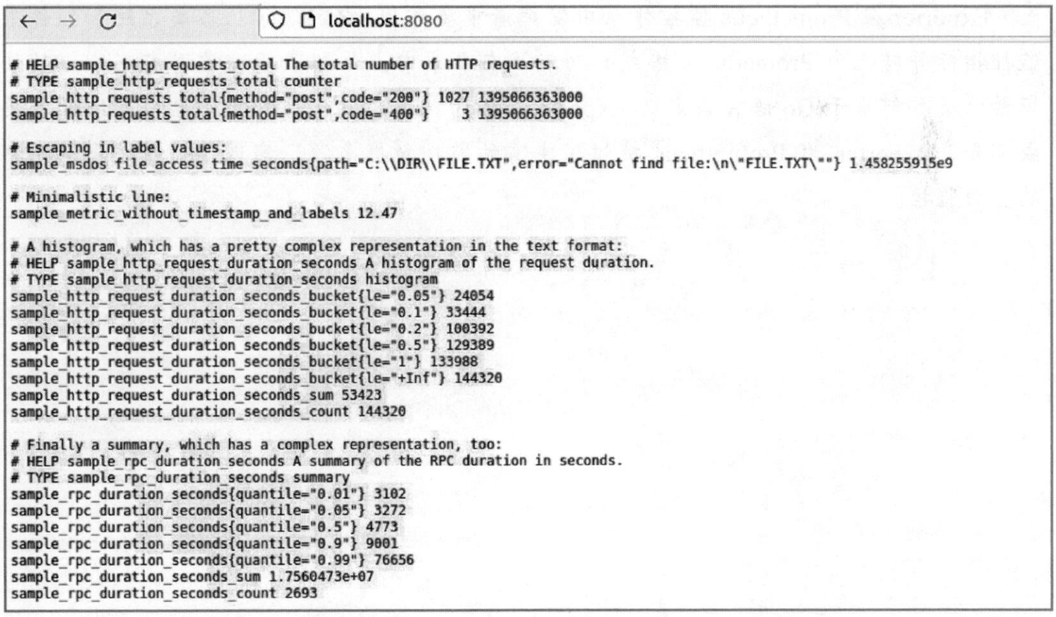
```
localhost:8080

# HELP sample_http_requests_total The total number of HTTP requests.
# TYPE sample_http_requests_total counter
sample_http_requests_total{method="post",code="200"} 1027 1395066363000
sample_http_requests_total{method="post",code="400"}    3 1395066363000

# Escaping in label values:
sample_msdos_file_access_time_seconds{path="C:\\DIR\\FILE.TXT",error="Cannot find file:\n\"FILE.TXT\""} 1.458255915e9

# Minimalistic line:
sample_metric_without_timestamp_and_labels 12.47

# A histogram, which has a pretty complex representation in the text format:
# HELP sample_http_request_duration_seconds A histogram of the request duration.
# TYPE sample_http_request_duration_seconds histogram
sample_http_request_duration_seconds_bucket{le="0.05"} 24054
sample_http_request_duration_seconds_bucket{le="0.1"} 33444
sample_http_request_duration_seconds_bucket{le="0.2"} 100392
sample_http_request_duration_seconds_bucket{le="0.5"} 129389
sample_http_request_duration_seconds_bucket{le="1"} 133988
sample_http_request_duration_seconds_bucket{le="+Inf"} 144320
sample_http_request_duration_seconds_sum 53423
sample_http_request_duration_seconds_count 144320

# Finally a summary, which has a complex representation, too:
# HELP sample_rpc_duration_seconds A summary of the RPC duration in seconds.
# TYPE sample_rpc_duration_seconds summary
sample_rpc_duration_seconds{quantile="0.01"} 3102
sample_rpc_duration_seconds{quantile="0.05"} 3272
sample_rpc_duration_seconds{quantile="0.5"} 4773
sample_rpc_duration_seconds{quantile="0.9"} 9001
sample_rpc_duration_seconds{quantile="0.99"} 76656
sample_rpc_duration_seconds_sum 1.7560473e+07
sample_rpc_duration_seconds_count 2693
```

图 8-5

通过这种方式，可以根据特定应用程序的监控需求，轻松地创建自定义的 Exporter。这为在 Go 语言中集成 Prometheus 监控提供了一个灵活且强大的工具。

除此之外，可以利用 Prometheus 的 static_configs 来收集 sample_exporter 的数据。打开 prometheus.yml 文件,在 scrape_configs 中添加如下配置：

```
- job_name: 'sample_exporter'
  static_configs:
     - targets: ['localhost:8080']
```

重启加载配置，然后到 Prometheus Targets 查看，如图 8-6 所示。

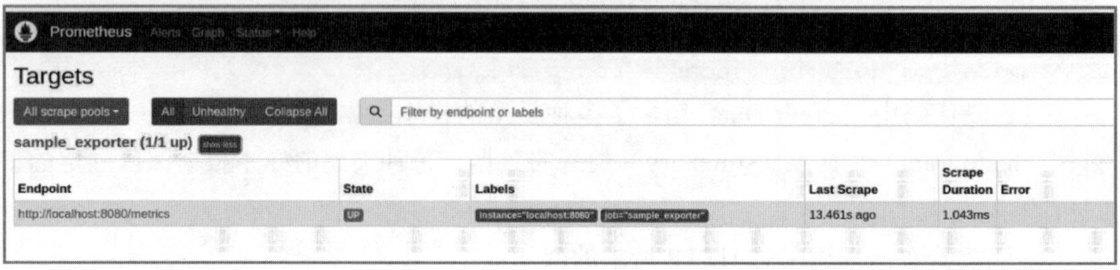


图 8-6

观察图 8-6，可以看到 simple_exporter 已经被成功添加到了 Prometheus 中，这样就可以通过 Prometheus 的查询语句查询 simple_exporter 采集到的监控指标。

## —— 小　结 ——

Exporter 在 Prometheus 监控体系中发挥着重要作用，它实现了从各类系统和组件采集监控指标并转化为 Prometheus 格式的功能。在本章中，介绍了多种常用 Exporter 的使用场景以及如何基于 Go 语言自定义 Exporter。作为构建自动化、智能化监控系统的重要组成部分，Exporter 为 Prometheus 提供了丰富的监控数据来源，实现了对系统和应用程序的全面监控。

# 第 9 章　可视化 Grafana 集成

通过 Prometheus 收集到数据只是监控的第一步，如果不能将采集到的数据进行可视化，会很难发现问题。在前面章节中，已经介绍了 Prometheus 自带的 web console。Prometheus 自带的 Web 界面比较简单，提供了基本的数据可视化能力，可以帮助用户直接使用 PromQL 查询数据，并将数据通过可视化图表的方式进行展示。

在实际的应用场景中，不同的人往往对可视化的需求不一样，关注的指标也不一样，因此用户需要根据不同的监控需求构建出相应的可视化报表页面。Grafana 是一个广泛使用的开源数据可视化和监控工具，特别适合与 Prometheus 结合使用。通过 Grafana，用户可以根据自己的监控需求构建定制的仪表板，展示关键性能指标，并能够以直观的方式进行数据分析和故障排查。本章首先介绍 Grafana 的概念以及安装使用，其次会使用 MySQL 更换默认的 sqlite3 数据库。接着重点介绍 Prometheus 与 Grafana 配合使用，在 Grafana 仪表盘导入 Exporter 实现主机和数据库的监控。

## 9.1　Grafana 概述

作为一款通用的可视化工具，Grafana 支持 Graphite、InfluxDB、OpenTSDB、Prometheus、Elasticsearch、CloudWatch 等数据源，其 UI 非常美观且高度定制化。事实上，Prometheus 中也提供了一个可视化方案 Prometheus UI，但其功能较为简单、无法实时关注相关监控指标的变化趋势，故这里选择 Grafana 作为可视化的解决方案。

在使用 Grafana 之前，有必要了解关于 Grafana 的一些基本概念。

**1. 仪表盘**

仪表盘（Dashboard）是 Grafana 的核心组件，用于展示数据可视化。它包含图表、面板和其他元素，用于展示不同的指标和数据。用户可以根据需求自定义仪表盘的布局、样式和数据源。在 Grafana 中，通过 Dashboard 来组织和管理数据可视化图表。图 9-1 所示为一个仪表盘的样例。

图中 Grafana 仪表盘界面标号的元素从①至⑮分别对应如下：

① Grafana 主页：单击面包屑导航（breadcrumb navigation）中的主页图标可以快速返回到 Grafana 的起始页面，方便用户进行不同仪表盘间的快速切换。

② 仪表盘标题：单击标题栏，可以搜索并快速导航到当前文件夹中的其他仪表盘。

③ 分享仪表盘或面板：此功能允许用户通过链接或快照来分享当前的仪表盘或面板。还可以导出仪表盘的定义，以便于迁移或备份。

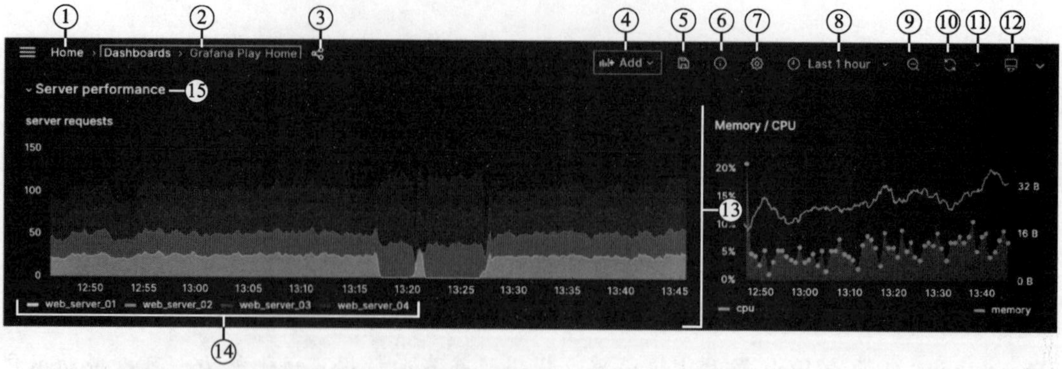


图 9-1

④ 添加面板：通过此选项，用户可以在当前仪表盘中添加新的面板、行或引用库中的面板。

⑤ 保存仪表盘：对仪表盘所做的更改可通过单击此按钮来保存。

⑥ 仪表盘洞见：提供关于仪表盘的分析数据，如用户活动、查询次数等信息。

⑦ 仪表盘设置：用于更改仪表盘的名称、文件夹、标签等。也可以在此处管理变量和注释查询。

⑧ 时间选择器：用于选择相对时间范围和设置自定义的绝对时间范围。时间范围的更改会保存在每个仪表盘中。

⑨ 时间范围缩小：方便用户快速缩小时间范围进行更细致的数据观察。

⑩ 刷新仪表盘：用于手动刷新仪表盘上显示的数据。

⑪ 设置自动刷新间隔：可以设置仪表盘数据自动刷新的时间间隔。

⑫ 视图模式：用于在大屏幕上展示仪表盘，如电视或触摸屏，隐藏非核心信息。

⑬ 仪表盘面板：面板是仪表盘的主要构成元素，用于展示数据。可以自由地移动和调整面板的大小。

⑭ 图例：允许用户直接从图例更改数据系列的颜色、$y$ 轴和可见性。

⑮ 仪表盘行：仪表盘行是对面板进行逻辑分组的方式。行可以折叠或展开，折叠的行中的面板不会触发查询。

Grafana 的面板是可视化数据的基本单位，支持多种类型的面板，如图形、热力图、单一统计和表格等。每个面板都独立配置其数据源和查询方式。Grafana 支持多种插件，使用户能够安装额外的面板类型。此外，仪表盘中的行用于组织相关面板。

Grafana 也支持模板参数，允许创建动态交互的仪表盘。整个仪表盘的配置以 JSON 数据结构管理，方便共享和导入。Grafana 还提供了一个专门的仪表盘共享服务，用户可以从中找到并导入所需的仪表盘配置。

### 2. 图表

图表（panel）是仪表盘中的一个基本组成单元，用于展示特定的指标数据。Grafana

支持多种图表类型，如折线图、柱状图、饼图等，用户可以根据需要选择合适的图表类型来展示数据。

### 3. 数据源

对于 Grafana 而言，Prometheus 等为其提供数据的对象均称为数据源（data source）。目前，Grafana 官方提供了对 Graphite、InfluxDB、OpenTSDB、Prometheus、Elasticsearch、CloudWatch 的支持。对于 Grafana 管理员而言，只需要将这些对象以数据源的形式添加到 Grafana 中，Grafana 便可以轻松地实现对这些数据的可视化工作。

### 4. 查询编辑器

查询编辑器（query editor）是 Grafana 中用于构建查询语句的界面，它允许用户输入和编辑查询语句，从数据源中获取指定的指标数据。用户可以使用 PromQL、SQL 等查询语言，具体取决于所使用的数据源类型。

### 5. 变量

变量（variable）是 Grafana 中用于动态设置查询参数的方式，它可以使用户在仪表盘中通过下拉列表、文本框等方式选择特定的变量值，从而实现动态展示不同的数据，如图 9-2 所示。

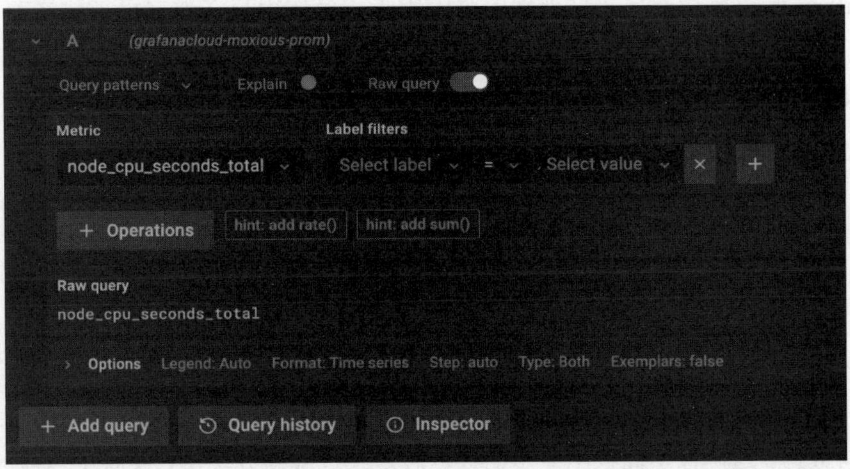


图 9-2

### 6. 告警

告警（alerting）是 Grafana 的一个重要功能，它允许用户根据特定的条件设置告警规则，当指标数据满足条件时，Grafana 可以触发告警，并发送通知给指定的接收者。

### 7. 插件

Grafana 支持插件（plugin）扩展，用户可以安装和使用各种插件来增加新的功能和特性。插件可以是数据源插件、图表插件、数据处理插件等，用户可以根据需求自由选择插件来扩展 Grafana 的功能。Grafana 数据源插件的工作是接收用户想要回答的查询，从数据源中检索数据，并协调数据源的数据模型与 Grafana 仪表盘的数据模型之间的差异。它使用统一的数据结构（称为数据框架，data frame）来实现这一点。从数据源进入插件的数据可能以许多不同的格式存在（如 JSON、行列或 CSV），但当数据离开插件并经过其他步骤移向可视化时，它总是以数据框架的形式存在。

#### 8. 数据转换

当可视化中的数据格式不符合我们的要求时，可以应用数据转换（transformations）来处理查询返回的数据。在刚开始使用时，可能不需要转换数据，但这是一种强大且值得一提的工具。

在以下情况下，数据转换非常有用：

- 想要将两个字段合并在一起，例如，将名字和姓氏连接成一个全名字段；
- 已有 CSV 数据（全为文本），想要转换字段类型（如从字符串中解析出日期或数字）；
- 想要进行过滤、连接、合并或执行其他类似 SQL 的操作，这些操作可能不被底层数据源或查询语言支持。

转换功能位于面板编辑对话框的 Transform 选项卡中。选择想要的转换并定义转换操作。Grafana 的转换功能是数据处理的强大工具，允许用户在数据可视化之前对数据进行预处理和整理。这些转换操作位于面板编辑对话框的 Transform 选项卡内。转换功能的详细描述如下：

① 多重转换操作：与数据查询相似，用户可以在一个面板上应用多个转换操作。这意味着可以对数据进行一系列连续的处理步骤，例如，先更改数据类型，然后过滤特定结果，接着重新组织列的顺序，最后对结果进行排序。

② 转换作为数据流水线：将多个转换操作连接起来，可以创建一个类似于流水线的数据处理序列。这种方法允许用户逐步改进和调整自己的数据，最终得到满足特定可视化需求的精确结果。

③ 动态数据处理：每次仪表板刷新时，所有定义的转换都会自动应用于从数据源获取的最新数据。这确保了面板上显示的数据总是经过最新处理的，反映了当前的数据状态。

④ 灵活性：Grafana 的转换功能提供了高度的灵活性和控制能力，使用户能够精确地定义如何处理和呈现自己的数据。这对于处理复杂的数据集或创建高度定制化的视图特别有用。

⑤ 用户界面友好：转换选项的设计直观易用，即使是对于不熟悉数据处理的用户来说，也能快速学会并有效使用。

图 9-3 可视化地展示了如何添加和组织多个转换操作。例如，一个转换可能是按某列分组，另一个转换可能是按数值排序。用户可以通过拖放重新排列转换的顺序，以实现最佳的数据处理流程。

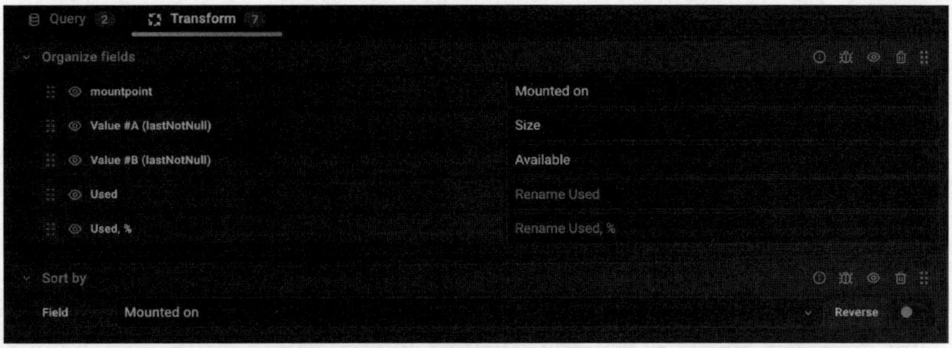


图 9-3

### 9．组织和用户

作为一个通用可视化工具，Grafana 除了提供灵活的可视化定制能力以外，还提供了面向企业的组织级管理能力。在 Grafana 中 Dashboard 属于一个 Organization（组织），通过 Organization，可以在更大规模上使用 Grafana，例如，对于一个企业而言，可以创建多个 Organization，其中 User（用户）可以属于一个或多个不同的 Organization。并且在不同的 Organization 下，可以为 User 赋予不同的权限。从而可以有效地根据企业的组织架构定义整个管理模型。

构建一个 Grafana 仪表板是一个逐步进行的过程，从明确仪表板需要的内容开始，然后找出可以支持这些内容的数据源。如果想将特定的数据库与 Grafana 仪表板整合在一起，就需要确保已经安装了相应的插件，以便可以添加一个与该插件一起使用的数据源。

有了确定的数据源和安装的插件，就可以编写查询，对数据进行处理，然后将可视化内容进行格式化，以满足用户的需求。这种组件化的架构是 Grafana 强大且通用的特点之一。基于数据源插件和数据帧的抽象，用户可以使用相同的方法处理各种不同的数据源。

## 9.2　Grafana 的安装与使用

Grafana 的安装非常简单，这里以 CentOS 为例，首先下载对应的 rpm 包，可以通过 Grafana 官网下载 Grafana ，笔者选择的版本为 7.5.1。下载完成后，将 rpm 包上传到服务器，然后使用 yum 安装即可。具体操作如下：

```
wget -O /opt/tgzs/grafana-7.5.1-1.x86_64.rpm
https://dl.grafana.com/oss/release/grafana-7.5.1-1.x86_64.rpm
sudo yum install grafana-7.5.1-1.x86_64.rpm

systemctl start grafana-server
```

安装好之后，便可以启动服务。不过为了确认 Grafana 运行状态，要查看日志有无报错，命令如下：

```
tail -f /var/log/grafana/grafana.log
```

正确启动服务后，可以通过浏览器访问 Grafana 的 Web 界面，默认端口为 3000。在第一次访问时，需要输入默认的用户名和密码，用户名为 admin，密码为 admin。命令如下：

```
http://192.168.11.198:3000/?orgId=1
默认用户密码: admin/admin
```

登录成功后，便可以看到 Grafana 的主界面了，如图 9-4 所示。

图 9-4

**注意：** 首次登录需要更改用户名和密码。登录之后，需要添加数据源，这里选择 Prometheus 作为数据源。具体操作是单击左侧的 Configuration→Data Sources，然后单击 Add data source 按钮，选择 Prometheus 数据源。添加数据源的界面如图 9-5 所示。

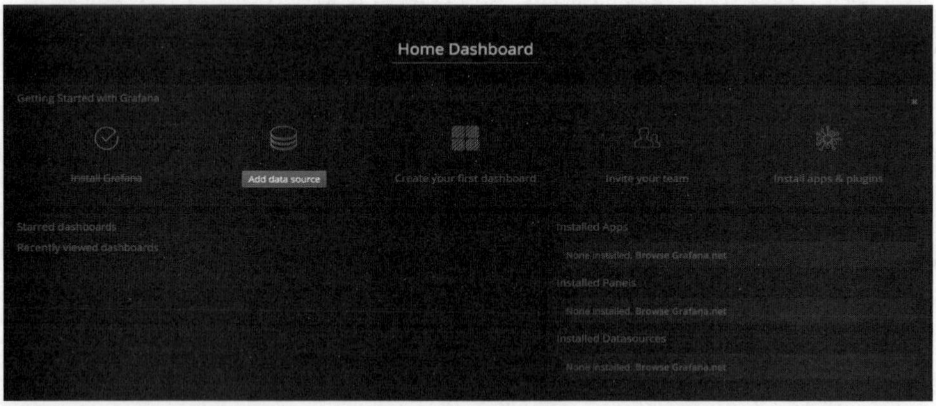


图 9-5

接下来需要填写 Prometheus 的地址。在图 9-6 中，配置 Prometheus Server 的地址为 http://localhost:9090，然后单击 Save & Test 按钮，测试 Prometheus 数据源是否可用。如果测试通过，便可以在 Grafana 中使用 Prometheus 了。

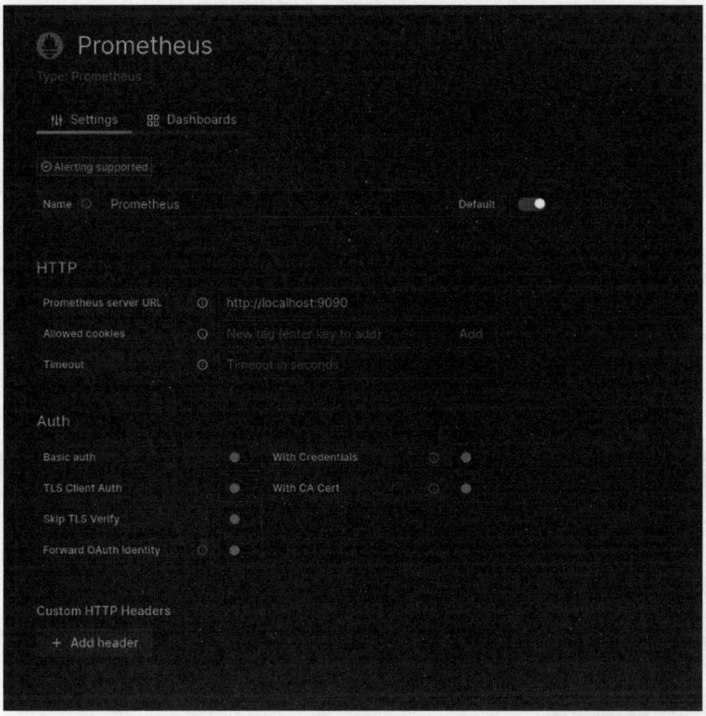


图 9-6

目前为止，Grafana 已经和 Prometheus 连接上了，可以看到图 9-7 所示的 Dashboard。

图 9-7

## 9.3　应用监控接入

Exporter 在 Prometheus 中的作用是将来自不同数据源的指标数据转换为 Prometheus 可用的格式，以便进行集中化的监控和分析。基于 Grafana 创建交互式的仪表盘和图表，以展示监控数据和指标。Grafana 允许用户将 Prometheus 等数据源的指标数据导入，然后通过创建自定义仪表盘来实现数据可视化和分析。Grafana 提供了丰富的图表、图像和过滤器，帮助用户更好地理解和解释监控数据。因此，下面在之前介绍的 Prometheus Exporter 基础上，介绍如何使用 Grafana 创建仪表盘和图表，以展示 Prometheus Exporter 的监控数据和指标。

### 9.3.1 构建 Exporter 的 Grafana Dashboard

虽然在 Grafana 中用户可以自定义各种监控所需的仪表盘，但是如果完全自己搭建会比较麻烦。因此，我们可在现有模板的基础上根据需要进行微调。进入 Grafana 官网选择仪表盘模板，然后导入 Dashboard 商城中选中的模板，如图 9-8 所示。

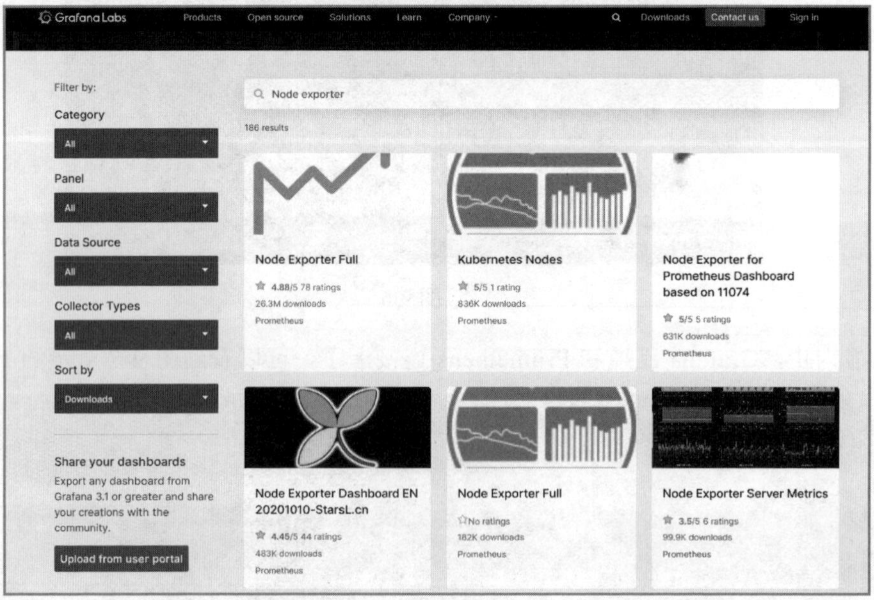


图 9-8

图 9-8 中页面可以看到上方提供了搜索模板的功能，可以通过搜索选择适用某个 Exporter 的相关模板，然后复制该模板的 ID 即可。现在回到 Grafana 的 Web 管理页面，在 Grafana 中导入该模板，单击加号按钮，选择 Import 选项，如图 9-9 所示。

图 9-9

找到所需模板后，记下模板的 ID。在 Grafana 的 Web 管理页面，通过单击左侧的加号按钮，选择 Import 选项，进入模板导入界面（见图 9-9）。在这里，用户可以通过 URL 导入或直接上传 JSON 文件两种方式导入模板。使用 URL 导入时，将之前复制的模板 ID 粘贴到“Import via grafana.com”文本框中，单击“Load”按钮加载模板，接着单击“Import”按钮完成导入过程，如图 9-10 所示。

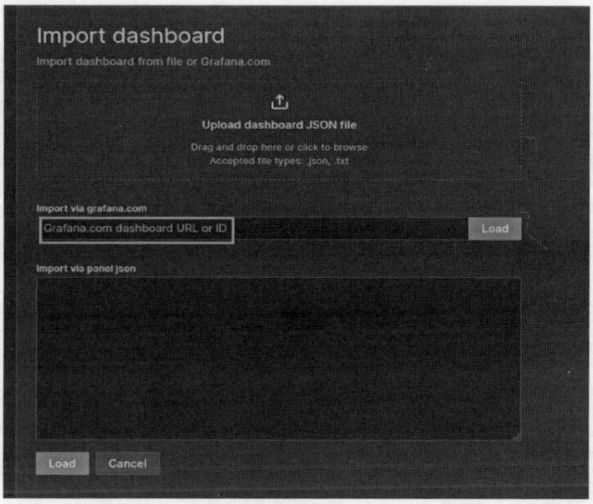


图 9-10

模板导入完成后，Grafana 会自动跳转到新导入的 Dashboard 页面，用户可以立即开始查看和分析监控数据，如图 9-11 所示。

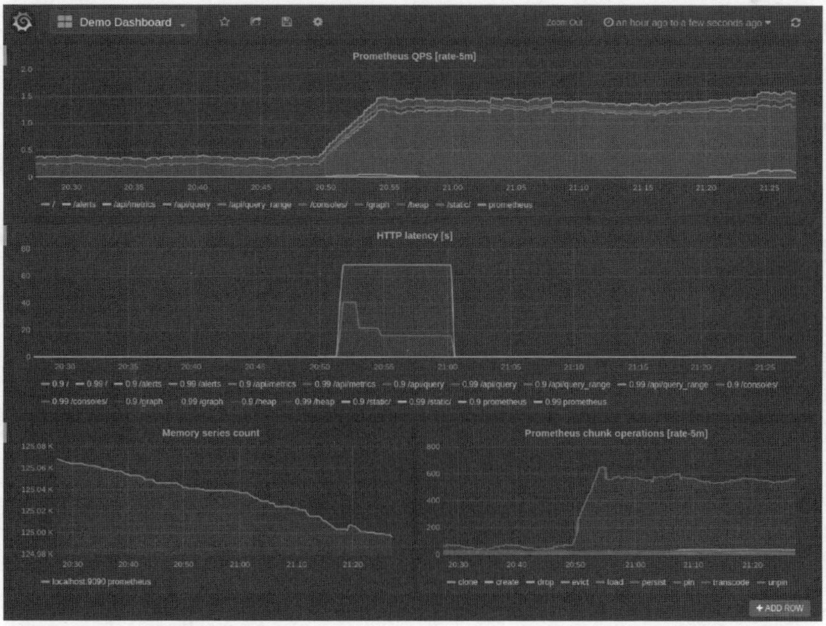


图 9-11

### 9.3.2 仪表盘导入 Node Exporter

具体示例：在 Grafana 的 Web 管理界面中，导入 Node Exporter 专用模板。可以直接通过 URL https://grafana.com/grafana/dashboards/8919 进行导入，或者通过搜索在 Grafana 模板库中找到并导入。完成后，Dashboard 界面会显示 Node Exporter 相关的监控信息和图表，如图 9-12 所示。

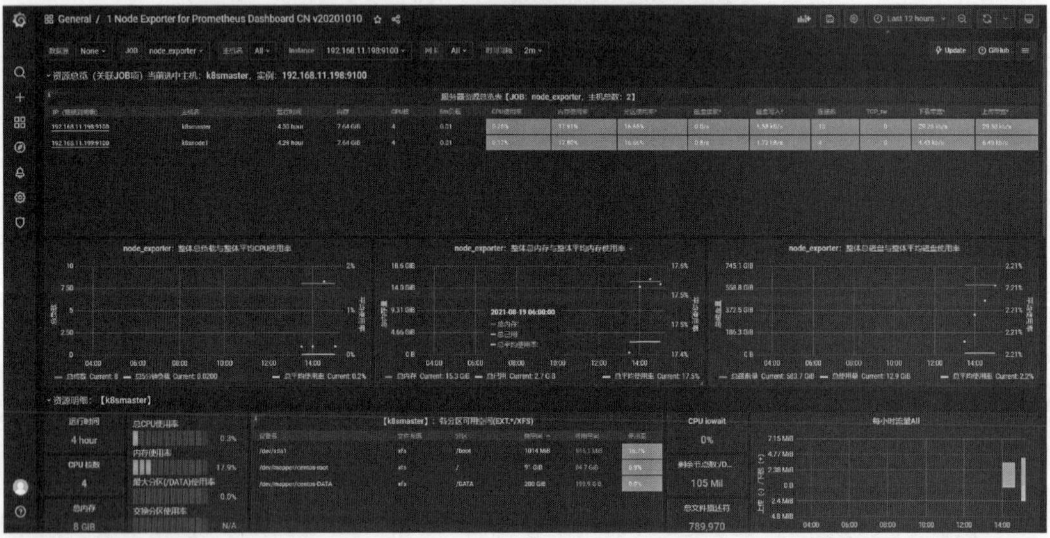


图 9-12

至此，Node Exporter 仪表盘就创建完成了。通过这些步骤，用户可以快速地在 Grafana 中导入和设置专门为特定 Exporter 设计的 Dashboard，实现有效的数据可视化和监控。这个过程不仅节省了设置和配置 Dashboard 的时间，还使得监控数据的展示更加专业和精确。

### 9.3.3 配置 mysqld_exporter 仪表盘

在第 8 章中已经部署好 MySQL 和 mysql_exporter，为了实现对 MySQL 的监控，需要配置 Prometheus 的抓取列表，以及 mysqld_exporter 的配置，命令如下：

```
- job_name: mysqld_exporter
  honor_timestamps: true
  scrape_interval: 15s
  scrape_timeout: 10s
  static_configs:
  - targets:
    - 192.168.11.198:9104
```

接下来需要在 Grafana 的 Web 管理页面导入 mysqld_exporter 的 Dashboard，地址为 https://grafana.com/grafana/dashboards/11323。导入完成后，界面如图 9-13 所示。

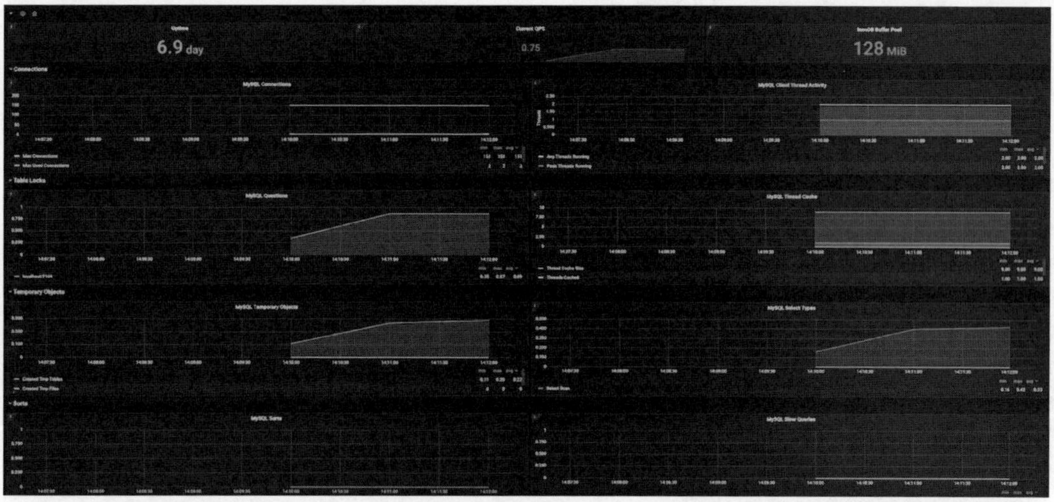

图 9-13

## 9.3.4 黑盒探针 blackbox

前面章节中已经介绍过 blackbox_exporter 的安装部署。因此在机器已部署 blackbox_exporter 的基础上，将其加入 Prometheus 的抓取列表中，具体配置如下：

```
- job_name: 'blackbox-http'
  metrics_path: /probe       # metrics 的 path，注意不都是/metrics
  params:                    # 传入的参数
      module: [http_2xx]
      target: [prometheus.io,www.baidu.com,192.168.11.198:3000]
  static_configs:
      - targets:
      - 192.168.11.198:9115
```

下面先简单梳理一下上面代码中的具体配置。

① 配置抓取目标：首先，在 Prometheus 的配置文件中添加一个新的 job 来定义 blackbox_exporter 的抓取任务。这里的 job_name 可以自定义，如 blackbox-http，用于标识该抓取任务。

② 指定 metrics 路径：在配置中，metrics_path 设置为/probe，这是因为 blackbox_exporter 默认提供的端点是/probe，而不是常见的/metrics。

③ 设置模块和目标参数：通过 params 字段传递参数给 blackbox_exporter。在该示例中，module 被设置为[http_2xx]，意味着使用 HTTP 200 响应模块进行探测。同时，target 字段列出了所有想要探测的目标地址，如 prometheus.io、www.baidu.com 和本地地址 192.168.11.198:3000。

④ 配置静态目标：static_configs 中的 targets 字段设置为部署 blackbox_exporter 的地

址，如 192.168.11.198:9115。这是 Prometheus 将发送探测请求的地址。

⑤ 多实例采集配置：当需要探测多个目标时，可以通过 relabel_configs 进行灵活的配置。例如，可以使用 label_replace 或 replace 操作来动态设置探测目标。这允许 Prometheus 根据需求，从一个配置中探测多个不同的服务或端点，配置如下：

```
scrape_configs:
  - job_name: 'blackbox-http'
      metrics_path: /probe  # metrics 的 path，注意不都是/metrics
    params:                 # 传入的参数
      module: [http_2xx]
    static_configs:
      - targets:
        - https://www.baidu.com
        - http://192.168.11.198:3000
    relabel_configs:
      - source_labels: [__address__]
        target_label: __param_target
      - source_labels: [__param_target]
        target_label: instance
      - target_label: __address__
        replacement: 192.168.11.198:9115

      - job_name: 'blackbox-ssh'
    #metrics 的 path，注意不都是/metrics
    metrics_path: /probe
    #传入的参数
    params:
      module: [ssh_banner]
    static_configs:
      - targets:
        - 192.168.11.198:22
    relabel_configs:
      - source_labels: [__address__]
        target_label: __param_target
      - source_labels: [__param_target]
        target_label: instance
      - target_label: __address__
        replacement: 192.168.11.198:9115
hostname:port.
```

上面的配置中，采集了 https://www.baidu.com 和 http://192.168.11.198:3000 两个实例。可以看到，这里的配置和前面的黑盒探测配置有所不同，这里使用了 relabel_configs，这样就可以在 Prometheus 中看到实例的地址。

接着在 Grafana 的 Web 管理页面导入 blackbox_exporter 的 Dashboard，地址为 https://grafana.com/grafana/dashboards/7587。导入完成后，便可以看到图 9-14 所示的 Dashboard。

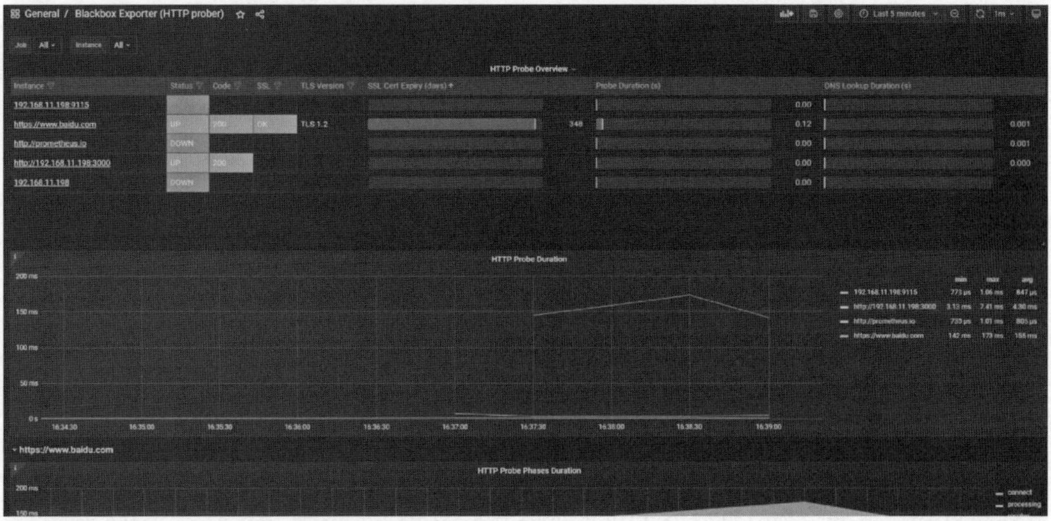


图 9-14

## 9.3.5 进程探测 process_exporter

Process Exporter 是一个开源工具，专门用于在 Prometheus 监控环境中收集和导出操作系统进程的性能指标数据。它能够提供关于各个运行进程的详细信息，如 CPU 使用率、内存占用、文件描述符数量等，使得系统管理员能够深入了解和监控系统的每个进程。

用户可以通过 top 等命令查看进程信息，例如在 Linux 中安装 atop 命令用以监控系统性能。而 atop 命令就是一个功能强大且全面的系统性能监控工具。它能够提供实时、详细的系统资源使用情况，帮助系统管理员深入了解系统的性能状况，及时检测问题并采取措施。在 CentOS 中安装 atop 命令非常简单，执行如下命令：

```
yum -y install atop
```

安装完成后，监控界面如图 9-15 所示。

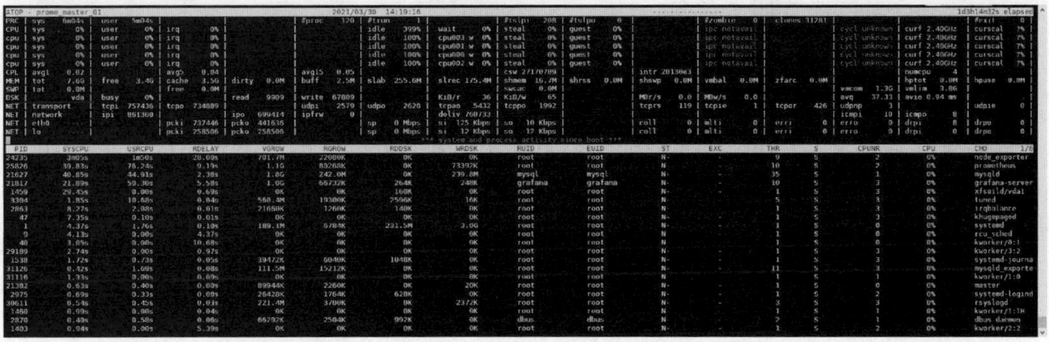

图 9-15

虽然 Linux 系统自带的 atop 命令也能提供实时的系统资源使用情况，但 Process Exporter 的优势在于其能够将数据导出为 Prometheus 兼容格式，从而实现长期数据存储、历史数据分析和更复杂的数据可视化。这对于长期的性能监控和系统优化尤为重要。

在 Linux 系统中，系统性能监控是维护系统健康和高效运行的重要一环。下面具体看一下 Process Exporter 的功能和特点。

（1）进程指标导出

Process Exporter 能够提取并导出有关每个进程的各种指标，包括 CPU 使用率、内存占用、线程数、打开文件数等。这些指标可以帮助用户深入了解每个进程的性能和资源消耗。

（2）Prometheus 适配

Process Exporter 被设计为与 Prometheus 紧密集成。它提供了 Prometheus 的指标格式，可以轻松地将指标数据导入 Prometheus 中，以供进一步存储、查询和分析。

（3）多平台支持

Process Exporter 支持多种操作系统平台，包括 Linux、Windows 和 mac OS 等，可以在不同类型的主机上收集和导出进程指标。

（4）可配置性

可以根据需要配置 Process Exporter 以收集特定进程的指标数据，从而避免不必要的资源浪费。

（5）内置指标

Process Exporter 提供了许多默认的内置指标，如 CPU 占用率、内存占用、线程数等，使用户能够快速开始监控进程的性能。

（6）灵活的查询和警报

通过将 Process Exporter 的指标数据与 Prometheus 和 Grafana 等工具结合使用，用户可以创建灵活的查询和仪表盘，以及设置警报规则，从而更好地监控进程的状态和性能。

接下来就在需要监控的机器上部署 process-exporter。同样使用 ansible 部署 process-exporter，执行如下命令：

```
ansible-playbook -i host_file  service_deploy.yaml  -e "tgz=process-exporter-0.7.5.linux-amd64.tar.gz" -e "app=process-exporter"
```

接着准备配置文件 process-exporter.yaml，并指定采集进程的方式。配置文件如下：

```
cat <<EOF >/opt/app/process-exporter/process-exporter.yaml
process_names:
  - name: "{{.Comm}}"
    cmdline:
    - '.+'
EOF
```

“+'” 即采集所有进程。如果只想采集某个进程，可以使用如下配置：

```
 process_names:
- name: "{{.Comm}}"
  cmdline:
  - 'nginx'
```

将 process-exporter 采集加入 Prometheus 配置中，如下：

```
  - job_name: process-exporter
honor_timestamps: true
scrape_interval: 15s
scrape_timeout: 10s
#metrics_path: /metrics
#scheme: http
static_configs:
- targets:
   - 192.168.11.199:9256
   - 192.168.11.198:9256
```

重启 Prometheus 服务，然后在 Prometheus 的 Web 管理页面查看 Targets 页面，可以看到 process-exporter 已经加入 Prometheus 的抓取列表中了。process-exporter 默认在端口 9256 下提供 http 服务供 prometheus 采集，因此可以直接尝试查看状态，命令如下：

```
   $ curl http://localhost:9256/metrics | grep namedprocess_namegroup_states
  % Total    % Received % Xferd  Average Speed   Time    Time     Time  Current
                                 Dload  Upload   Total   Spent    Left  Speed
100 14991    0 14991    0     0   770k      0 --:--:-- --:--:-- --:--:--  813k
namedprocess_namegroup_states{groupname="map[:mysql]",state="Other"} 0
namedprocess_namegroup_states{groupname="map[:mysql]",state="Running"} 0
namedprocess_namegroup_states{groupname="map[:mysql]",state="Sleeping"} 29
namedprocess_namegroup_states{groupname="map[:mysql]",state="Waiting"} 0
namedprocess_namegroup_states{groupname="map[:mysql]",state="Zombie"} 0
namedprocess_namegroup_states{groupname="map[:nginx]",state="Other"} 0
namedprocess_namegroup_states{groupname="map[:nginx]",state="Running"} 0
namedprocess_namegroup_states{groupname="map[:nginx]",state="Sleeping"} 2
namedprocess_namegroup_states{groupname="map[:nginx]",state="Waiting"} 0
namedprocess_namegroup_states{groupname="map[:nginx]",state="Zombie"} 0
```

从上述代码中也能看出来，process-exporter 会给出用户设置要观察的进程关键词搜索到的在不同状态下的所有进程的数量，比如这里有两个进程均在 state=Sleeping 状态下才有数值，说明都处于睡眠状态下，在等待唤醒，是正常的。接着在 Grafana 上导入 process-exporter dashboard，选择模板为：https://grafana.com/grafana/dashboards/4202，另一个常用的模板为 https://grafana.com/grafana/dashboards/10317。导入完成后，看到的界面如图 9-16 所示。

图 9-16

为了能够显示监控主机的实例信息，通过下面的命令在页面中进行变量替换。

```
label_values(namedprocess_namegroup_num_procs, instance)
label_values(namedprocess_namegroup_cpu_seconds_total{instance=~"$host"},groupname)
```

通过如上的变量替换，可以在页面中选择需要监控的主机，然后选择需要监控的进程即可。

# 9.4 使用 MySQL 更换默认的 SQLite3 数据库

如果想要部署一个高可用版本的 Grafana，仅使用 Grafana 默认的 SQLite 数据库是办不到的，需要切换到 MySQL 或者 PostgreSQL，用户可以在 Grafana 配置的 [database] 部分找到数据库的相关配置，Grafana 会将所有长期数据保存在数据库中，然后部署多个 Grafana 实例，使用同一个数据库即可实现高可用。

要将 Grafana 默认的 SQLite3 替换为 MySQL，首先是在 MySQL 中创建数据库 grafana，然后修改 grafana 配置文件，将数据库配置修改如下：

```
CREATE DATABASE IF NOT EXISTS grafana DEFAULT CHARSET utf8 COLLATE utf8_general_ci;
```

修改配置文件 grafana.ini，填写 mysql 路径等，具体操作如下：

```
$ vim /etc/grafana/grafana.ini

# 默认的 SQLite3 配置
[database]
#使用 sqlite3 数据库
url = sqlite3:///var/lib/grafana/grafana.db

#修改为 MySQL 配置
```

```
[database]
#使用 MySQL 数据库
url = mysql://user:password@localhost:3306/grafana

$ systemctl restart grafana-server
```

在上述代码中，将 user 和 password 替换为 MySQL 数据库的用户名和密码，localhost 替换为 MySQL 服务器的地址，3306 替换为 MySQL 服务器的端口号，grafana 替换为之前创建的数据库名。

重启之后，打开 Grafana 的 Web 界面，验证数据库是否成功替换为 MySQL 数据库。可以通过访问 http://192.168.11.198:3000 来打开 Grafana 界面。

通过以上步骤，已经成功将 Grafana 默认的 SQLite3 数据库替换为 MySQL 数据库，从而获得更强大和可扩展的数据库管理能力，以支持更大规模的数据存储和查询。

## 9.5 自定义监视面板

根据本章中前面所讲的方法，我们基本上可以把监控图表绘制出来，但是有的场景下，可能需要更多的定制功能。比如想要自定义一些指标，或者做一些定制让自己的图表看起来更加友好。

由顶部 Manage dashboard→Settings 进入管理页面，可以看到 Hide Controls 选项，勾选后可以隐藏页面顶部的时间选择器和模板变量选择器，这样可以腾出更多的空间显示图表。如果要在新仪表板中添加面板，则需要在仪表盘中部单击“+ 添加可视化”按钮；将面板添加到现有仪表板中，在仪表板标题中选择“添加”（Add）→“可视化”（Visualization）命令，如图 9-17 所示。

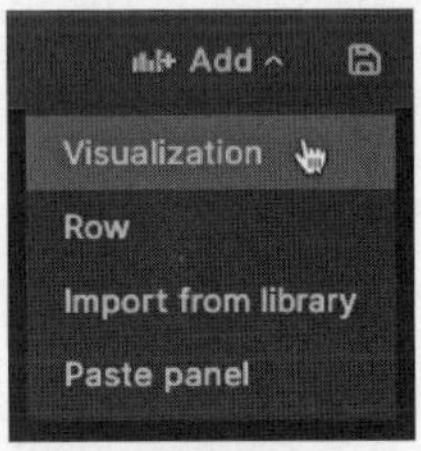


图 9-17

为编辑特定面板，单击面板标题并选择“Edit”命令。在面板的编辑页面，可以通过“Metrics”选项卡下的“Metric lookup”选择或搜索相应的指标，如 go_goroutines，如图 9-18 所示。

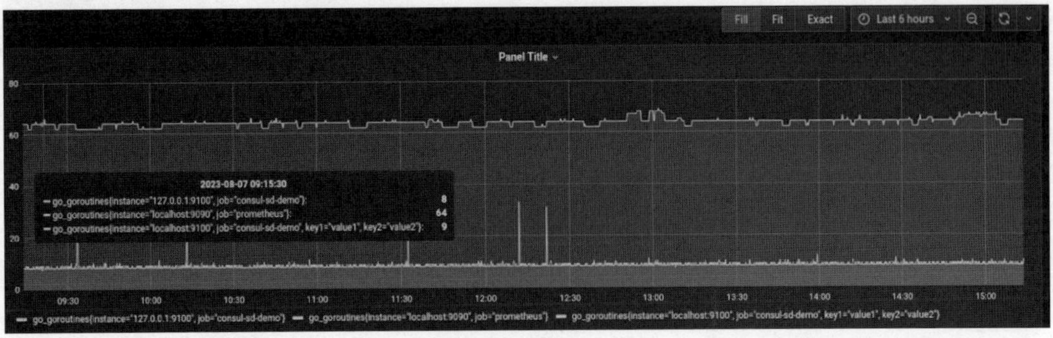


图 9-18

除此之外，也可以直接在管理界面中填写 Prometheus 的查询语句，以及修改查询的 step 数值。当修改了 Dashboard 后，记得单击顶部的 Save Dashboard 按钮保存。至此，自定义的 Panel 已添加完成。可以通过 Annotation 添加图表的描述信息，以及图表的标题和描述信息，如图 9-19 所示。

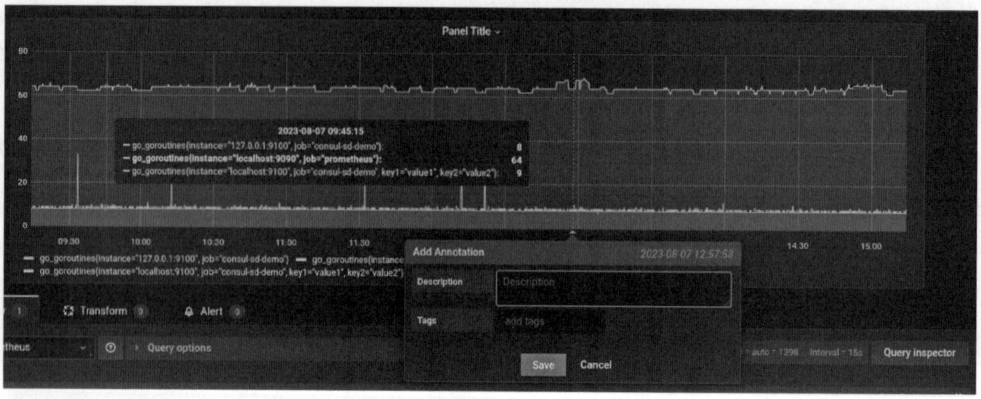


图 9-19

## 9.6 Grafana 数据可视化

在 Grafana 中，面板是基本的可视化构建块。每个面板都有一个与其选择的数据源相关的查询编辑器。查询编辑器会构建一个查询，返回想要可视化的数据。每个面板都有各种各样的样式和格式选项。用户可以拖动、放置和调整面板的大小，以在仪表板上重新排列它们。下面介绍 Grafana 的数据可视化相关的数据查询和转换，以及 Graph、Headmap 等面板。

### 9.6.1 查询和转换数据

Grafana 支持多种类型的数据源，Grafana 可以对查询返回的数据进行转换和可视化。每个数据源都使用自己的查询语言，而数据源插件都实现了一个称为查询编辑器的查询构建用户界面。

#### 1．查询

Grafana 的面板通过查询与数据源进行交互，以获取用于可视化的数据。这些查询是根据数据源特定的查询语言编写的，它们是数据可视化的基础。在 Grafana 中，可以针对不同的面板设置不同的查询，以获取特定的监控数据和指标。

Grafana 支持多种类型的数据源，每种数据源使用自己的查询语言。例如，使用 Prometheus 作为数据源时，查询是用 PromQL 编写的，而使用 MySQL 时，则用 SQL 编写查询。这种灵活性使得 Grafana 可以适应不同的监控需求和数据环境。

#### 2．查询编辑器

每个数据源都有一个专门的查询编辑器，提供定制化的用户界面来帮助用户编写有效的查询。查询编辑器的设计和功能根据所选数据源的查询语言而有所不同。例如，Prometheus 数据源的查询编辑器可能提供 PromQL 的自动完成和指标建议，而 MySQL 数据源的查询编辑器则提供了 SQL 查询的可视化构建工具。

查询编辑器通常包括了自动完成、指标名称列表、变量建议等功能，以帮助用户更方便地编写和测试查询。这些特性旨在简化查询构建过程，并确保查询的准确性和效率。根据我们所选的数据源，查询编辑器会提供自动完成、指标名称、变量建议或可视化的查询构建界面，如图 9-20 所示。

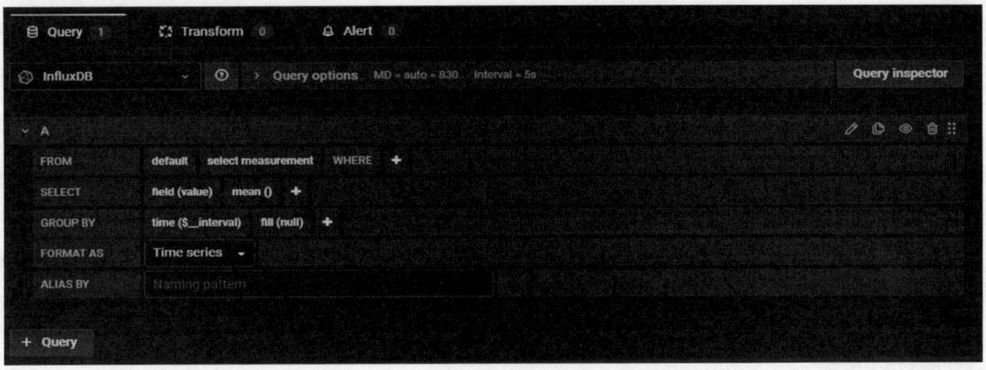


图 9-20

### 3．查询语法

前面讲到，每个数据源使用不同的查询语言来请求数据。有关特定数据源独特查询语言的详细信息，读者可参阅其文档。

例如，数据源 PostgreSQL 的查询语言如下：

```
SELECT hostname FROM host WHERE region IN($region)
```

数据源 Prometheus 的查询语言如下：

```
query_result(max_over_time(<metric>[${__range_s}s]) != <state>)
```

### 4．浏览查询标签

一个面板的查询标签如图 9-21 所示，功能说明见表 9-1。

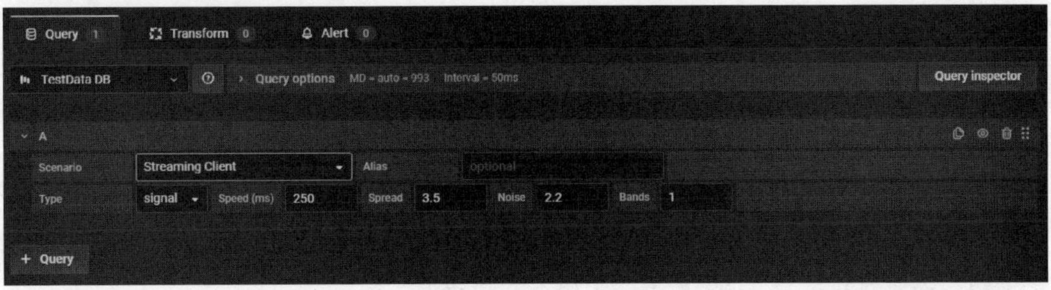


图 9-21

表 9-1 面板的查询标签与说明

| 标签名称 | 说明 |
| --- | --- |
| 数据源选择器 | 选择要查询的数据源 |
| 查询选项 | 设置最大数据检索参数和查询执行时间间隔 |
| 查询检查按钮 | 打开查询检查面板，在这里可以查看和优化查询 |
| 查询编辑器列表 | 列出编写的查询 |
| 表达式 | 使用表达式构建器创建警报表达式 |

#### 5. 添加与管理查询

要在 Grafana 面板中添加查询，首先进入编辑模式。在面板的“查询”（Query）选项卡中，选择数据源并配置查询参数。如果是新建仪表板，Grafana 会提示选择数据源。使用查询编辑器编写查询语句，Grafana 会根据查询从数据源中获取并展示数据。

查询组织：查询被组织在可折叠的行中，每行含一个查询编辑器，并用字母（如 A、B、C）标记，方便识别和管理。

#### 6. 查询选项

在数据源选择器旁单击“查询选项”以查看所选数据源的设置。注意，在此处所做的更改仅会影响此面板中的查询。

Grafana 设置了默认值，显示为深灰色文本。更改时会以白色文本显示。要将字段恢复为默认设置，从字段中删除白色文本即可。面板数据源包括的查询选项如下：

- 最大数据点数：此选项设定返回的每个序列的最大数据点数。如果返回数据超过此数值，数据源将通过平均、最大化等方法聚合数据点。这有助于提高查询性能或使可视化图表更平滑。
- 最小间隔：设定自动计算间隔的下限。这通常是数据采集的最小间隔，用于防止过度精细的数据聚合。
- 间隔：设定聚合或分组数据点的时间跨度。Grafana 会自动计算适当间隔，也可以在模板查询中作为变量使用。间隔用于汇总函数，如 sum 或 average。
- 相对时间：允许为单个面板设置与仪表板时间选择器不同的相对时间范围，可用于在同一仪表板上展示来自不同时间段的指标。
- 时间偏移：将面板的时间范围相对于时间选择器进行偏移，用于展示与仪表板时间选择器不同的时间段的数据。
- 缓存超时：如果数据源支持查询缓存，可覆盖默认缓存超时设置，以秒为单位。

表 9-2 提供了“相对时间”选项的一些常见示例，如“Last 5 minutes”代表过去 5 min 的数据，而“This week so far”表示本周至今的数据。

表 9-2　相对时间示例

| 例子 | 相对时间 | 说明 |
|---|---|---|
| Last 5 minutes | now-5m | 过去 5 min |
| The day so far | now/d | 目前为止 |
| Last 5 days | now-5d/d | 过去 5 天 |
| This week so far | now/w | 本周至今 |
| Last 2 years | now-2y/y | 过去两年 |

## 9.6.2　面板介绍

Grafana 的面板（panel）是实现数据可视化的基础单元。每个面板都具备专门的查询编辑器（query editor），允许用户从特定的数据源中获取和展示数据。面板的强大之处在于其多样性和灵活性，它们可以在仪表板中自由移动、调整大小，并根据用户需求定制样式和格式。

面板类型的多样性是 Grafana 的一大特色，以适应不同的监控和数据可视化需求。Grafana 内置了多种类型的面板，包括但不限于：

- 时间序列（Time Series）：默认且主要的图形可视化类型，用于展示时间随着时间变化的数据；
- 状态时间线（State Timeline）：显示状态随时间的变化；
- 状态历史记录（Status History）：记录和展示状态变化的历史数据；
- 条形图（Bar Chart）：用条形展示数据，适用于比较不同项目的数值；
- 直方图（Histogram）：展示数值分布情况；
- 热力图（Heatmap）：用色彩强度展示数据的分布密度或频率；
- 饼状图（Pie Chart）：以圆形图表展示数据的比例关系；
- 统计数据（Stat）：展示关键的统计数据，如总和、平均值等；
- 仪表（Gauge）和条形仪表（Bar Gauge）：以仪表盘形式显示数据，如进度或完成度；
- 表格（Table）：以表格形式展示详细数据；
- 日志（Logs）：展示日志数据；
- 节点图（Node Graph）：用图形化方式展示节点和关系；
- 仪表板列表（Dashboard List）和报警列表（Alert List）：管理和展示仪表板或报警；
- 文本面板（Text Panel）：支持 Markdown 和 HTML，用于添加描述性文本或指引；
- 新闻面板（News Panel）：显示 RSS 摘要等新闻内容。

除了内置面板，Grafana 还支持通过插件安装更多类型的面板。用户可以访问 Grafana 官网的面板插件页面（Grafana panel plugins）来获取和安装其他面板。

通过灵活运用这些面板，用户可以构建丰富多样的数据可视化仪表板，实现从简单数据展示到复杂分析的多种需求。每个面板的自定义功能和查询编辑器为用户提供了强大的数据处理能力，使其能够适应各种数据源和监控场景。

### 9.6.3 Graph 面板

Graph 面板是最常用的一种可视化面板，其通过折线图或者柱状图显示监控样本随时间变化的趋势。Graph 面板天生适用于 Prometheus 中 Gauge 和 Counter 类型监控指标的数据可视化。例如，当需要查看主机 CPU、内存使用率等指标随时间变化的情况时，可以使用 Graph 面板。同时，Graph 还可以支持多个数据之间的对比。

① 对于连续的、基于时间的数据，如系统性能指标，Graph 面板可以配置为时间序列图。这种类型的图表以时间为轴，清晰地展示了数据随时间的变化情况，如图 9-22 所示。

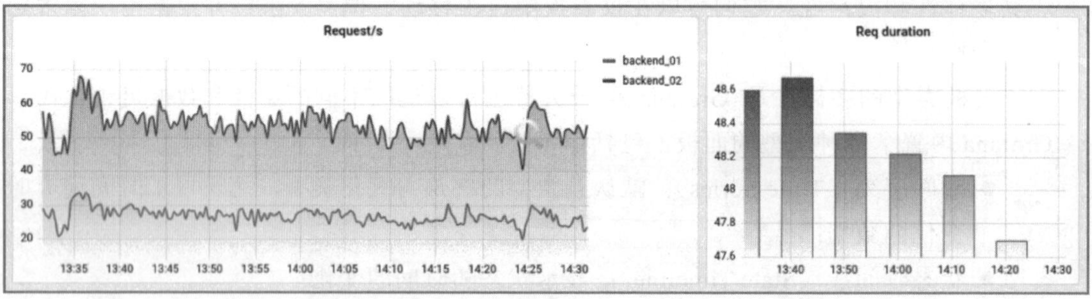


图 9-22

② 对于分类数据，例如不同服务器的平均负载比较，条形图提供了一种直观的可视化方式，便于对比不同类别的数值，如图 9-23 所示。

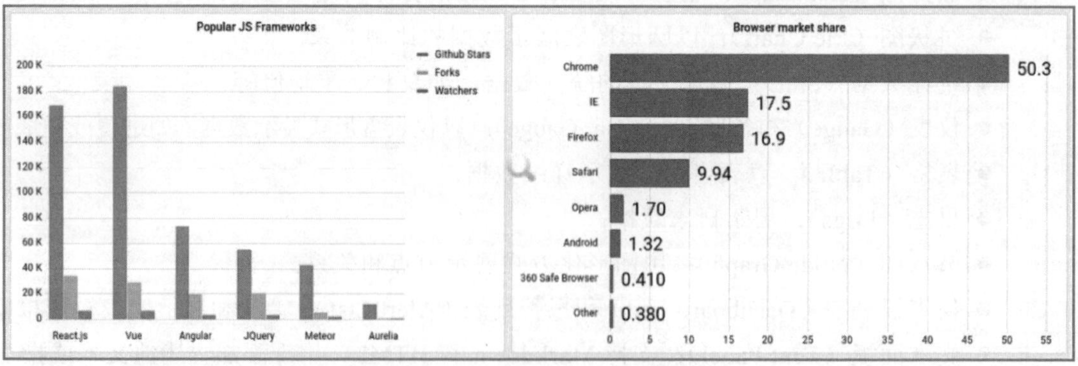


图 9-23

③ 当需要展示与最大值或最小值相关的数据时，仪表盘提供了一种直观的展示方式。例如，可以用来显示 CPU 的当前使用率与其上限值之间的关系，如图 9-24 所示。

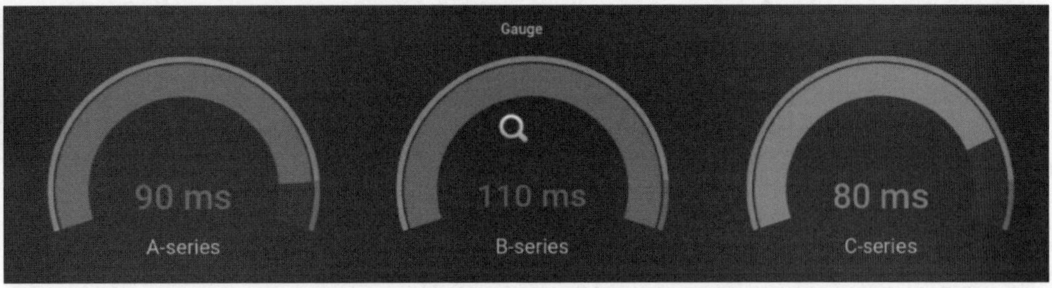


图 9-24

④ 表格面板适用于需要详细列出数据的场景，如显示不同主机的具体性能指标，如图 9-25 所示。

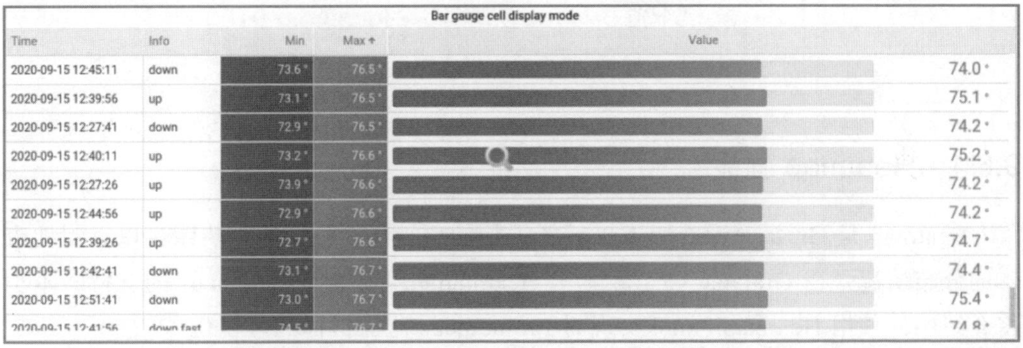

Bar gauge cell display mode

| Time | Info | Min | Max | Value |
|---|---|---|---|---|
| 2020-09-15 12:45:11 | down | 73.6° | 76.5° | 74.0° |
| 2020-09-15 12:39:56 | up | 73.1° | 76.5° | 75.1° |
| 2020-09-15 12:27:41 | down | 72.9° | 76.5° | 74.2° |
| 2020-09-15 12:40:11 | up | 73.2° | 76.6° | 75.2° |
| 2020-09-15 12:27:26 | up | 73.9° | 76.6° | 74.2° |
| 2020-09-15 12:44:56 | up | 72.9° | 76.6° | 74.2° |
| 2020-09-15 12:39:26 | up | 72.7° | 76.6° | 74.7° |
| 2020-09-15 12:42:41 | down | 73.1° | 76.7° | 74.4° |
| 2020-09-15 12:51:41 | down | 73.0° | 76.7° | 75.4° |

图 9-25

⑤ 饼状图适用于展示不同组成部分对总体的贡献比例，例如，不同应用在总流量中所占的比例，如图 9-26 所示。

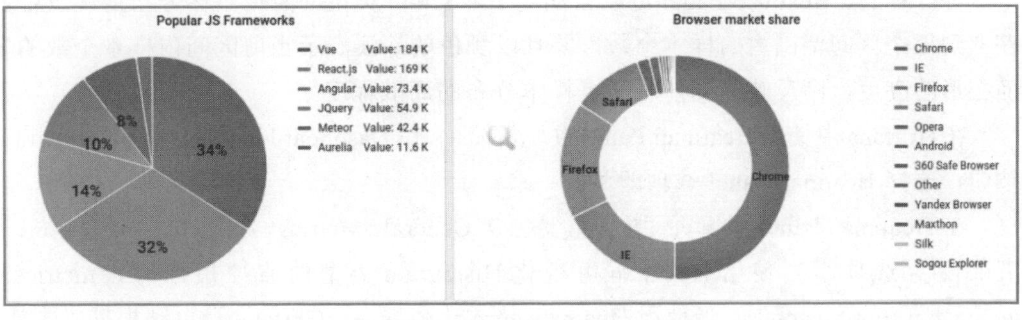


图 9-26

⑥ Stat 面板适用于展示关键的统计信息，如平均负载、最大连接数等。通过设置阈值和颜色，可以对数据进行视觉上的强调，如图 9-27 所示。

以主机内存使用率为例，在 Graph 面板中，可以使用以下 PromQL 查询从 Prometheus 获取数据：

```
node_memory_MemAvailable_bytes{instance=~"$node"}
```

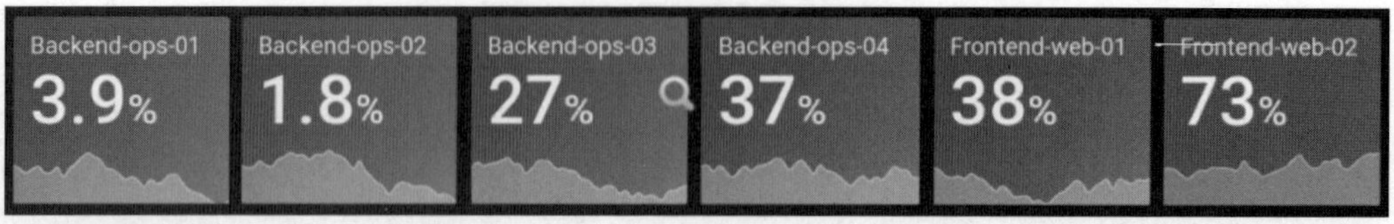


图 9-27

该查询将返回与所选节点相关的内存可用字节数的时间序列。Graph 面板会根据时间序列数据绘制出折线图。为了提高图表的可读性，可以在 Legend format 中设置图例名称格式，如设置为{{instance}}，这样每条线将以其实例名称作为标识，如图 9-28 所示。通过这种方式，我们可以清楚地看到每个监控节点的内存使用趋势。

图 9-28

### 9.6.4 Heatmap 面板

Heatmap 是 Grafana v4.3 版本以后新添加的可视化面板，通过热图可以直观地查看样本的分布情况。在 Grafana v5.1 版本中 Heatmap 完善了对 Prometheus 的支持。本小节中将介绍如何使用 Heatmap Panel 实现对 Prometheus 监控指标的可视化。

在上一小节中，我们尝试了使用 Graph 面板来可视化 Histogram 类型的监控指标。虽然能展示各个 Bucket 区间内的样本分布，但是无论是以线图还是柱状图展示，都不够直观。对于 Histogram 类型的监控指标来说，更好的选择是采用 Heatmap Panel，如图 9-29 所示。

可以看到，Heatmap Panel 可以自动对 Histogram 类型的监控指标分布情况进行计划，获取到每个区间范围内的样本个数，并且以颜色的深浅表示当前区间内样本个数的大小。而图形的高度，则反映出当前时间点样本分布的离散程度。

在 Grafana 中使用 Heatmap Panel 也非常简单，在 Dashboard 页面右上角单击 Add Panel 按钮，选择 Heatmap Panel 选项即可。

在 Heapmap Panel 编辑页面中，主要包含 General、Metrics、Axes、Display、Time range 五类配置选项。当使用 Heatmap 可视化 Histogram 类型的监控指标时，metrics 设为 go_gc_duration_seconds。当使用 Heatmap 格式化数据后，Grafana 会自动根据样本计算各个 Bucket 桶内的分布，并且按照 Bucket 对数据进行重新排序。Legend format 模板将控制 *y* 轴中的显示内容，如图 9-30 所示。

Heatmap 面板通过对 PromQL 查询结果的处理，可以直观地显示数据分布。为了有效利用 Prometheus 中 Histogram 类型指标自带的 Bucket 信息，可以在 Grafana 的面板设置中进行一些特定的配置。这样，Heatmap 面板将直接利用这些 Bucket 数据，而不需要自己计算数据分布。

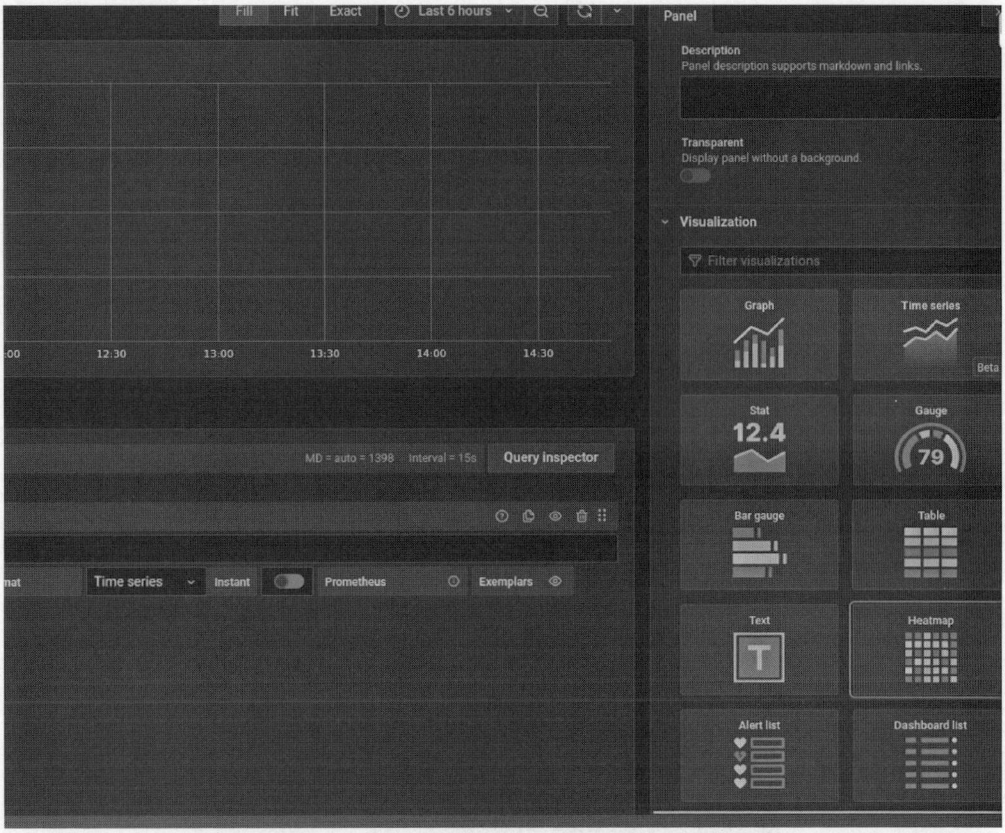


图 9-29

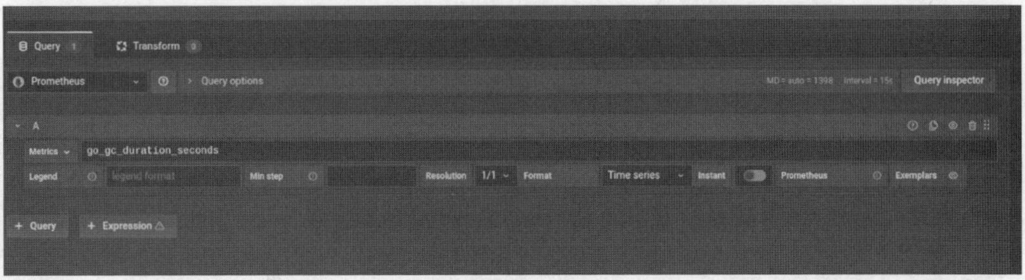


图 9-30

在配置 Heatmap 时，需要访问面板的 Axes（轴）设置，这里可以调整图表的 $X$ 轴和 $Y$ 轴。为了确保 Heatmap 面板正确地解释 Prometheus 返回的 Bucket 数据，应当进行图 9-31 所示的配置。

正确配置 Axes 选项后，Heatmap 面板将能够自动接收并展示 PromQL 查询返回的 Bucket 数据，无须进行额外的数据处理。这样，每个桶内的样本数量将被直观地以颜色的深浅来表示，通常桶内样本越多，颜色越深，如图 9-32 所示。

Panel
Axes
Y Axis
Unit
short
Scale
linear
Y-Min
auto
Y-Max
auto
Decimals
auto
Buckets
Y Axis
Buckets
auto
Size
auto
X Axis
Buckets
auto
Size
auto
Data format
Format
Time series

图 9-31

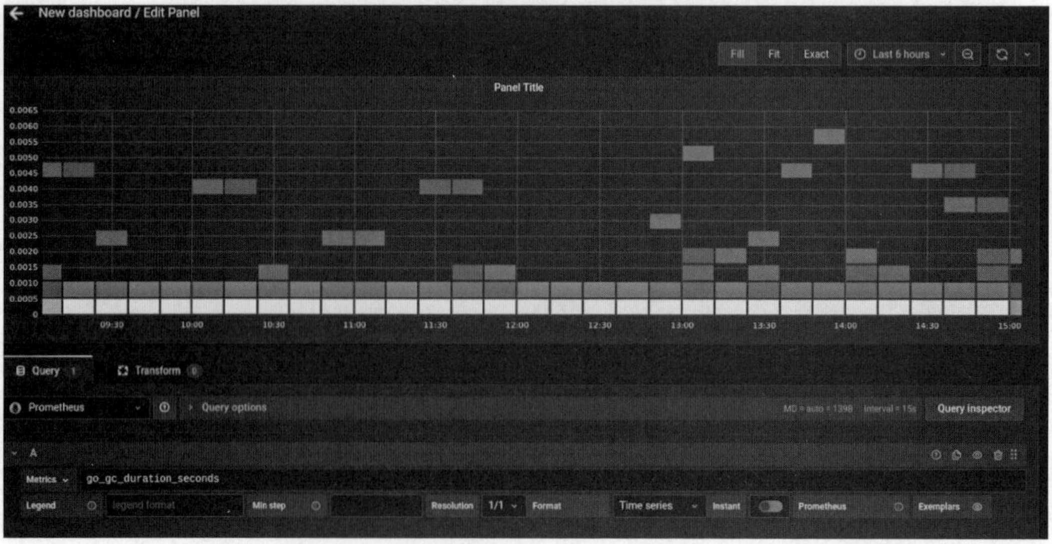
New dashboard / Edit Panel
Fill
Fit
Exact
Last 6 hours
Panel Title
Query
Transform
Prometheus
Query options
Query inspector
A
Metrics
go_gc_duration_seconds
Legend
Min step
Resolution
1/1
Format
Time series
Instant
Prometheus
Exemplars

图 9-32

在实践中，此配置确保了 Heatmap 面板能够充分利用 Prometheus 中现成的 Histogram 数据，从而为用户提供一个清晰、直观的数据分布视图。通过这种方式，用户可以很容易地识别应用中响应时间的分布情况，或是观察请求延迟在不同时间段的变化。

这种配置是理解和利用 Heatmap 面板的关键，特别是当与 Prometheus 这类支持 Histogram 类型指标的数据源集成时。通过正确的设置，Heatmap 不仅提供了丰富的信息展示，还简化了用户配置的复杂性。

## 9.7 Grafana 配置告警

Grafana 除了支持丰富的数据源和图表功能之外，还支持告警功能，该功能也使得 Grafana 从一款数据可视化工具成为一款真正的监控利器。Grafana 可以通过 Alerting 模块的配置对监控数据中的异常信息进行告警，告警的规则可以直接基于现有的数据图表进行配置，在告警时也会把出现异常的图表进行通知，使得告警通知更加友好。

Grafana Alerting 支持多种告警渠道，如钉钉、Discord、Email、Kafka、Pushover、Telegram、Webhook 等，我们这里可以使用钉钉和 Email 进行展示说明。

### 9.7.1 告警原理与规则

图 9-33 展示了 Grafana 告警的工作原理，并展示了一些关键概念，这些概念协同工作并构成了灵活而强大的警报引擎的核心。

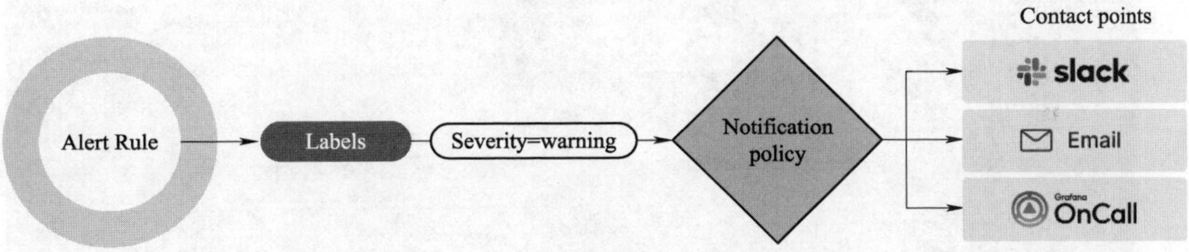


图 9-33

在 Grafana 中，告警系统是一个综合性的框架，旨在提供快速且准确的故障检测和通知。它通过整合和管理所有警报规则，确保了监控范围的全面性。警报规则根据定义的条件和阈值评估数据，一旦条件满足，就会生成一个警报实例，并通过预定的通知策略发送到相应的联络点。这些通知策略可以基于时间、事件或其他标签来定制，提供了灵活的路由选项。在需要时，系统管理员可以利用告警抑制功能暂停特定的通知，避免在维护或已知问题处理期间收到不必要的警报。在通知渠道的左侧是一个 Alert Rules 告警规则的选项卡，如图 9-34 所示，单击页面右侧的 How to add an alert 按钮，弹出 Adding an Alert 对话框，提示如何创建一个告警。

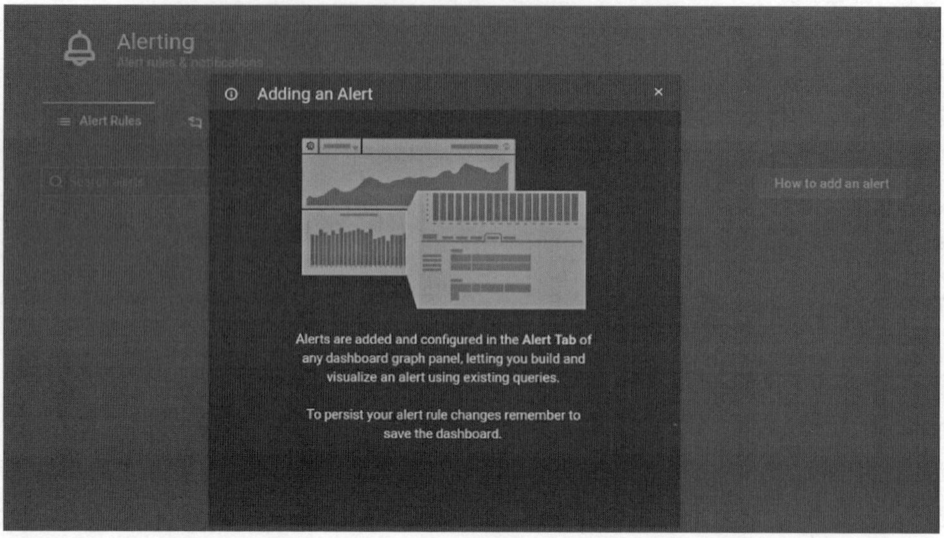


图 9-34

在创建警报规则时，用户将进入面板编辑界面，在这里可以选择 Alert 选项卡配置具体的警报条件，如图 9-35 所示。这个过程包括选择要监控的指标、设置条件阈值以及定义警报触发的参数。用户可以自定义警报的名称，设置评估频率，并指定在触发警报之前所需的持续时间，从而确保只有持续的条件才会引起警报。

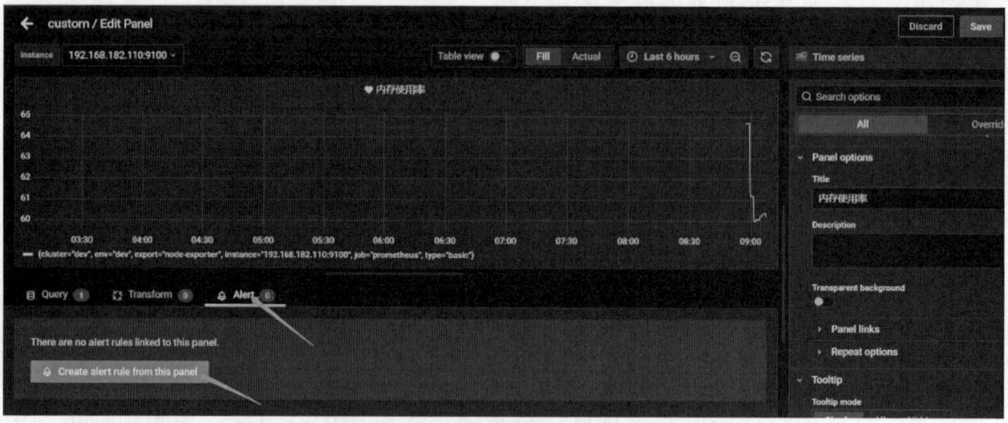


图 9-35

单击“Create Alert…”按钮创建告警规则，如图 9-36 所示。

在设置 Grafana 的告警规则时，首先需要为告警规则命名，该名称将出现在告警规则列表中以方便识别。例如，Evaluate every 1m 表示每分钟评估一次告警条件，如果告警条件在 Pending Duration 设定的 1 min 内持续满足，那么告警就会被触发。

接下来配置具体的告警条件。可以通过 WHEN 区域的下拉列表选择不同的计算方法。此处选择 avg()，代表计算平均值。在 OF 区域选择之前创建的特定查询语句，如 query(A,

5m, now)表示监控在过去 5 min 内查询 A 的平均值。如果这个平均值超过了设置的阈值，如 IS ABOVE 10，则满足告警条件。

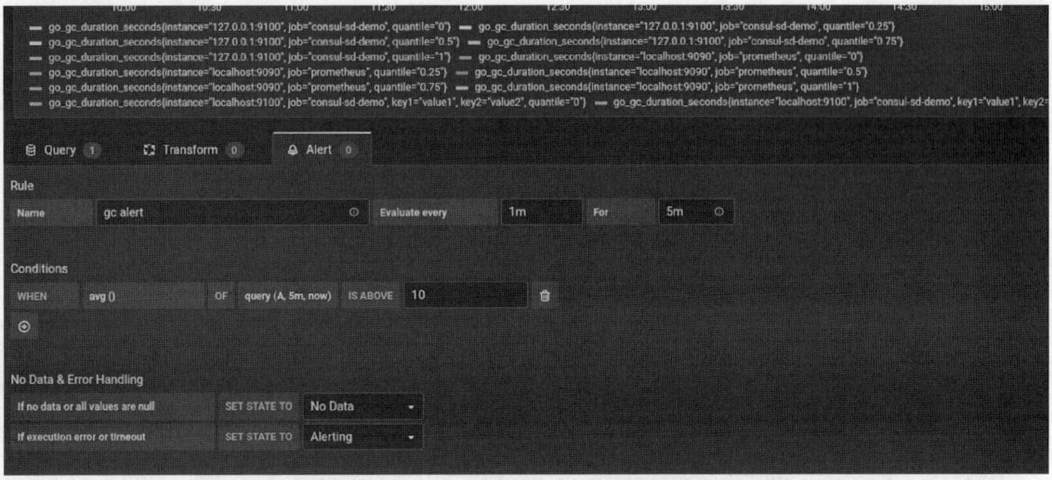


图 9-36

最后，可以在页面下方设置告警通知渠道。可以选择通过电子邮件、Slack、Webhook 等方式发送通知，具体取决于预先配置的通知渠道。可以自定义通知消息内容，如 gc alert，表示告警触发时将发送的消息内容，如图 9-37 所示。

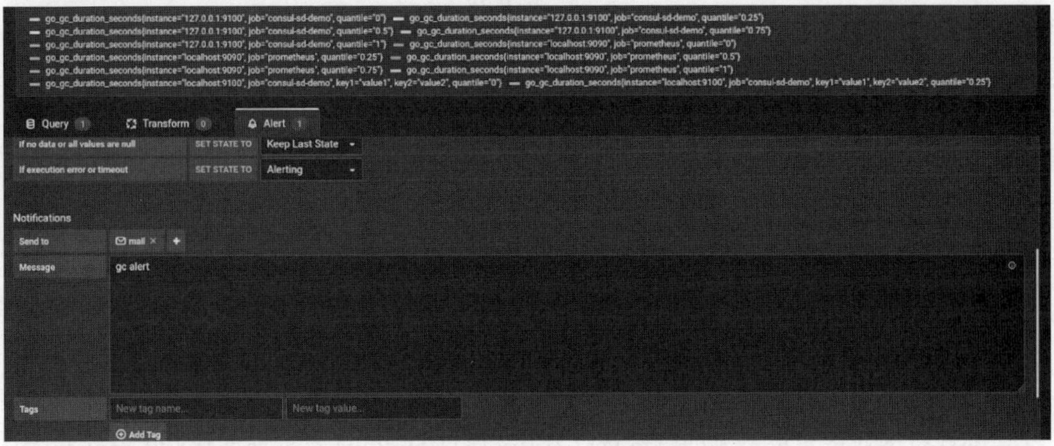


图 9-37

图 9-37 展示了 Grafana 的警报设置界面，特别是警报规则的配置部分。在该界面中包含以下几个关键部分：

- Query：这部分包含了一个或多个用于确定何时触发警报的查询。查询可能会根据特定的指标或条件进行设置。该例中可以看到多个查询，如 go_gc_duration_ seconds，它们针对不同的 quantile 标签有不同的查询条件；

- Transform：这部分可能用于转换或处理查询结果数据，但本例中未显示具体的转换设置；
- Alert：在这部分，用户可以设置警报的参数，包括警报名称、评估频率（Evaluate every）、条件满足后多久触发警报（For）以及当执行错误或超时时的状态设定；
- Notifications：在这一部分，用户可设置警报通知的细节，如发送通知的方式、消息内容，以及可选的标签或附加信息。

图 9-38 展示了 Grafana 的 Alerting 界面，其中列出了所有配置的警报规则以及它们当前的状态。

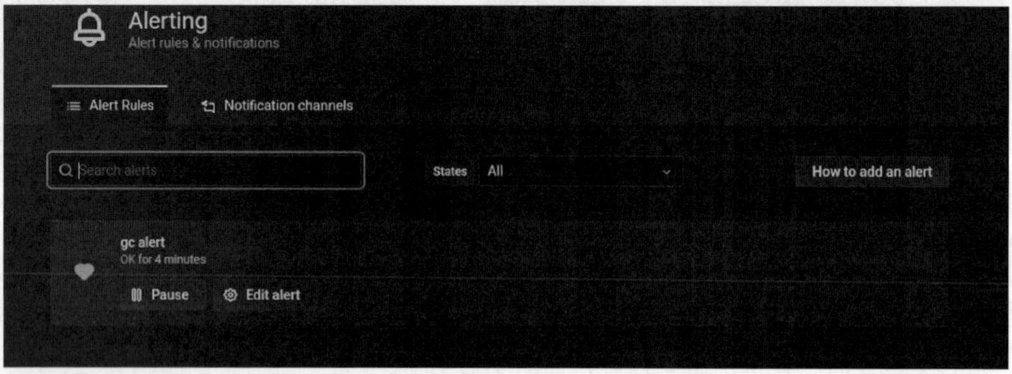


图 9-38

图 9-38 中各选项的含义如下：

- 搜索栏：允许用户按名称或状态过滤警报；
- 警报状态：显示每个警报的当前状态，如 OK 表示没有触发警报、Pending 表示警报已触发但尚未达到设置的持续时间、Alerting 表示警报已经触发；
- 操作按钮：Pause 按钮允许用户暂停警报，防止其发送通知；Edit alert 按钮允许用户修改警报规则的设置。

## 9.7.2 配置告警通道：邮件告警

邮件告警通常是最常见的告警接收方式，通过 Grafana 告警需要在其配置文件中配置 stmp 服务。具体操作方法是在配置文件 /etc/grafana/grafana.ini 中添加 SMTP/Emailing 配置块并开启 Alerting，代码如下：

```
[smtp]
enabled = true
host = smtp.163.com:465          # mail
user = aohos@163.com
password = <email password>      #授权码
```

```
skip_verify = true
from_address = aohos@163.com

[alerting]
enabled = true
execute_alerts = true
```

配置完成后重新启动 Grafana，接着配置消息模板，其示例代码如下：

```
{{ define "myalert" }}
   [{{.Status}}] {{ .Labels.alertname }}
   Labels:
   {{ range .Labels.SortedPairs }}
      {{ .Name }}: {{ .Value }}
   {{ end }}
   {{ if gt (len .Annotations) 0 }}
   Annotations:
   {{ range .Annotations.SortedPairs }}
      {{ .Name }}: {{ .Value }}
   {{ end }}
   {{ end }}
   {{ if gt (len .SilenceURL ) 0 }}
      Silence alert: {{ .SilenceURL }}
   {{ end }}
   {{ if gt (len .DashboardURL ) 0 }}
      Go to dashboard: {{ .DashboardURL }}
   {{ end }}
{{ end }}

{{ define "mymessage" }}
   {{ if gt (len .Alerts.Firing) 0 }}
      {{ len .Alerts.Firing }} firing:
      {{ range .Alerts.Firing }} {{ template "myalert" .}} {{ end }}
   {{ end }}
   {{ if gt (len .Alerts.Resolved) 0 }}
      {{ len .Alerts.Resolved }} resolved:
      {{ range .Alerts.Resolved }} {{ template "myalert" .}} {{ end }}
   {{ end }}
{{ end }}
```

然后回到 Grafana 页面中，单击 Notification channels 按钮，开始添加消息通知渠道，如图 9-39 所示。

接下来，单击 Add channel 按钮新建一个通知渠道，这里选择渠道类型为 Email，添加接收通知的邮件地址，此外还可以对通知进行简单的配置，用户可以在这里配置如何在警报触发时发送通知，如图 9-40 所示。

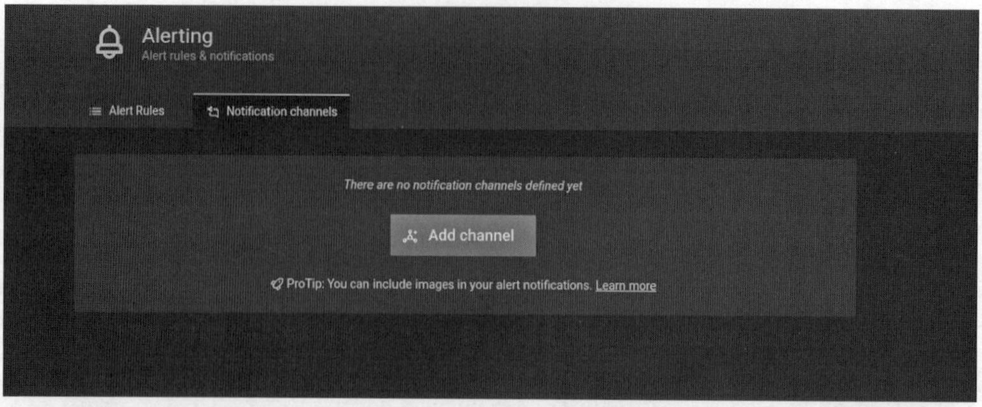
Alerting
Alert rules & notifications
Alert Rules
Notification channels
There are no notification channels defined yet
Add channel
ProTip: You can include images in your alert notifications. Learn more

图 9-39

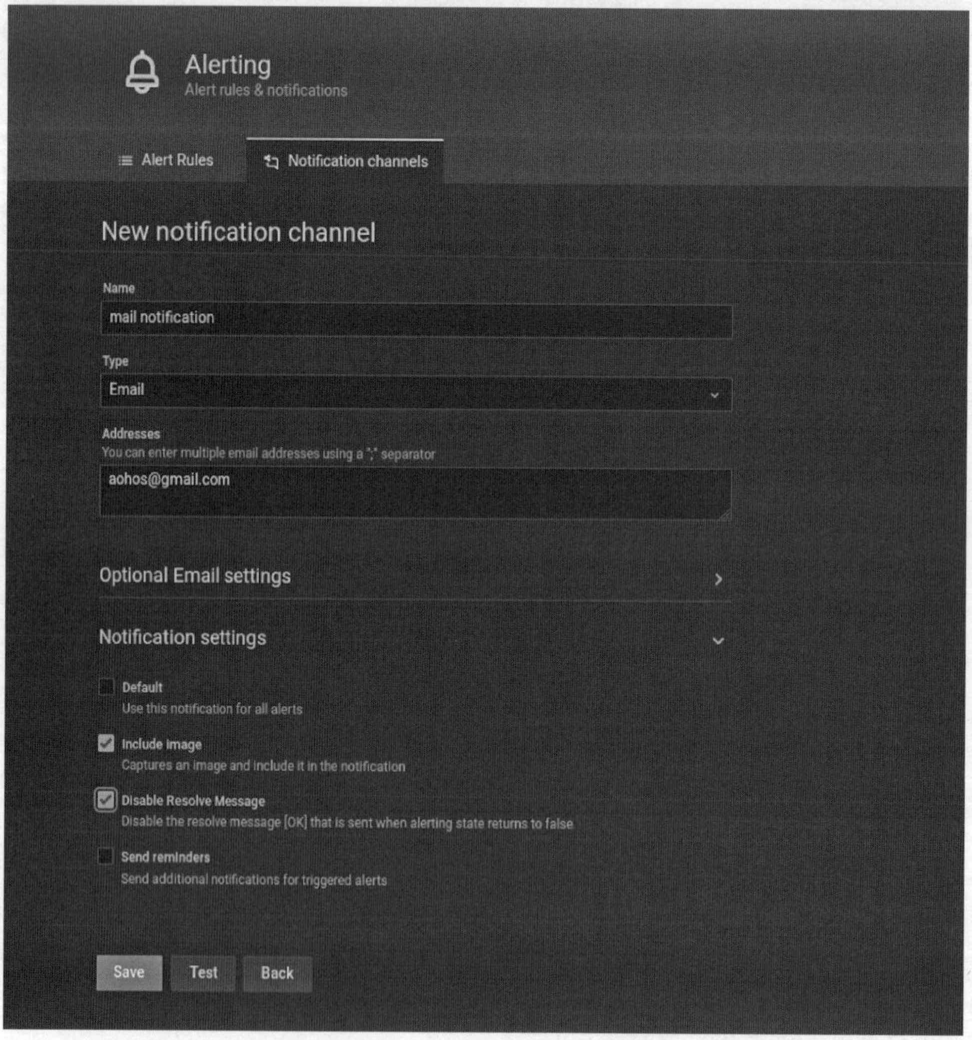
Alerting
Alert rules & notifications
Alert Rules
Notification channels
New notification channel
Name
mail notification
Type
Email
Addresses
You can enter multiple email addresses using a ";" separator
aohos@gmail.com
Optional Email settings
Notification settings
Default
Use this notification for all alerts
Include image
Captures an image and include it in the notification
Disable Resolve Message
Disable the resolve message [OK] that is sent when alerting state returns to false
Send reminders
Send additional notifications for triggered alerts
Save
Test
Back

图 9-40

配置完成后，单击下方的 Test 按钮测试是否可以正常发送邮件，如果出现 Test notification sent 的提示说明发送成功，正常也可以收到一封告警通知邮件。测试成功后单击 Save 按钮，保存通知渠道。

其他渠道还有钉钉、企业微信、Slack 等，这里就不一一演示了，读者可以根据自己的需求参照官网进行配置。

## —— 小　结 ——

Grafana 是一款功能强大的开源可视化监控分析平台，可以连接多种时序数据库，实现对监控数据的查询、可视化和告警。本章详细介绍了 Grafana 的核心概念、安装部署、界面操作、Prometheus 集成、自定义监控面板、告警规则配置等内容，并演示了如何构建 Node Exporter 和 MySQL Exporter 的监控大盘，以及如何配置邮件告警通道，实现对系统和应用的监控管理。通过 Grafana 可以方便地收集、分析和可视化监控数据，构建自动化的监控系统。

# 第 10 章　Pushgateway 应用实践与高可用

通过前面章节的学习，我们知道 Prometheus 通常采用 Pull 模式。但是某些网络场景下（如不在一个子网或者防火墙下），Prometheus 无法直接拉取监控指标数据，这时就需要一种能够主动 Push 的模式。Pushgateway 就是 Prometheus 生态中用来解决这个问题的工具组件。本章具体介绍 Pushgateway 与 Prometheus 的集成，以及实现高可用的 Pushgateway 集群。

## 10.1　Pushgateway 概述

Prometheus Server 默认通过 Exporter 主动获取数据（默认采取 Pull 拉取数据），Pushgateway 则是通过 Exporter 方式主动推送数据到 Pushgateway，再由 Prometheus 主动拉取 Pushgateway 数据，用户可以写一些自定义的监控脚本把需要监控的数据发送给 Pushgateway。从 Prometheus Server 角度看，都是由其主动拉取各个数据源（如 Exporter 和 Pushgateway）的数据。

Pushgateway 的存在是为了允许临时和批处理作业向 Prometheus 暴露其指标。由于这些类型的任务可能存在的时间不够长而无法被抓取，因此它们可以将指标推送到 Pushgateway，然后 Pushgateway 将这些指标暴露给 Prometheus。不过有一点需要注意，Pushgateway 并不是将指标主动推送给 Prometheus，而是脚本将指标数据主动推送给 Pushgateway 后，Prometheus 仍然通过 Pull 模式抓取指标，如图 10-1 所示。

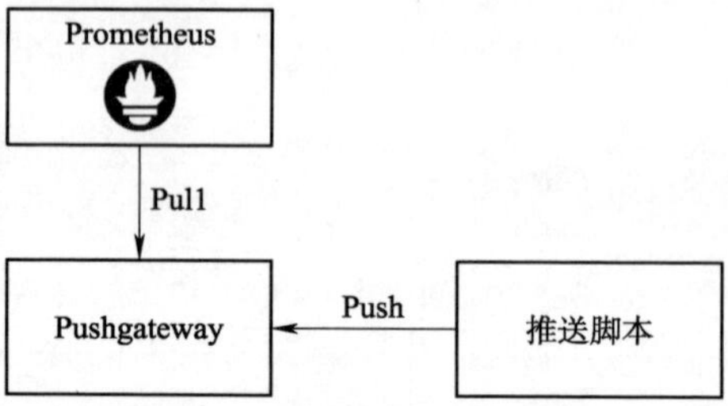


图 10-1

### 10.1.1　是否必须使用推送网关

Prometheus 官方只建议在有限的场景下使用推送网关。如果在通用指标收集中盲目地使用推送网关而不使用 Prometheus 常规的拉取模型，会存在如下一些风险：

- 不支持带时间戳上报，时间戳会被忽略；
- 单个推送网关监控多个实例时，它容易成为单点故障和性能瓶颈；
- 无法利用 Prometheus 的 up 指标自动监控实例健康状态；
- 推送的指标需要手动删除，生命周期管理复杂，除非通过 Pushgateway 的 API 手动删除了这些指标，否则它们将永远暴露给 Prometheus，不同实例的指标混合在一起，难以追踪实例变更。

推送网关最适合的场景是捕获服务级批处理作业的结果。这类作业与特定实例无关，也不需要包含实例标签，可以避免上述风险。Pushgateway 具有如下优点：

- Targets 如果不在一个子网或者防火墙，Prometheus 就拉取不到 Targets 数据，所以可以先让各个 Target 向 Pushgateway 推送数据，然后由 Prometheus 到 Pushgateway 中定时 Pull 数据。
- 在监控业务数据时，需要将不同数据汇总，汇总之后的数据可以由 Pushgateway 统一收集，然后由 Prometheus 统一拉取，起到帮助 Prometheus 减压的作用。
- 自定义采集指标简单。

若防火墙阻止指标拉取，可以考虑将 Prometheus 放在防火墙内部。最好的方法是将 Prometheus 与目标放在同一网络内。另外，也可以使用 PushProx 组件穿透防火墙限制。对于机器相关的批处理作业，可以使用 Node Exporter 的 textfile 模块暴露指标，而不需要推送网关。

综上所述，推送网关并不适用于全部场景，需要谨慎使用。在条件允许的情况下，推荐使用 Prometheus 常规的主动拉取模型。如果确有必要使用推送模式，也存在一些替代方案，可以避免推送网关的单点故障风险和指标管理难题。

## 10.1.2 Pushgateway 的集成流程

部署 Pushgateway 组件后，监控源会主动发送监控数据到 Pushgateway，再由 Prometheus 定时获取信息，实现资源的状态监控。Pushgateway 的工作流程如图 10-2 所示。

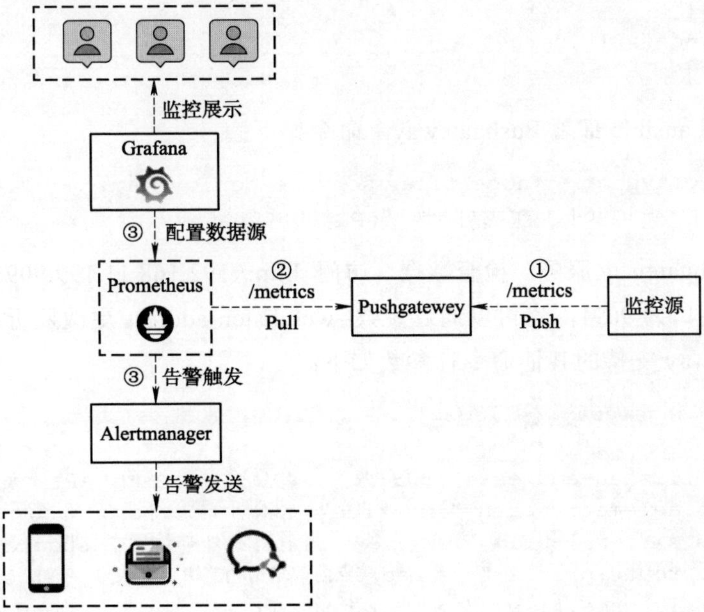


图 10-2

具体来说，Pushgateway 的工作流程包含以下几个步骤：

① 监控源通过 Post 方式发送数据到 Pushgateway，路径为 /metrics；

② Prometheus 服务端设置任务，定时获取 Pushgateway 中的监控指标；

③ Prometheus 获取监控指标后，会根据告警规则进行计算，如果匹配将触发告警到 Alertmanager；同时 Grafana 可配置数据源调用 Prometheus 数据，作为数据展示。

## 10.1.3 Pushgateway 安装使用

首先登录官网下载 Pushgateway 安装包，解压并安装，配置服务启动文件。具体操作步骤如下：

```
wget -O /opt/tgzs/pushgateway-1.4.0.linux-amd64.tar.gz wget
https://github.com/prometheus/pushgateway/releases/download/v1.4.0/pushgateway-
1.4.0.linux-amd64.tar.gz
cat <<EOF >/opt/tgzs/pushgateway.service
[Unit]
Description=pushgateway server
Wants=network-online.target
After=network-online.target

[Service]
ExecStart=/opt/app/pushgateway/pushgateway
StandardOutput=syslog
StandardError=syslog
SyslogIdentifier=pushgateway
[Install]
WantedBy=default.target
EOF
```

接着使用 ansible 部署 Pushgateway，命令如下：

```
ansible-playbook -i host_file  service_deploy.yaml  -e "tgz=pushgateway-
1.4.0.linux-amd64.tar.gz" -e "app=pushgateway"
```

启动 Pushgateway 服务。检查数据，访问 http://192.168.11.199:9091/，界面如图 10-3 所示。默认端口为 9091，也可以通过参数--web.listen-address 更改监听端口。

pushgateway 支持的其他命令行参数如下：

```
usage: pushgateway [<flags>]
Flags:
    --web.listen-address=":9091"     # 监听 Web 界面、API 和遥测的地址
    --web.telemetry-path="/metrics"  # 公开 metrics 的路径
    --web.external-url=              # 可从外部访问 Pushgateway 的 URL
    --web.route-prefix="" # Web 端点内部路由的前缀，默认为--web.external-url 的路径
    --persistence.file="" # 归档以保留 metrics，如果为空，则 metrics 仅保留在内存中
    --persistence.interval=5m        # 写入持久性文件的最小间隔
```

```
    --log.level="info"     # 仅记录具有给定严重性或更高严重性的消息。有效级别：
[debug, info, warn, error, fatal]
    --log.format="logger:stderr"    # 设置日志目标和格式。示例："logger:
syslog? appname = bob&local = 7"或"logger: stdout? json = true"
    --version                       # 显示应用程序版本
```

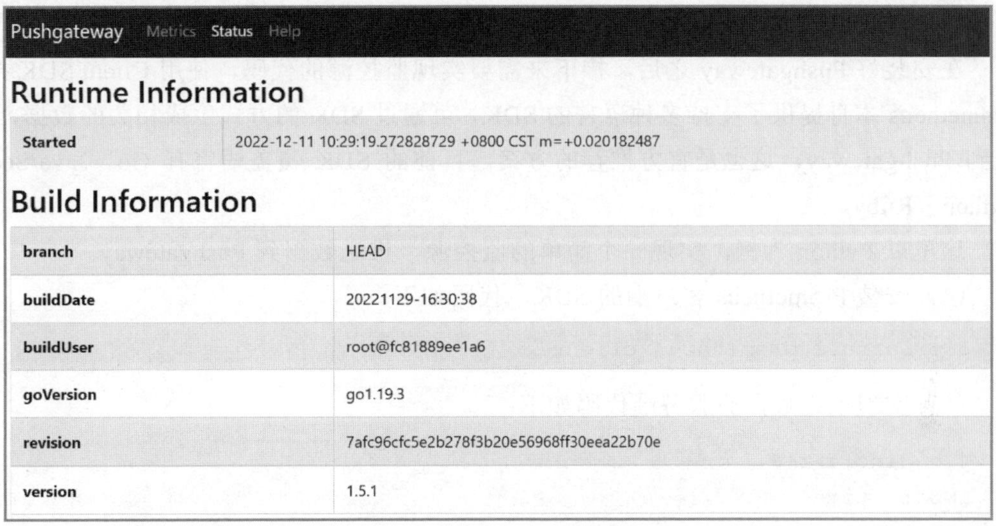


图 10-3

## 10.1.4 配置 Prometheus 采集 Pushgateway 数据

Pushgateway 只是指标的临时存放点，最终需要通过 Prometheus 将指标存放到时间序列数据库中。对此，需要在 Prometheus 中创建一个 job，以便于将 Pushgateway 加入 Prometheus 采集 job 中，增加配置如下：

```
  - job_name: 'pushgateway'
    honor_timestamps: true
    scrape_interval: 15s
    scrape_timeout: 10s
    metrics_path: /metrics
    scheme: http
    static_configs:
    - targets:
      - 192.168.11.198:9091
      - 192.168.11.199:9091
```

在上述代码中，增加了一个名称为 pushgateway 的 job，采集间隔为 15 s，采集超时时间为 10 s，采集路径为/metrics，采集协议为 http，采集目标为 192.168.11.198:9091 和 192.168.11.199:9091 两个 Pushgateway 实例。

### 10.1.5 监控端向 Pushgateway 推送数据

为了将监控数据推送到 Pushgateway，Prometheus 提供了两种推送机制：使用 Prometheus Client SDK 或直接通过 API 推送。接下来详细探讨这两种方法的实现过程。

#### 1. Prometheus Client SDK 推送

在安装好 Pushgateway 之后，接下来需要实现监控源的代码，使用 Client SDK 推送。Prometheus 本身提供了支持多种语言的 SDK，可通过 SDK 的方式生成相关的数据，并推送到 Pushgateway，这也是官方推荐的方案。目前的 SDK 覆盖语言有 Go、Java/Scala、Python、Ruby。

这里以 Python 为例，实现一个简单的监控源，推送数据到 Pushgateway。

（1）安装 Prometheus 客户端的 SDK，代码如下：

```
pip install prometheus_client
```

（2）实现推送数据的服务端代码如下：

```
# coding:utf-8
import time

from prometheus_client import CollectorRegistry, Gauge, push_to_gateway,
 Counter
import random

# 轮训推送间隔

# 初始化 CollectorRegistry
r1 = CollectorRegistry()
# pushgateway api 地址
push_addr = "192.168.11.198:9091"

# 初始化一个 gauge 对象
# labels 要在设置时指定好
# 指标类型 gauge、counter、histogram、Summary

g1 = Gauge('kubelet_abc', 'Description of gauge', ['k1', 'k2'], registry=r1)
c1 = Counter('apiserver_abcd', 'HTTP Request', ['method', 'endpoint'],
registry=r1)

# 业务埋点
def collect():
    # 设置 gauge
    randvalue = random.randint(1, 100)
```

```
        g1.labels(k1='v1', k2='v2').set(randvalue)
        c1.labels(method='get', endpoint='/login').inc(10)

    if __name__ == '__main__':
        step = 10
        while 1:
            # try:
            collect()
            # 将registry中的数据推送到pushgateway
            # 需要job label
            # 最终调用put或post http://pushgateway_addr/metrics/job/some_job
            # put是匹配所有tag相同替换，post是metric_name相同替换
            #  res= push_to_gateway(push_addr1, job='2020_09_21_asome_job',
registry=r1,handler=custom_handle)
            res = push_to_gateway(push_addr, job='test_job', registry=r1)
            print(res)
            time.sleep(step)
```

如上述代码所示，首先初始化了一个 CollectorRegistry 对象，然后初始化了一个 Gauge 对象，指标名称为 kubelet_abc，指标描述为 Description of gauge，指标标签为 k1 和 k2，指标值为随机数。接下来初始化了一个 Counter 对象，指标名称为 apiserver_abcd，指标描述为 HTTP Request，指标标签为 method 和 endpoint，指标值为 10。最后，通过 push_to_gateway 方法将数据推送到 Pushgateway 上，job 名称为 test_job，registry 为 r1。

（3）启动 Prometheus、Pushgateway 和监控源服务端，查看数据是否采集成功。

（4）在 Grafana 上配置 Pushgateway dashboard，如图 10-4 和图 10-5 所示。相关的 PromQL 表达式如下：

```
test_gauge_01
rate(test_counter_01_total[1m])

histogram_quantile(0.90,sum(rate(test_histo
gram_01_bucket{}[30s])) by (le))
```

在 Grafana 上配置 Pushgateway dashboard，metric 设置为 test_gauge_01，labels 设置为 k1 和 k2，如图 10-6 所示。配置完成后的 pushgateway 打点测试总览如图 10-7 所示，Grafana 仪表板展示了通过 Prometheus Pushgateway 推送数据的可视化。

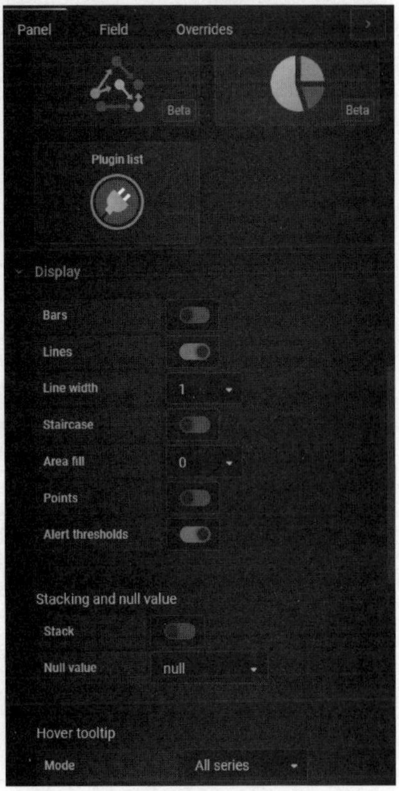


图 10-4

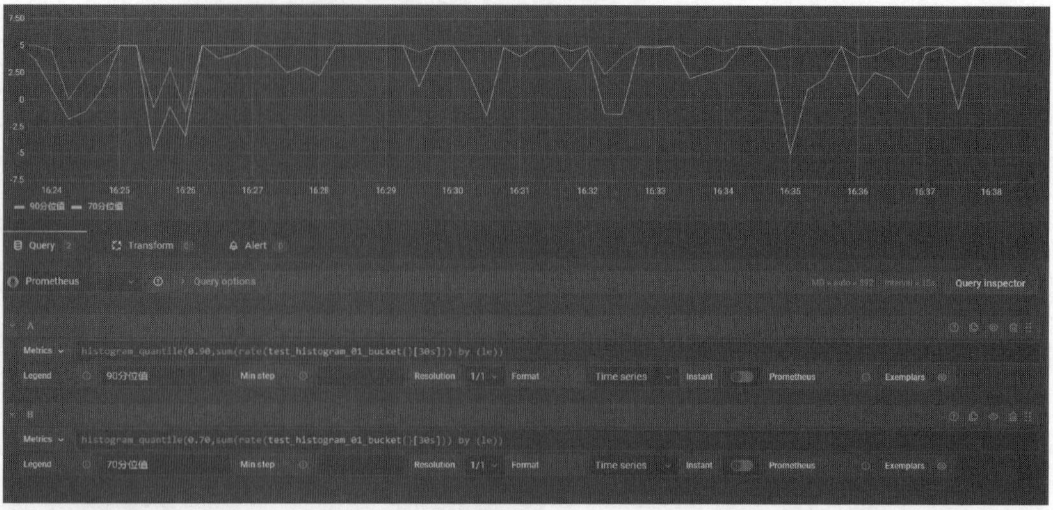


图 10-5

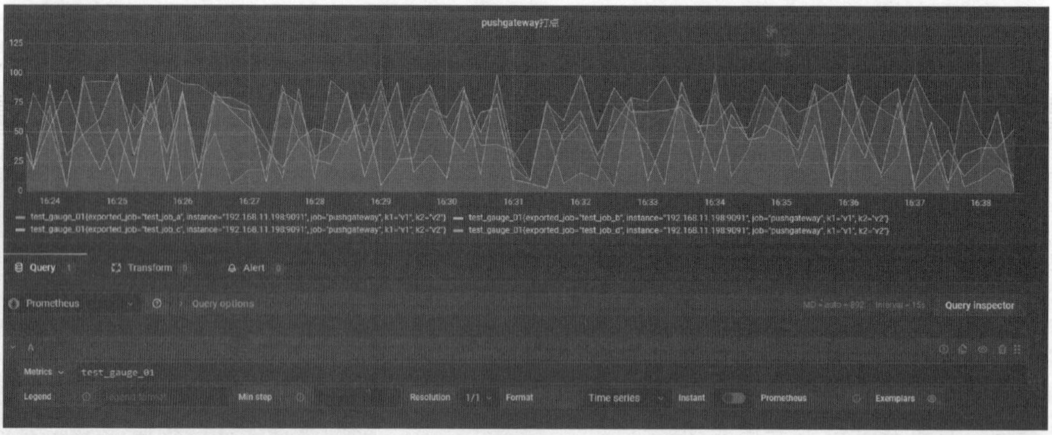


图 10-6

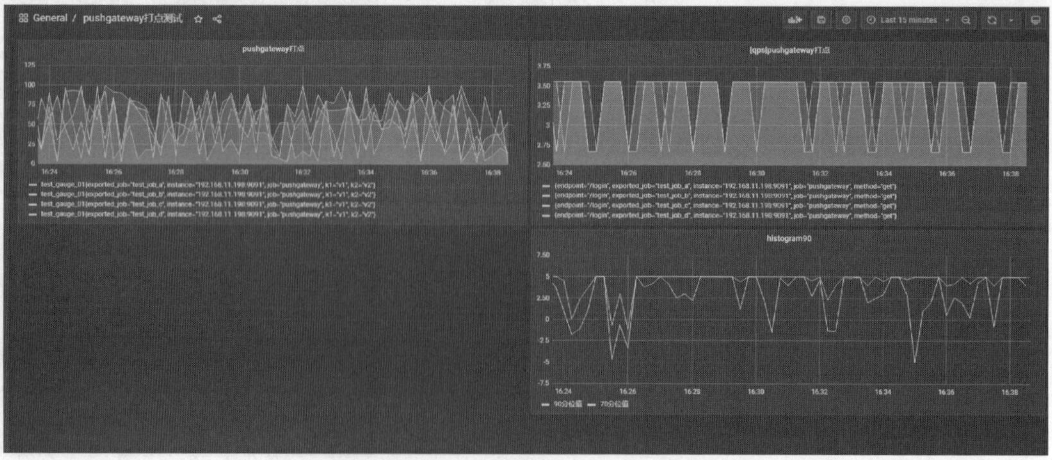


图 10-7

通过这些优化步骤，可以实现监控数据的有效采集和推送，并在 Grafana 中进行可视化，以便更直观地观察和分析系统的性能指标。

### 2. API 推送

API 推送是通过调用 Pushgateway API 的方式实现数据的推送。不过需要注意的是，在文本协议中，每一行都必须以换行符（'LF'或'\n'）结尾。如果以其他方式结束一行，如使用'CR'（'\r'）、'CRLF'（'\r\n'）或只是以数据包结尾，将导致协议错误。

推送的指标按组进行管理，由任意数量的标签组成的分组键识别，其中第一个必须是 job 标签。请求格式如下：

```
/metrics/job/<jobname>{/instance/instance_name}
```

<jobname> 将用作 job 标签的值，然后是其他指定的标签。如下代码定义了两个标签 job=ex-job 和 instance=instance-1，并推送了指标 http_request_total 及其 value 值。

```
$ echo 'http_request_total 12' | http://localhost:9091/metrics/job/ex-job/instance/instance-1
```

数据推送完成后，可登录 Pushgateway 地址查看指标情况。

### 3. PUT 和 POST 区别

PUT 和 POST 都是用于向 Pushgateway 推送指标数据的 HTTP 方法，但它们在处理推送数据时的行为有所不同。

当使用 PUT 方法时，可以推送一组完整的指标数据。这意味着与 URL 中指定的分组键（grouping key）相关联的所有既有指标都将被请求体中的新指标完全替换。这些指标可以使用 protocol buffers 格式或是简单文本格式，具体使用哪种格式取决于 HTTP 请求的'Content-Type'头部。若头部为'application/vnd.google.protobuf'则使用 protocol buffers 格式，否则默认使用文本格式。成功的响应码为 200 或 202，表示指标已成功更新或是创建了新的指标组。若返回 400 错误码，则可能是因为请求的格式不正确或推送的指标与现有指标组不匹配，具体的错误信息会包含在响应体和日志中。而 202 状态码仅在关闭一致性检查（--push.disable-consistency-check 启动选项）的情况下返回，此时指标仅被添加到队列中，不进行一致性校验。若 Pushgateway 中的现有指标本身不一致，新的推送也将被拒绝，这种情况下需要删除有问题的指标组。需要注意的是，Pushgateway 并不保证强一致性，服务器崩溃可能会导致数据丢失。使用空请求体的 PUT 请求会删除指定分组键的所有指标，但不会更新 push_time_seconds 指标，这与 DELETE 方法不同。

POST 方法与 PUT 方法相似，但只会替换与请求中相同名字的指标，而不影响其他指标。使用空请求体的 POST 请求将只更新 push_time_seconds 指标，而不改变任何已经推送的指标。

在实际应用中，选择 PUT 或 POST 方法取决于具体需求，比如是否需要替换整个指标组或仅更新特定指标，以及是否需要更新 push_time_seconds 指标等。

### 10.1.6 删除数据

在管理和维护 Pushgateway 中的监控数据时，经常需要执行删除操作来清理不再需要的数据。Pushgateway 中提供了删除数据的 API，下面介绍如何调用 API 删除数据。示例中现有的 job 如图 10-8 所示。

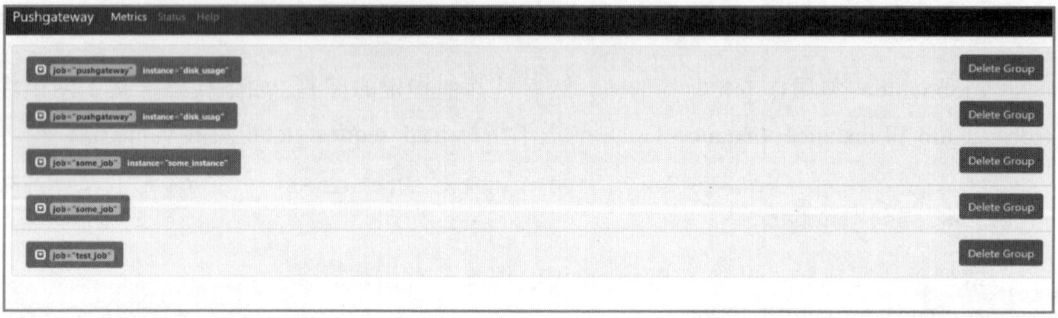


图 10-8

首先，若需删除特定的作业（job）和实例（instance）组合下的数据，可以使用 HTTP DELETE 方法。例如，要删除与特定作业名和实例关联的所有数据，可以通过以下命令实现：

```
curl -X DELETE
http://192.168.182.110:9091/metrics/job/some_job/instance/some_instance
```

这会清除所有与{job="<job-name>", instance="<instance-name>"}标签匹配的监控数据。

在某些情况下，可能需要删除 Pushgateway 中所有分组的数据。这要求在启动 Pushgateway 服务时启用管理 API 接口。一旦启用，就可以通过发送 PUT 请求到 /api/v1/admin/wipe 端点来实现。执行此操作的命令如下：

```
curl -X PUT http://192.168.182.110:9091/api/v1/admin/wipe
```

这里删除数据是指删除 Pushgateway 中的数据，与 Prometheus 没有关系。这个命令的执行结果是 Pushgateway 中存储的所有监控数据被完全清除。

需要注意的是，删除数据是以 Group 为单位的，Group 由 job name 和 URL 中的 label 唯一标识。上述例子中删除{job="some_job"}数据的语句并不会删除{job="some_job", instance="some_instance"}的数据，操作结果如图 10-9 所示。因为它们属于不同的 Group。如需要删除{job="some_job",instance="some_instance"}下的数据，还需要具体指定 URL。

最后，要注意的是这些删除操作只影响 Pushgateway 中的数据。一旦数据被 Prometheus 服务器抓取，这些删除操作不会对 Prometheus 服务器中的现有数据产生影响。因此，对 Pushgateway 的这些清理工作是独立于 Prometheus 服务器的数据保持的。

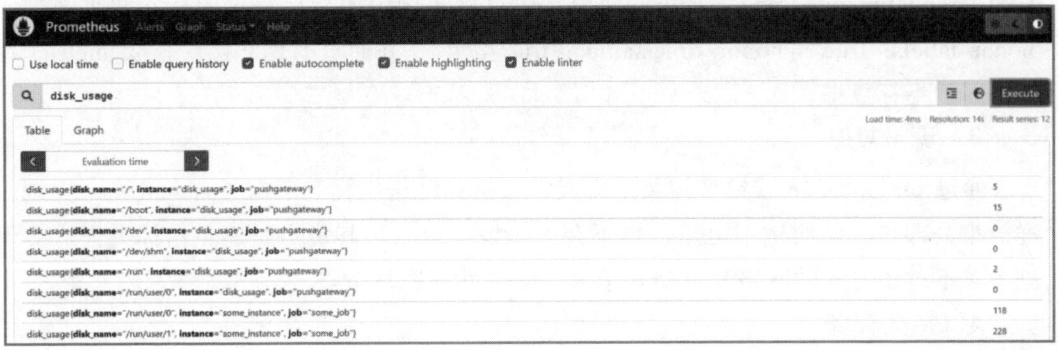

图 10-9

# 10.2　Pushgateway 高可用

Pushgateway 单点容易导致可用性故障，为避免其成为单点故障，可以通过以下技术手段实现 Pushgateway 的高可用。

### 1. 多实例部署配合一致性哈希

在不同的服务器节点上部署多个 Pushgateway 实例，并通过一致性哈希算法分散监控数据的推送。Prometheus 在抓取数据时，可以配置多个 Pushgateway 地址，这样即便某个实例宕机，Prometheus 也可以从其他实例获取副本数据。这种方法的缺点是，如果一个实例宕机，那么所有哈希到该实例的数据都将无法访问。

### 2. Nginx 反向代理

利用 Nginx 反向代理软件，可以把多个 Pushgateway 实例隐藏在一个统一的接入点后面。Nginx 支持健康检查并能自动剔除故障实例。然而，这种简单的负载均衡可能导致数据不一致，因为 Prometheus 会从多个实例收集相同的数据，导致数据出现重复。

```
- job_name: pushgateway
  honor_labels: true
  honor_timestamps: true
  scrape_interval: 5s
  scrape_timeout: 4s
  metrics_path: /metrics
  scheme: http
  static_configs:
  - targets:
    - pgw-a:9091
      - pgw-b:9091
```

上述代码是Prometheus配置文件中的一个抓取作业（scrape job），它定义了Prometheus如何定期从两个 Pushgateway 实例（地址分别为 pgw-a:9091 和 pgw-b:9091）抓取指标数据。该作业每 5 s 执行一次抓取（scrape_interval：5s），并且每次抓取的超时时间设置为 4 s（scrape_timeout：4s）。此作业保留了由目标实例中的指标提供的标签和时间戳（由'honor_labels：true'和'honor_timestamps：true'指定），并通过 HTTP 协议获取'/metrics'路径下暴露的指标数据。

### 3．流量复制

通过 Groupcache 或镜像流量的方式，将指标推送广播到所有 Pushgateway 实例。这样一来，即使个别实例不可用，也不会丢失指标数据。其优点是避免指标丢失，实现多副本。不过该方式的网络和存储开销大，一致性问题复杂。

### 4．持久存储

通过 Mount 或 Sidecar 容器等方式，让多个 Pushgateway 实例共享同一存储卷，避免 *N* 份数据冗余。该方式的优点是避免数据冗余，一致性较好。但存储可能成为瓶颈，实现复杂，需处理锁问题。

### 5．自动清理过期指标

编写 CronJob 等定时任务，从 Prometheus API 查询并清理 Pushgateway 上的过期和无用指标，控制数据量。该方式的优点是控制数据量、减轻存储压力。缺点是会增加系统复杂性、清理策略不当可能删除重要数据。

综合来说，以上每种方案都需要权衡可用性、性能、复杂性等因素。实际中可根据业务需要选择单独或联合使用。关键是要处理好一致性问题，防止指标丢失。

## 10.3　Pushgateway 的不足

尽管 Pushgateway 为无法直接被 Prometheus 抓取的作业提供了推送监控指标的功能，用户需要注意其在应用场景和实现原理上的局限性。

首先，Prometheus 无法直接检测推送至 Pushgateway 的监控源服务的状态，因此这种方式不适用于监控服务存活状态等场景。

其次，Pushgateway 属于静态代理，它接收到的指标数据并不会过期，会持续保留直到被更新或主动删除。因此，会存在将不再使用的历史指标长期残留在 Pushgateway 中的风险。

综上所述，Pushgateway 不是一个完美的监控数据采集方案，它的合适定位是 Prometheus 监控体系中的辅助角色，用在 Prometheus 无法直接拉取指标数据的特定场景。在生产环境中，应谨慎使用 Pushgateway，注意控制其数据规模增长，并妥善处理其实现机制带来的一致性约束，避免其成为监控系统的单点故障。

# 小　　结

Pushgateway 作为 Prometheus 的辅助组件，允许短期和批处理作业通过推送的方式提供监控数据。需要根据具体场景决定是否采用，并妥善处理数据一致性问题。本章介绍了 Pushgateway 的使用方法、实现原理、最佳实践以及高可用方案，让读者全面了解这一组件，并能基于实际需求进行合理应用。

# 第 11 章　Prometheus 存储机制与原理解析

在第 10 章中，介绍了 Pushgateway 的使用，本章将深入探讨 Prometheus 的存储原理。Prometheus 的核心特性之一是其高效的时间序列数据存储和查询功能，主要基于本地存储实现。本章详细阐述 Prometheus 的本地存储机制、远程存储能力，以及如何配置 Prometheus 以实现高可用性。通过学习本章内容，读者将能够更好地理解 Prometheus 的存储原理，并根据自身的业务需求，配置和优化 Prometheus 实例，以实现高效、稳定的监控解决方案。

## 11.1　本地存储

Prometheus 在数据存储方面提供了本地存储功能，即时间序列数据库（TSDB，简称时序数据库）。这种本地存储机制为 Prometheus 带来了简单高效的使用体验，特别是在 Prometheus 2.0 之后，数据压缩能力得到了大幅提升。本地存储使得单节点下的 Prometheus 能够满足大多数用户的监控需求。

当 Prometheus 从不同的目标（如服务器、应用程序、网络设备等）收集监控数据时，它会将这些数据存储在本地存储中，以便进行查询、分析和报警。本地存储使用一种称为 TSDB（时序数据库）的技术，它将监控数据按时间序列进行组织和存储，使得用户可以根据时间范围、标签等条件进行灵活的查询和分析。

Prometheus 的本地存储具有以下特点：

- 高效存储：Prometheus 使用一种称为块存储（chunk storage）的方式来高效存储监控数据。它将数据按时间段划分成块，然后对每个块进行压缩和编码，以节省存储空间。
- 查询优化：本地存储使得 Prometheus 能够快速执行时间序列数据的查询和聚合操作，支持灵活的数据分析和图表展示。
- 数据保留策略：用户可以根据需求设置不同的数据保留策略，以控制数据在本地存储中的保留时间和粒度。
- 水平扩展：Prometheus 支持水平扩展，可以通过搭建多个实例来处理大规模的监控数据，并使用一些联邦和远程写入技术来整合数据。

Prometheus 的本地存储是其核心组件之一，用于可靠地存储和管理收集到的监控数据，以支持用户进行监控、分析和报警。下面具体介绍 Prometheus 的本地存储机制。

然而，本地存储机制也限制了 Prometheus 的可扩展性，同时也带来了数据持久性等问题。为了解决单节点存储的限制，Prometheus 并没有自行实现集群存储解决方案，而是提供了远程读写接口，允许用户选择合适的时序数据库来实现 Prometheus 的扩展性。在 Prometheus 1.x 版本中，其 TSDB（V2 存储引擎）基于 LevelDB，使用了与 Facebook Gorilla 相似的压缩算法，能够将 16 字节的数据点压缩到平均 1.37 字节。而 Prometheus 2.x 版本引入了全新的 V3 存储引擎，显著提升了写入和查询性能。

下面详细介绍 Prometheus 的存储原理、具体配置方法、升级过程、基准测试步骤，以及故障恢复策略。

### 11.1.1 存储原理

Prometheus 采用时间分隔的块结构，每两小时形成一个数据块。每个数据块由一个目录构成，其中含有多个数据块文件（chunk files），这些文件负责存储时间序列数据。此外，还包括一个元数据文件（metadata file）和一个索引文件（index file），用于从标签和指标名称快速检索数据。

最新写入的数据首先保存在内存的块中，达到 2 小时后再写入磁盘。为了防止因程序崩溃而导致数据丢失，Prometheus 使用了写入前日志（write-ahead-log）机制，在启动时会以写入日志（WAL）的方式重播，以此来恢复数据。当数据被删除时，删除的条目会被记录在独立的墓碑文件（tombstone file）中，而不是立即从 chunk 文件中删除。

所有样本数据以时间窗口的形式进行保存，从而大大提高了 Prometheus 的查询效率。例如，当需要查询一段时间范围内的所有样本数据时，只需从该范围内的块中查询数据即可。

这些块会在后台进行压缩，合并成更大的块，压缩过程中会将低级别的块数据合并成更高级别的块，低级别的块文件将被删除。这个设计与 LevelDB、RocksDB 等 Log-Structured Merge-Tree（LSM 树）的思路相似。

Prometheus 的这些设计与 Facebook 的 Gorilla 数据库的设计相似，因此 Prometheus 实际上可以视作一个具备缓存功能的时间序列数据库。然而，Prometheus 的本地存储特性决定了它适用于短期时间窗口的时间序列数据的保存和查询，而不适用于长期数据存储，并且在宕机时无法读取历史数据，因此缺乏高可用性。

内存中的块数据在写入磁盘之前，主要保存在 block 目录下的写入前日志（WAL）文件中。持久化的块目录下则只保存 chunk 文件，而 WAL 文件会被删除。而 index 文件用于索引 chunk 文件中时间序列的位置。文件目录如图 11-1 所示。

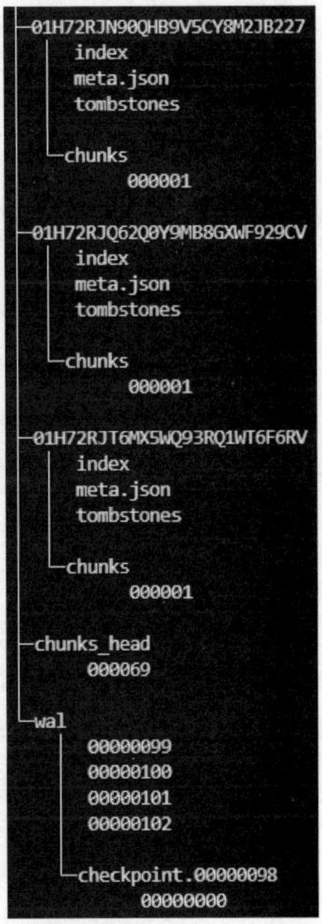

图 11-1

在图 11-1 的文件目录中，meta.json 文件保存了块的元数据，包括块的 ID、开始时间、结束时间、样本数量、标签等信息。index 文件用于根据指标名称和标签查找 chunk 文件中的数据位置。chunk 文件保存了时间序列数据，每个 chunk 文件包含一个或多个时间序列的数据，每个时间序列的数据由多个样本组成。

通过时间窗口的形式保存所有的样本数据，可以明显提高 Prometheus 的查询效率，当查询一段时间范围内的所有样本数据时，只需要简单地从落在该范围内的块中查询数据即可，如图 11-2 所示。同时该存储方式可以简化历史数据的删除逻辑。只要一个块的时间范围落在了配置的保留范围之外，直接丢弃该块即可。

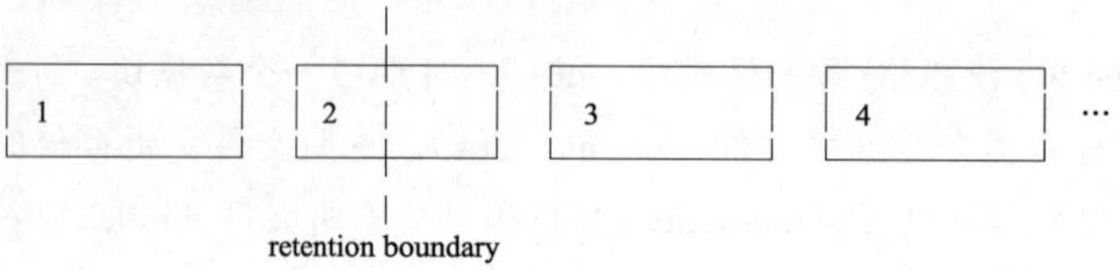


图 11-2

### 11.1.2 存储配置

Prometheus 提供了一些配置项来调整本地存储行为，这些配置项主要包括：

- --storage.tsdb.path：数据存储目录，默认值为 data/，可以指定外部存储的路径；
- --storage.tsdb.retention.time：数据的保留时间，默认值为 15 天；
- --storage.tsdb.retention.size：实验性的功能，用于声明块的最大大小（不包括 WAL 文件），如 512 MB；
- --storage.tsdb.retention：已弃用，应使用 storage.tsdb.retention.time。

Prometheus 会将当前使用的所有块保留在内存中，同时保留最新使用的块。在一般情况下，Prometheus 中存储的每一个样本占用 1～2 字节大小的空间。最大内存使用量可以通过 storage.local.memory-chunks 标志进行配置。监控当前内存使用量的指标包括：

- prometheus_local_storage_memory_chunks：内存中当前块的时间序列数量；
- process_resident_memory_bytes：进程的常驻内存大小。

监控当前存储使用量的指标包括：

- prometheus_local_storage_memory_series：时间序列在内存中的当前块数量；
- prometheus_local_storage_memory_chunks：在内存中持久化块的当前数量；
- prometheus_local_storage_chunks_to_persist：需要继续持久化到磁盘的内存块数量；
- prometheus_local_storage_persistence_urgency_score：持久化紧急程度分数，用于衡量持久化的紧急程度，分数越高，持久化越紧急。

### 11.1.3 Prometheus 2.0 的存储升级

相对于 Prometheus 1.8，Prometheus 2.0 主要对存储引擎进行了优化，使得 CPU 使用率降低了 20%～40%，磁盘空间使用率降低了 33%～50%，查询时的磁盘 I/O 几乎可以忽略不计（平均负载低于 1%），从而带来了整体性能的提升。

在动态环境（如 Kubernetes 集群）中，Prometheus 的数据平面通常由图 11-3 所示的方式展现，其中：

- 垂直维度表示所有存储的时间序列；
- 水平维度表示样本在时间上的传播。

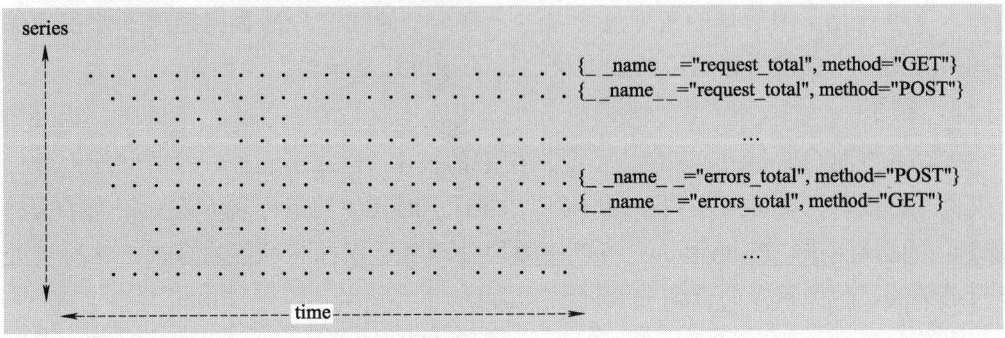


图 11-3

每个时间序列都有唯一的标识符（指标名称），以及一组键值对（标签）。标签通常用于区分相同指标的不同时间序列。例如，在下面的代码中有一个指标名称为 requests_total，它带有一个名为 path 的标签，该标签的值可以是 /status、/、/api 等。

```
requests_total{path="/status", method="GET", instance="10.0.0.1:80"}
requests_total{path="/status", method="POST", instance="10.0.0.3:80"}
requests_total{path="/", method="GET", instance="10.0.0.2:80"}
```

Prometheus 定期为所有时间序列收集新的数据点，这意味着它必须在时间轴的右侧执行垂直写入。但是，在查询时，可能希望访问平面上任意区域的矩形（根据各种标签条件），因此需要一个索引来在大量数据中有效地查找查询的序列。

在 Prometheus 1.x 存储层能够很好地处理垂直写入模式，但随着规模的扩大，索引可能会出现一些问题。因此，在 2.0 版本中对存储引擎和索引进行了重新设计，主要包括样本压缩、时间分片和索引。

### 1. 样本压缩

在 Prometheus 早期版本中，现有存储层的样本压缩功能发挥了重要作用。单个原始数据点占用 16 个字节的存储空间。然而，当 Prometheus 每秒收集数十万个数据点时，就会很容易填满硬盘。由于同一系列中的样本通常相似，用户可以利用这些相似性进行有效压缩。通过批量压缩一系列样本的块，将每个数据点的存储压缩到平均 1.37 字节。

保留在新版 V3 存储引擎中的压缩技术，继续优化了数据存储。这一改进对于维持 Prometheus 在监控系统中的高性能至关重要，尤其是在管理大规模时间序列数据时。具体的压缩方法和算法背后的技术细节，揭示了如何在保持数据完整性的同时减少所需的存储资源。

**2．时间分片**

Prometheus 的新存储引擎采用时间分片的方式组织数据，每个分片代表一个时间块，并存储该时间段内的所有时间序列数据。这种方法的优点是，当进行数据查询时，系统只需查看包含所请求时间范围的分片，而不需要扫描全部数据，大幅提高了查询效率。此外，这也简化了旧数据的清理过程——一旦一个时间分片的数据超出了设定的保留期限，系统便可以直接丢弃相应的数据块，而无须进行复杂的删除操作。

**3．索引**

在索引方面，Prometheus 借鉴了全文搜索的技术，建立了一种针对时间序列数据的索引模型。它把每一条时间序列视为一个“文档”，而其中的指标和标签则相当于文档中的关键词。这样一来，Prometheus 可以高效地处理基于指标和标签的查询，这对于处理用户自定义的、种类繁多的查询关键词至关重要。

例如，requests_total{path="/status", method="GET", instance="10.0.0.1:80"} 可以表示为以下文档：

```
name="requests_total"
path="/status"
method="GET"
instance="10.0.0.1:80"
```

### 11.1.4 基准测试与故障恢复

从性能角度看，与 1.x 版本相比，Prometheus 2.x 在处理 CPU 负载、内存使用以及查询响应时间等方面都有了明显改善。对于对性能有严格要求的环境，2.x 版本无疑是更优的选择。对于这些性能提升，感兴趣的用户可以查阅官方提供的详细基准测试报告。

至于系统的故障恢复能力，Prometheus 提供了一些机制以帮助从数据库损坏等问题中恢复。例如，可以通过设置特定的标志位来强制 Prometheus 在启动时执行崩溃恢复流程。如果问题无法通过这种方式解决，或者用户选择放弃现有的数据进行新的开始，可以简单地停止服务、删除数据目录，然后重新启动服务，从而快速恢复到一个干净的状态，开始新的数据收集。这些强大的管理和恢复功能使得 Prometheus 在面对故障时更加灵活和可靠。

例如，因为数据库损坏而导致问题，可以通过设置 storage.local.dirtyflag 配置来启动服务器并强制执行崩溃恢复。如果此举不起作用，或者只想删除现有数据库，可以轻松地按以下步骤启动：

① 停止服务：stop prometheus；

② 删除数据目录：rm -r /*；

③ 启动服务：start prometheus。

## 11.2 远程存储

默认情况下，Prometheus 自带的本地存储功能可以保存数据长达 15 天。然而，本地存储的限制在于无法实现数据持久化、存储大量历史数据，以及无法轻松灵活地扩展。为了保持简洁性，Prometheus 并未试图从集群维度解决这些限制，而是提供了 remote_write 和 remote_read 两种接口，使用户可以自行处理数据。

事实上，Prometheus 的 remote_storage 是一个适配器（adapter），至于在适配器的另一端是哪种类型的时序数据库，Prometheus 并不关心，甚至允许用户编写自己的适配器。

存储的流程是 Prometheus 发送数据至 remote_storage_adapter，后者将数据存储到 InfluxDB 等目标中。

Prometheus 通过以下两种方式实现与其他远程存储系统的连接：

- Prometheus 将 metrics 按标准格式写入远程存储；
- Prometheus 从远程 URL 以标准格式读取 metrics。

下面介绍远程读取写入的方式，以及如何自定义远程存储适配器。

### 11.2.1 远程读取

remote_read 主要用于可读远程存储配置，主要包含 url（访问地址）和 remote_timeout（请求超时时间）两个参数。图 11-4 展示了 Prometheus、适配器和第三方存储之间的交互关系。流程如下：Prometheus 发出包含匹配条件和时间范围的请求；适配器接收到请求，通过自定义协议与第三方存储进行通信；第三方存储响应查询，并将系列数据和样本返回给适配器；适配器再将这些数据返回给 Prometheus。

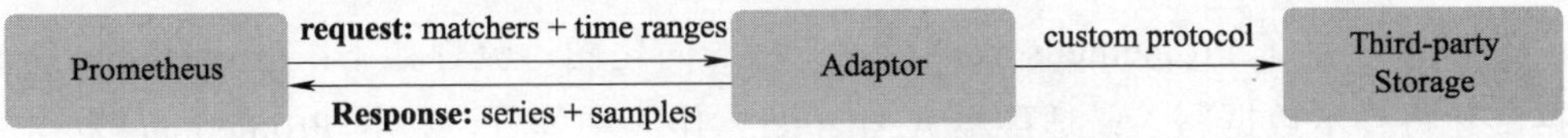


图 11-4

整个过程体现了 Prometheus 可以通过适配器与不同的后端存储系统进行集成和通信的能力。其中 remote_read 结构体定义如下：

```
type RemoteReadConfig struct {
   URL           *URL            'yaml:"url,omitempty"`
   RemoteTimeout model.Duration 'yaml:"remote_timeout,omitempty"'

   HTTPClientConfig HTTPClientConfig 'yaml:",inline"'

   XXX map[string]interface{} 'yaml:",inline"'
}
```

在远程读取流程中，用户发起查询请求后，Prometheus 会向 remote_read 配置的 URL 发送查询请求（matchers 和 ranges）。适配器根据请求条件从第三方存储服务中获取相应数据，然后将数据转换为 Prometheus 的原始样本数据返回给 Prometheus 服务器。获取样本数据后，Prometheus 会在本地使用 PromQL 对数据进行二次处理。

远程读取的配置示例如下：

```
url: <string>

[ remote_timeout: <duration> | default = 30s ]

basic_auth:
    [ username: <string> ]
    [ password: <string> ]

[ bearer_token: <string> ]

[ bearer_token_file: /path/to/bearer/token/file ]

tls_config:
    [ <tls_config> ]
[ proxy_url: <string> ]
```

上面的配置中，url 是必填项，其他配置项都是可选的。

### 11.2.2 远程写入

remote_write 主要用于可写远程存储配置，它除了包含 url 和 remote_timeout 两个参数外，还有一个 write_relabel_configs 参数，该参数的作用是标签重置配置。拉取到的数据经过重置处理后，发送给远程存储。

图 11-5 展示了 Prometheus 数据写入流程的简化图。流程如下：Prometheus 负责收集数据，并将样本数据写入；适配器（Adapter）作为中间件，接收 Prometheus 发出的样本数据；适配器使用自定义协议，将这些样本数据转发给第三方存储系统（Third-party Storage）。

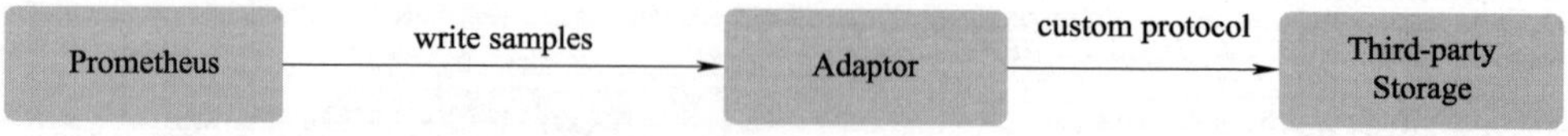


图 11-5

整个流程说明了 Prometheus 不仅能够进行数据采集，还能通过适配器将数据推送到其他存储系统中。这使得 Prometheus 可以与多种后端存储解决方案集成，扩展其存储能力。其中，remote_write 结构体定义如下：

```
type RemoteWriteConfig struct {
    URL                 *URL               `yaml:"url,omitempty"`
    RemoteTimeout       model.Duration     `yaml:"remote_timeout,omitempty"`
    WriteRelabelConfigs []*RelabelConfig `yaml:"write_relabel_configs,omitempty"`

   HTTPClientConfig HTTPClientConfig `yaml:",inline"`

    XXX map[string]interface{} `yaml:",inline"`
}
```

用户可以在 Prometheus 配置文件中指定 Remote Write（远程写入）的 URL 地址。一旦设置了该配置项，Prometheus 会通过 HTTP 形式将样本数据发送至 Adapter（适配器）。用户可以将适配器连接到各种外部服务，包括真正的存储系统、公有云存储服务以及消息队列等。

远程写入完整的配置文件如下：

```
url: <string>

[ remote_timeout: <duration> | default = 30s ]

write_relabel_configs:
    [ - <relabel_config> ... ]

basic_auth:
    [ username: <string> ]
    [ password: <string> ]

[ bearer_token: <string> ]

[ bearer_token_file: /path/to/bearer/token/file ]

tls_config:
    [ <tls_config> ]

[ proxy_url: <string> ]
```

上面的配置文件中，remote_write 配置项用于指定远程写入的 URL 地址，remote_read 配置项用于指定远程读取的 URL 地址。

对于 Prometheus 进行配置，能够实际运行的配置较为简单，只需将相应地址配置到 prometheus.yml 文件中，如下：

```
remote_write:
    - url: "http://localhost:9201/write"

remote_read:
    - url: "http://localhost:9201/read"
```

### 11.2.3 自定义 Remote Storage Adaptor

实现自定义 Remote Storage 需要用户分别创建用于支持 remote_read 和 remote_write 的 HTTP 服务。

图 11-6 展示了 Prometheus 和第三方存储系统之间的数据交互模型。

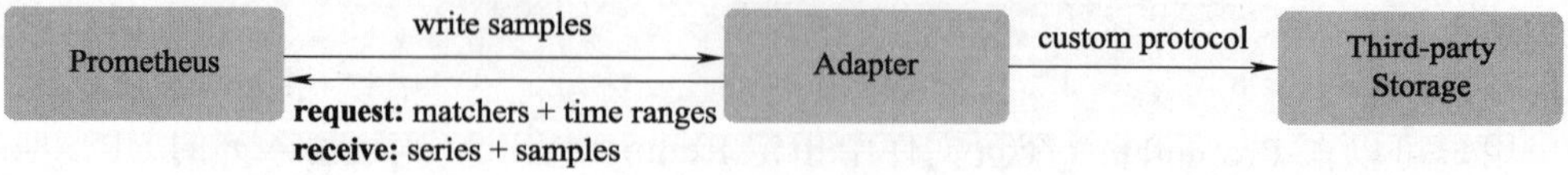


图 11-6

图 11-6 中包含三个主要组件，具体说明如下：

- Prometheus：负责采集监控数据，并将样本数据写入系统中。
- Adapter（适配器）：作为中间件，它具备双向交互功能。对于写入操作，它接收来自 Prometheus 的样本数据。对于读取操作，它处理 Prometheus 发出的包含匹配条件和时间范围的请求，并将查询结果（一系列样本数据）返回给 Prometheus。
- Third-party Storage（第三方存储）：接收来自适配器的数据。适配器使用自定义协议将 Prometheus 的数据转发到这个存储系统中。

整个过程表明，Prometheus 通过适配器能够将监控数据写入第三方存储，同时也可以从第三方存储中检索数据。这种模型允许 Prometheus 利用外部系统进行数据的持久化和查询，以此来扩展其监控系统的存储和分析能力。其中，Remote Storage 相关的协议主要通过以下 proto 文件进行定义：

```
syntax = "proto3";
package prometheus;

option go_package = "prompb";

import "types.proto";

message WriteRequest {
    repeated prometheus.TimeSeries timeseries = 1;
}

message ReadRequest {
    repeated Query queries = 1;
}

message ReadResponse {
    repeated QueryResult results = 1;
}
```

```
message Query {
    int64 start_timestamp_ms = 1;
    int64 end_timestamp_ms = 2;
    repeated prometheus.LabelMatcher matchers = 3;
}

message QueryResult {
    repeated prometheus.TimeSeries timeseries = 1;
}
```

Remote Storage 的 proto 文件中定义了 WriteRequest 和 ReadRequest 两个消息类型，其中 WriteRequest 用于接收来自 Prometheus 的写入请求，ReadRequest 用于接收来自 Prometheus 的读取请求。用户可以根据自己的需求，实现相应的逻辑处理。

下面看一个简单的 remote_write 服务，创建用于接收 remote_write 的 HTTP 服务，将请求内容转换成 WriteRequest 后，用户就可以按照自己的需求进行后续的逻辑处理，代码如下：

```
package main

import (
    "fmt"
    "io/ioutil"
    "net/http"

    "github.com/gogo/protobuf/proto"
    "github.com/golang/snappy"
    "github.com/prometheus/common/model"

    "github.com/prometheus/prometheus/prompb"
)

func main() {
    http.HandleFunc("/receive", func(w http.ResponseWriter, r *http.Request) {
        compressed, err := ioutil.ReadAll(r.Body)
        if err != nil {
            http.Error(w, err.Error(), http.StatusInternalServerError)
            return
        }

        reqBuf, err := snappy.Decode(nil, compressed)
        if err != nil {
            http.Error(w, err.Error(), http.StatusBadRequest)
            return
        }

        var req prompb.WriteRequest
        if err := proto.Unmarshal(reqBuf, &req); err != nil {
```

```
            http.Error(w, err.Error(), http.StatusBadRequest)
            return
        }

        for _, ts := range req.Timeseries {
            m := make(model.Metric, len(ts.Labels))
            for _, l := range ts.Labels {
                m[model.LabelName(l.Name)] = model.LabelValue(l.Value)
            }
            fmt.Println(m)

            for _, s := range ts.Samples {
                fmt.Printf("  %f %d\n", s.Value, s.Timestamp)
            }
        }
    })

    http.ListenAndServe(":1234", nil)
}
```

在上述代码中，使用了 github.com/prometheus/common/model 包来处理 TimeSeries 中的 Labels 和 Samples。TimeSeries 中的 Labels 用于标识一个时间序列，而 Samples 则用于存储时间序列的样本数据。定义了 TimeSeries 后，就可以将其转换成 metric，并使用 model.LabelName 和 model.LabelValue 获取 metric 中的标签名和标签值。/receive 服务接收到请求后，会将请求内容转换成 WriteRequest，并将 WriteRequest 中的 TimeSeries 转换成 metric，然后打印出来。

## 11.3 容量规划

通常情况下，Prometheus 存储每个样本所需的空间大约为 1～2 字节。若要对 Prometheus 服务器的本地磁盘空间进行容量规划，可以使用以下公式进行计算：

$$磁盘大小 = 保留时间 \times 每秒获取样本数 \times 样本大小$$

保留时间（retention_time_seconds）和样本大小（bytes_ per_sample）保持不变的情况下，若想减少本地磁盘空间需求，唯一可行的方法就是减少每秒获取样本数（ingested_samples_per_second）。

因此，可采取如下两种方法：一是减少时间序列的数量；二是增加样本采集的时间间隔。鉴于 Prometheus 会对时间序列进行压缩，减少时间序列的数量更为明显有效。

## 11.4 实践：使用 InfluxDB 作为远端存储

为了实现高可用性和可扩展性的监控系统，InfluxDB 作为一种流行的时序数据库，经常被用来作为 Prometheus 的远程存储解决方案。在 Prometheus 生态中，已经有多个成熟的远端存储适配器可供选择，例如：

- AppOptics：写入；
- Chronix：写入；
- Cortex：读写；
- CrateDB：读写；
- Elasticsearch：写入；
- Gnocchi：写入；
- Graphite：写入；
- InfluxDB：读写；
- OpenTSDB：写入；
- PostgreSQL/TimescaleDB：读写；
- SignalFx：写入。

在这些解决方案中，InfluxDB 因其优秀的性能和易用性而受到广泛欢迎。使用 InfluxDB 作为远程存储，可以将 Prometheus 收集的数据持久化和进行分析。实施 InfluxDB 的推荐方案是 Influx-Relay，这是一个由 InfluxDB 官方支持的高可用解决方案。

Influx-Relay 的工作原理是创建多个 InfluxDB 实例，并使用负载均衡器（如 Nginx）将写入和查询请求均匀地分发到每个数据库实例。这种架构的一个典型实施是用五个节点来构建：四个节点运行 InfluxDB 和 Influx-Relay 守护进程，第五个节点运行 Nginx 作为负载均衡器。尽管官方推荐五个节点，三个节点的设置（两个 InfluxDB 实例加上一个负载均衡器节点）通常已经足够用来满足大多数工作负载的需求。

图 11-7 展示了一个 InfluxDB 高可用性（HA）架构。在这个架构中，有以下几个关键组件：

- Writes/Queries（写入/查询）：位于顶部，表示写入和查询请求的入口点；
- Load Balancer（负载均衡器）：紧接在写入/查询下方，负责将进来的写入和查询请求分发到下面的两个 InfluxDB Relay 节点；
- InfluxDB Relay：紧接在负载均衡器下方，表示接收负载均衡器分发的请求，并将这些请求再次分发到连接的 InfluxDB 数据库实例；
- InfluxDB Stand-Alone Database（独立数据库）：位于底层，每个框代表一个独立的 InfluxDB 数据库实例，用于存储和处理数据。

这个架构旨在通过负载均衡和数据复制来提高数据库的可用性和可靠性。当写入和查询请求发送到系统时，首先会被负载均衡器接收，然后负载均衡器将请求分发给 InfluxDB Relay。每个 Relay 节点负责确保数据正确地写入多个 InfluxDB 实例中，这样即使某个数据库实例发生故障，其他实例仍然可以保持服务的持续性。这种设计提高了整个系统的故障容错能力。

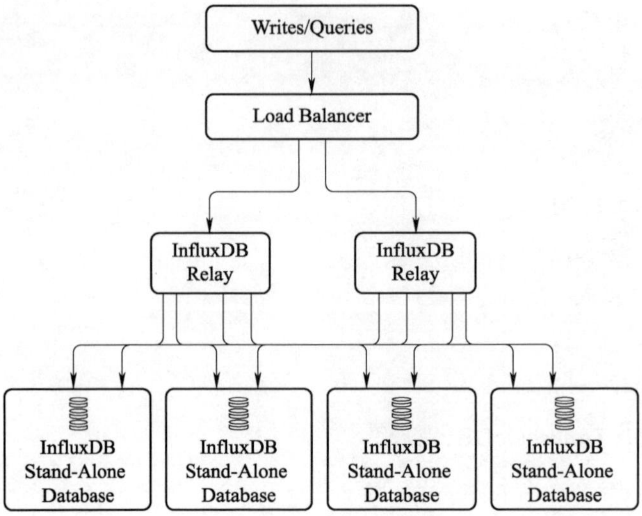


图 11-7

可以利用 Prometheus 的远程接口存储特性，使用 InfluxDB 作为 Prometheus 的存储，代码如下：

```
cat <<EOF | sudo tee /etc/yum.repos.d/influxdb.repo
[influxdb]
name = InfluxDB Repository - RHEL \$releasever
baseurl = https://repos.influxdata.com/rhel/\$releasever/\$basearch/stable
enabled = 1
gpgcheck = 1
gpgkey = https://repos.influxdata.com/influxdb.key
EOF
yum -y install influxdb
systemctl start influxdb
systemctl enable influxdb
```

启动 InfluxDB 后，需要创建一个数据库，用于存储 Prometheus 的数据，代码如下：

```
influx -precision rfc3339
create database prometheus
```

上述代码中，influx -precision 用于指定时间精度，rfc3339 是时间格式，create database prometheus 用于创建一个名为 prometheus 的数据库。

接下来需要配置 prometheus，代码如下：

```
remote_write:
- url: "http://192.168.11.196:8086/api/v1/prom/write?db=prometheus"
remote_read:
- url: "http://192.168.11.196:8086/api/v1/prom/read?db=prometheus"
```

添加好这两个配置后，重启 prometheus，查看 influxdb 是否有数据，如下：

```
influx -precision rfc3339
use prometheus
select * from prometheus limit 10

name: prometheus
time                          value
----                          -----
2023-04-17T07:00:00Z          0
2023-04-17T07:00:00.001Z      0
2023-04-17T07:00:00.002Z      0
2023-04-17T07:00:00.003Z      0
2023-04-17T07:00:00.004Z      0
2023-04-17T07:00:00.005Z      0
2023-04-17T07:00:00.006Z      0
2023-04-17T07:00:00.007Z      0
2023-04-17T07:00:00.008Z      0
2023-04-17T07:00:00.009Z      0
```

可以看到，influxdb 中已经有了 Prometheus 的数据，如图 11-8 所示。至此已经成功部署了 Prometheus 的存储。当然这是比较简单且直接的部署方式，如果在生产环境中可以考虑加密添加 influxdb 的用户名和密码会相对安全。

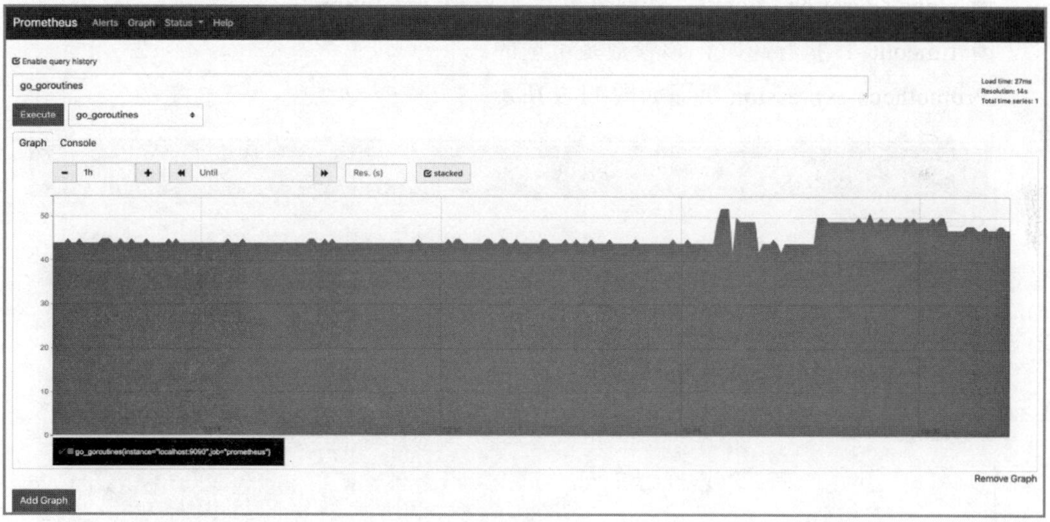


图 11-8

# 11.5 Prometheus 高可用查询

高可用查询是确保 Prometheus 监控系统正常、稳定、可靠运行的重要手段，也是构建企业级监控系统的基本需求。下面介绍 Prometheus 高基数查询和 Prometheus 查询预聚合两个方面的内容。

### 11.5.1 Prometheus 高基数查询

无论是耗时还是响应数据量都是一个量级的差距，这就是高基数查询。如输入的表达式中有正则表达式{__name__=~".*a.*"}，或者是没有任何限制的 label 匹配，那么就会导致查询结果集非常大，这就是高基数查询。

下面介绍 Prometheus 高基数查询的原理和形成的原因，以及如何通过调整 Prometheus 的配置来解决高基数查询的问题。

**1. 高基数查询的原理**

通俗地说，高基数查询就是返回的 series 或者查询到的 series 数量过多，查询表现出来返回时间较长，对应调用服务端资源较多的查询。一般来说，数量达到 10w～100w，在 1 小时内的 range_query 响应时间超过 3 s 则认为较慢了。其中涉及的 range query 是 Prometheus 常见的一种 query，它有如下几个参数：

- query=：PromQL 表达式；
- start=<rfc3339 | unix_timestamp>：时间范围的开始；
- end=<rfc3339 | unix_timestamp>：时间范围的结束；
- step=<duration | float>：查询分辨率（query resolution）；
- timeout=：执行超时，该参数是可选的。

Prometheus expression 页面如图 11-9 所示。

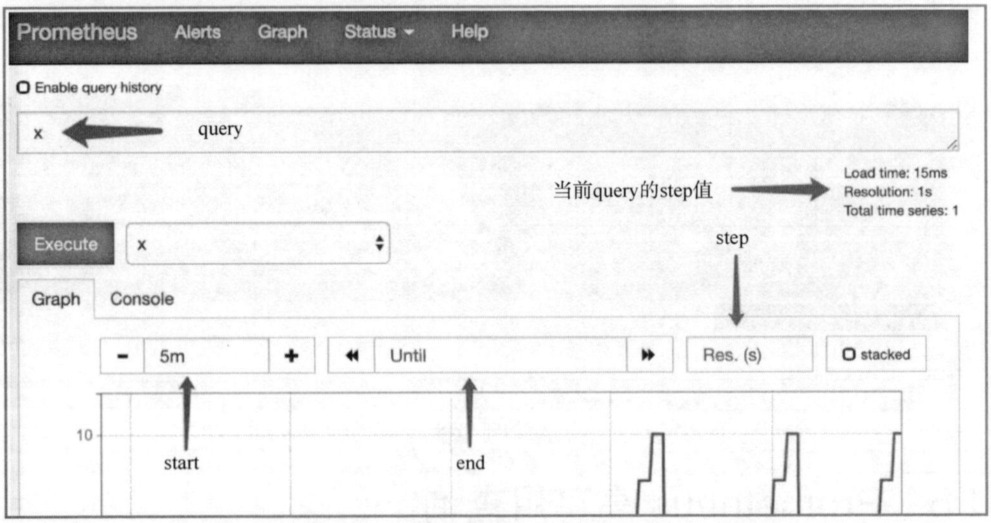


图 11-9

图 11-9 中 Res 框中没有给值， Prometheus 会自动给一个值，这个值在页面右上角可以看到。那么 Prometheus 自身在查询时有没有参数限制呢？答案是肯定的，具体如下：

- --storage.remote.read-sample-limit=5e7：remote_read 是单一 query 的最大加载点数；
- --storage.remote.read-concurrent-limit：remote_read 并发 query 数目；
- --storage.remote.read-max-bytes-in-frame=1048576：remote_read 是单一返回字节大小；
- --query.max-concurrency=20：Prometheus 本身并发读请求；
- --query.max-samples=50000000 prometheus：单一 query 的最大加载点数。

以上参数都是可以调整的，但是调整得过大会导致 prometheus 内存打爆，所以需要根据实际情况调整。

### 2．heavy_query 的原因

可能由于以下原因导致资源消耗增大：

- 查询的时间序列数量过多：当查询覆盖的时间序列数量巨大时，需要加载和处理的数据量随之增加；
- 查询时间范围过长：查询涵盖的时间跨度越长，需要处理的数据点就越多；
- 分辨率过高：即查询步长（step）过小，会导致每次查询返回的数据点数剧增；
- 结果集过大：查询操作返回的结果集体积庞大，也会占用大量内存。

由于 Prometheus 采用了压缩算法（如 delta-of-delta 和 xor）存储时间序列数据，查询时需要对数据进行解压，这可能导致内存消耗增加。以一个查询涵盖 1 万个序列，24 小时时间范围，每 30 s 采集一个数据点为例，仅该查询就需要约 439 MB 内存。如果多个此类重复查询同时发生，很容易耗尽 Prometheus 的内存资源。

### 3．query_log 配置

为了有效管理此类查询，首先需要配置 Prometheus 以记录每次查询的详细信息。在 global 配置段中启用 query_log_file 可以实现这一点，具体如下：

```
#global 段开启 log 即可
global:
   query_log_file: /opt/logs/prometheus_query_log
```

配置完成后，每次查询的详细信息会被记录，包括查询参数和执行时间。从 range_query_log 解析得到的信息（如请求基础信息、查询参数、统计时间等）能够帮助用户分析查询性能和识别 heavy_query。

```
{
    # 请求基础信息
    "httpRequest":{
        "clientIP":"192.168.43.114",
        "method":"POST",
        "path":"/api/v1/query_range"
    },
    # 参数段
    "params":{
        "end":"2021-05-03T02:32:45.000Z",
```

```
        "query":"rate(node_disk_reads_completed_total{instance=        ~
"192\\.168\\.11\\.195:9100"}[2m])",
        "start":"2021-05-03T02:17:45.000Z",
        "step":15
    },
    # 统计段
    "stats":{
        "timings":{
            "evalTotalTime":0.000331799,
            "resultSortTime":0.000001235,
            "queryPreparationTime":0.000075478,
            "innerEvalTime":0.00024141,
            "execQueueTime":0.000012595,
            "execTotalTime":0.000354698
        }
    },
    # 请求时间
    "ts":"2021-05-03T02:32:49.876Z"
}
```

通过上面的日志，可以看到 queryPreparationTime、evalTotalTime、resultSortTime、innerEvalTime、execQueueTime、execTotalTime 等字段，这些字段都是 Prometheus 在查询时的耗时，可以根据这些字段来判断是否为 heavy_query。

当 heavy_query 的耗时超过设定的阈值时，应当采取限制措施来防止它们影响系统整体性能。可以通过减少查询范围、增加步长、优化查询表达式或者在必要时阻止某些查询的执行来实现这一目标。

综上，通过精确监控和分析 Prometheus 的查询日志，可以对重复查询进行有效地识别和管理，确保 Prometheus 能够稳定高效地运行。

#### 4. 查询原理

为了深入理解 Prometheus 的查询原理，首先需要了解其核心组件 PromQL（Prometheus query language），这是一种强大的查询语言，它不仅允许对采集的指标数据进行查询和聚合处理，还支持各种数学和逻辑运算，以及内置函数和操作符等。PromQL 的设计目的在于为用户提供灵活、高效的数据分析和监控手段。

在 Prometheus 中，查询的执行主要通过 queryRange()函数实现，其基本的定义结构如下：

```
func (api *API) queryRange(r *http.Request) (result apiFuncResult) {}
```

查询执行的具体过程包括以下几个关键步骤：

① 参数解析与超时设置：开始执行查询前，系统首先解析 HTTP 请求中的参数，并设置查询的超时时间。此外，为了提高查询的可追踪性，系统可能还会配置 opentracing。

② PromQL 解析：通过 queryEngine 初始化一个查询对象，并使用 PromQL 语言对查

询表达式进行解析。

③ 执行计时：exec()函数会调用 execEvalStmt，在这一过程中将设置执行总时间（ExecTotalTime）。

④ 查询准备与评估：execEvalStmt()函数首先准备查询器（querier）并选择相关的时间序列，这一过程中会计算查询准备时间（QueryPreparationTime）。然后，设置内部评估时间（InnerEvalTime），并在本地内存中执行评估过程，即 evaluator.Eval(s.Expr)。

⑤ 结果排序：最后，execEvalStmt()函数会对查询结果进行排序，并计算结果排序时间（ResultSortTime）。

通过上述一系列步骤，Prometheus 能够高效处理用户的查询请求，返回有用的监控数据。对于管理员而言，熟悉这一查询过程有助于更好地理解 Prometheus 的性能特点，并在需要时进行优化。例如，对于耗时的查询，可以通过调整 PromQL 表达式或优化时间序列数据库的索引提高查询效率。此外，对于复杂的查询，合理设置超时和资源限制也是确保 Prometheus 稳定运行的重要措施。对应的流程图如图 11-10 所示。

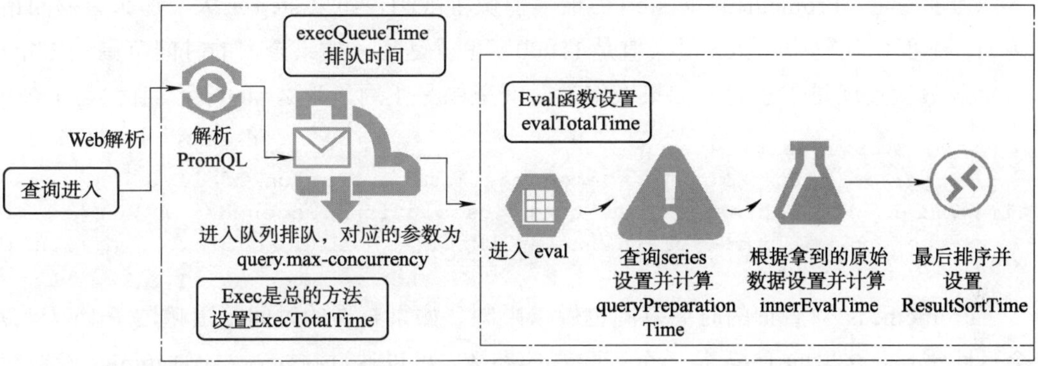


图 11-10

下面介绍以上过程的具体实现。

（1）参数解析

具体实现代码如下：

```
// 解析 start
start, err := parseTime(r.FormValue("start"))
if err != nil {
   return invalidParamError(err, "start")
}
// 解析 end
end, err := parseTime(r.FormValue("end"))
if err != nil {
   return invalidParamError(err, "end")
}
// 判断 end 是否早于 start
```

```
    if end.Before(start) {
        return invalidParamError(errors.New("end timestamp must not be before
start time"), "end")
    }
    // 解析 step
    step, err := parseDuration(r.FormValue("step"))
    if err != nil {
        return invalidParamError(err, "step")
    }

    if step <= 0 {
        return invalidParamError(errors.New("zero or negative query resolution
step widths are not accepted. Try a positive integer"), "step")
    }
```

在上述代码中，可以看到 start、end、step 都是必需参数，其中 start 和 end 是时间戳，step 是时间间隔，这里的时间间隔是指每个数据点之间的时间间隔，比如 step=15 s，那么每个数据点之间的时间间隔就是 15 s。

为了安全，Prometheus 对 step 的最大值做了限制，如果 step 过大，那么会返回错误。例如，下面的代码中，step 最大值是 11000，也就是说，如果查询的时间范围是 1 年，那么 step 最大值就是 1 小时，如果查询的时间范围是 1 周，那么 step 最大值就是 1 分钟。

```
    if end.Sub(start)/step > 11000 {
        err := errors.New("exceeded maximum resolution of 11,000 points per
timeseries. Try decreasing the query resolution (?step=XX)")
        return apiFuncResult{nil, &apiError{errorBadData, err}, nil, nil}
    }
```

Prometheus 对查询的时间范围也做了限制。如果查询的时间范围超过了 15 天，那么会返回错误，这里的 15 天是一个可配置的参数，可以通过--query.max-samples 参数配置，如果不配置，默认是 15 天，示例代码如下：

```
    if end.Sub(start)/step > time.Duration(api.queryMaxSamples)*time.Hour {
        err := errors.Errorf("exceeded maximum resolution of %d hours per
timeseries. Try decreasing the query resolution (?step=XX)", api.queryMaxSamples)
        return apiFuncResult{nil, &apiError{errorBadData, err}, nil, nil}
    }
```

除此之外，Prometheus 还对查询超时做了限制，如果查询超时，那么会返回错误，这里的最大值是 5 min，示例代码如下：

```
    ctx := r.Context()
    if to := r.FormValue("timeout"); to != "" {
        var cancel context.CancelFunc
        timeout, err := parseDuration(to)
        if err != nil {
            return invalidParamError(err, "timeout")
        }
```

```
        ctx, cancel = context.WithTimeout(ctx, timeout)
        defer cancel()
    }
```

（2）根据 queryEngine 初始化 query 并解析 PromQL

首先，需要根据 queryEngine 初始化 query，并解析 PromQL，实现代码如下：

```
    func (ng *Engine) NewRangeQuery(q storage.Queryable, qs string, start, end
    time.Time, interval time.Duration) (Query, error) {
        expr, err := parser.ParseExpr(qs)
        if err != nil {
            return nil, err
        }
        if    expr.Type()    !=    parser.ValueTypeVector    &&    expr.Type()    !=
parser.ValueTypeScalar {
            return nil, errors.Errorf("invalid expression type %q for range
query, must be Scalar or instant Vector", parser.DocumentedType(expr.Type()))
        }
        qry, err := ng.newQuery(q, expr, start, end, interval)
        if err != nil {
            return nil, err
        }
        qry.q = qs

        return qry, nil
    }
```

“expr, err := parser.ParseExpr(qs)”会解析 PromQL 并返回一个表达式，这个表达式是一个抽象语法树，它的类型是 parser.Expr，parser.Expr 是一个接口。instance_query 和 range_query 调用同一 newQuery()方法，只是传入的参数不同，instance_query 传入的是 instantQuery，而 range_query 传入的是 rangeQuery。

queryEngine 从何而来？它是在 Prometheus 启动时初始化的，其初始化代码如下：

```
    func NewEngine(logger log.Logger, reg prometheus.Registerer,
    maxConcurrentQueries int, maxSamples int, timeout time.Duration) *Engine {
        return &Engine{
            logger:               logger,
            reg:                  reg,
            maxConcurrentQueries: maxConcurrentQueries,
            maxSamples:           maxSamples,
            timeout:              timeout,
        }
    }
```

queryEngine 的初始化参数有：

- logger：日志；
- reg：注册器；

- maxConcurrentQueries：最大并发查询数；
- maxSamples：最大样本数；
- timeout：查询超时时间。

以上参数都是可配置的，可以通过命令行参数进行配置，如--query.max-concurrency、--query.max-samples、--query.timeout 等。

（3）执行查询

执行查询的核心代码如下：

```
func (q *query) Exec(ctx context.Context) *Result {
    if span := opentracing.SpanFromContext(ctx); span != nil {
        span.SetTag(queryTag, q.stmt.String())
    }

    // Exec query.
    res, warnings, err := q.ng.exec(ctx, q)

    return &Result{Err: err, Value: res, Warnings: warnings}
}
```

使用分布式追踪查询分阶段耗时。核心函数 exec() 的实现代码如下：

```
func (ng *Engine) exec(ctx context.Context, q *query) (v parser.Value, ws
storage.Warnings, err error) {
    // prometheus_engine_queries 计数器，表示当前 query 个数
    ng.metrics.currentQueries.Inc()
    defer ng.metrics.currentQueries.Dec()

    ctx, cancel := context.WithTimeout(ctx, ng.timeout)
    q.cancel = cancel
    // 收尾函数，记录日志或者 jager
    defer func() {
        ng.queryLoggerLock.RLock()
        if l := ng.queryLogger; l != nil {
            params := make(map[string]interface{}, 4)
            params["query"] = q.q
            if eq, ok := q.Statement().(*parser.EvalStmt); ok {
                params["start"] = formatDate(eq.Start)
                params["end"] = formatDate(eq.End)
                // The step provided by the user is in seconds.
                params["step"] = int64(eq.Interval / (time.Second / time.Nanosecond))
            }
            f := []interface{}{"params", params}
            if err != nil {
                f = append(f, "error", err)
            }
            f = append(f, "stats", stats.NewQueryStats(q.Stats()))
            if span := opentracing.SpanFromContext(ctx); span != nil {
```

```
            if spanCtx, ok := span.Context().(jaeger.SpanContext); ok {
                f = append(f, "spanID", spanCtx.SpanID())
            }
        }
        if origin := ctx.Value(QueryOrigin{}); origin != nil {
            for k, v := range origin.(map[string]interface{}) {
                f = append(f, k, v)
            }
        }
        if err := l.Log(f...); err != nil {
            ng.metrics.queryLogFailures.Inc()
            level.Error(ng.logger).Log("msg", "can't log query", "err", err)
        }
    }
    ng.queryLoggerLock.RUnlock()
}()
// execTotalTime 代表 exec()函数执行全部耗时不算 log
// defer 先进后出，这个 GetSpanTimer 最后执行
execSpanTimer, ctx := q.stats.GetSpanTimer(ctx, stats.ExecTotalTime)
defer execSpanTimer.Finish()

// ExecQueueTime 代表队列中等待时间
// 命令行参数 query.max-concurrency
// 如果日志中这个耗时高，考虑队列被慢查询占满了。对应在 data 目录下的 queries.active 文件
queueSpanTimer, _ := q.stats.GetSpanTimer(ctx, stats.ExecQueueTime,
ng.metrics.queryQueueTime)
// 在活动日志中记录查询。活动日志保证不会超过最大并发查询数
if ng.activeQueryTracker != nil {
    queryIndex, err := ng.activeQueryTracker.Insert(ctx, q.q)
    if err != nil {
        queueSpanTimer.Finish()
        return nil, nil, contextErr(err, "query queue")
    }
    defer ng.activeQueryTracker.Delete(queryIndex)
}
queueSpanTimer.Finish()

// 当执行完成或发生错误时取消操作
defer q.cancel()

const env = "query execution"
// EvalTotalTime 代表 execEvalStmt 函数执行时间
evalSpanTimer, ctx := q.stats.GetSpanTimer(ctx, stats.EvalTotalTime)
defer evalSpanTimer.Finish()

// 基础上下文可能在第一次迭代时就已被取消（如在关闭期间）
if err := contextDone(ctx, env); err != nil {
    return nil, nil, err
}
```

```
        switch s := q.Statement().(type) {
            case *parser.EvalStmt:
                return ng.execEvalStmt(ctx, q, s)
            case parser.TestStmt:
                return nil, nil, s(ctx)
        }

        panic(errors.Errorf("promql.Engine.exec : unhandled statement of
type %T", q.Statement()))
    }
```

上述代码实现了查询的超时、日志记录、查询队列等功能，接下来调用核心函数 execEvalStmt()执行查询，核心代码如下：

```
    func (ng *Engine) execEvalStmt(ctx context.Context, query *query, s
*parser.EvalStmt) (parser.Value, storage.Warnings, error) {
                // QueryPreparationTime 代表准备存储上的 querier+select series 时间
            prepareSpanTimer, ctxPrepare := query.stats.GetSpanTimer(ctx,
stats.QueryPreparationTime, ng.metrics.queryPrepareTime)
            mint, maxt := ng.findMinMaxTime(s)
            querier, err := query.queryable.Querier(ctxPrepare, mint, maxt)
            if err != nil {
                prepareSpanTimer.Finish()
                return nil, nil, err
            }
            defer querier.Close()
            // populateSeries 调用 select 返回 series
            ng.populateSeries(querier, s)
            prepareSpanTimer.Finish()
            // InnerEvalTime 代表从存储拿到 series 后在本地内存中执行 evaluator.Eval
(s.Expr)的时间，evaluator.Eval 需要判断 instance_query 还是 range_query
            evalSpanTimer, ctxInnerEval := query.stats.GetSpanTimer(ctx,
    stats.InnerEvalTime, ng.metrics.queryInnerEval)
            ...
            // ResultSortTime 代表排序耗时
            sortSpanTimer, _ := query.stats.GetSpanTimer(ctx, stats.ResultSortTime,
ng.metrics.queryResultSort)
            sort.Sort(mat)
            sortSpanTimer.Finish()
    }
```

在 execEvalStmt()函数中，首先调用了 populateSeries()函数，该函数调用了 select 返回 series，然后调用了 evaluator.Eval(s.Expr)函数，该函数需要判断是 instance_query 还是 range_query，然后执行 evaluator.Eval()函数，最后调用 sort.Sort(mat)函数对结果进行排序。

### 5. 几个查询耗时的关系

下面列出了几个查询耗时的关系，可以看到，真实值和计算值是不一样的，这是因为在计算值时，没有执行到真正的代码，只是计算了一下，所以会有一些误差。

（1）查询评估总耗时（evalTotalTime）

- 计算值：通过将查询准备时间（queryPreparationTime）、内部评估时间（innerEvalTime）、结果排序时间（resultSortTime）相加得到；
- 真实值：实际的查询评估总耗时通常会大于计算值，因为还包括了代码执行中的其他时间消耗。

（2）执行总耗时（execTotalTime）

- 计算值：将排队时间（execQueueTime）和查询评估总耗时（evalTotalTime）相加得到。
- 真实值：通常大于计算值，说明在执行和排队之间可能有其他未被计入的耗时。

下面是一个完整的查询耗时的 JSON 日志，可以看到，每个阶段的耗时都有，可以根据这个 JSON 日志分析查询耗时的问题。

```
{
    # 请求基础信息
    "httpRequest":{
        "clientIP":"192.168.43.114",
        "method":"POST",
        "path":"/api/v1/query_range"
    },
    # 参数段
    "params":{
        "end":"2021-05-03T02:32:45.000Z",
        "query":"rate(node_disk_reads_completed_total{instance=~"192\\
.168\\.43\\.114:9100"}[2m])",
        "start":"2021-05-03T02:17:45.000Z",
        "step":15
    },
    # 统计段
    "stats":{
        "timings":{
            "evalTotalTime":0.000331799,
            "resultSortTime":0.000001235,
            "queryPreparationTime":0.000075478,
            "innerEvalTime":0.00024141,
            "execQueueTime":0.000012595,
            "execTotalTime":0.000354698
        }
    },
    # 请求时间
    "ts":"2021-05-03T02:32:49.876Z"
}
```

从以上 JSON 日志中可以看到每个阶段的耗时细节，这些数据有助于用户判断哪个阶段可能存在性能瓶颈。例如：

- queryPreparationTime 过长可能表明需要优化查询语句或减少查询的时间序列数量；
- execQueueTime 过长表明 Prometheus 的并发处理能力可能达到了极限；
- innerEvalTime 过长可能暗示内存资源不足；
- resultSortTime 过长可能意味着 CPU 资源瓶颈。

最终，通过对查询耗时的详细分析，可以更有针对性地优化 Prometheus 的性能，确保查询的高效和系统的稳定性。优化策略应着重于识别和解决这些瓶颈，以确保 Prometheus 的查询操作能够高效执行，且系统整体保持稳定。在进行资源调整时，务必谨慎，避免过度调整导致系统资源耗尽或其他不稳定因素。

## 11.5.2 Prometheus 查询预聚合

查询预聚合（query pre-aggregation）是一种优化查询性能和减轻 Prometheus 实例负载的方法。通过在查询之前对数据进行聚合操作，可以降低查询的复杂度和计算成本，从而提高查询的响应速度。

Prometheus 原生并不支持 downsample，所以无论 grafana 上面的 step 随时间如何变化，涉及查询都是将指定的 block 解压再按 step 切割，这会导致查询时间跨度大，对应消耗的 CPU 和内存就会暴增，同时原始点的存储也浪费了，因为 Grafana 的 step 会随时间跨度变大而变大，所以原始点的存储也会变大。

### 1. 实时查询/聚合和预查询/聚合的比较

在监控和数据分析系统中，实时查询/聚合与预查询/聚合是两种不同的数据处理策略，它们各自针对不同的使用场景和需求进行了优化。实时查询/聚合策略的主要优点在于能够提供即时的查询结果，这对于需要实时监控和快速响应的场景至关重要。它适合于处理临时性查询，尤其是当查询请求量较少或查询的时间范围较短时。然而，对于复杂查询或需覆盖长时间跨度的查询，实时查询/聚合可能会导致显著的性能下降和资源消耗。

另一方面，预查询/聚合策略通过提前计算和存储聚合结果，减少了实时查询的计算需求，从而提高了查询性能。这种方法特别适用于频繁执行的标准查询和长期跨度的查询，因为它能够为这些类型的查询提供快速的响应。预查询/聚合策略能够有效减轻监控系统实例的负载，尤其是在处理大量数据时。但是，这种策略需要预先进行一定的策划和分析，以便选择合适的时间范围、聚合函数和标签。此外，预聚合结果可能不是实时更新的，因此，如果数据源频繁变化，就需要定期刷新预聚合数据，以保持信息的更新。

在选择实时查询/聚合和预查询/聚合策略时，必须综合考虑查询性能、资源消耗、数据的实时性以及监控实例的负载等多个因素。有时，根据查询的类型和执行频率，可以采取两种策略的结合，以平衡查询的及时性和效率。这样既可以保证关键数据的实时监控，又可以在资源使用上进行优化。

### 2. Prometheus 的预查询/聚合

Prometheus 的预查询/聚合功能通过“记录规则”（record rules）提供了一种有效的数据处理方法。这种方法特别适用于那些需要频繁查询或计算成本较高的表达式。通过记录规则，可以预先计算这些表达式，并将其结果作为新的时间序列存储。这样做的好处是，在后续的查询中，可以直接查询这些预先计算的结果，而不是每次都执行原始的、可能更复杂和消耗资源的表达式。这不仅提高了查询效率，还减轻了 Prometheus 服务器的负载。

在配置记录规则时，定义了一个规则组（如 my_record），并在其中设置了具体的记录规则。每个规则都包含了一个表达式，这个表达式定义了需要预先计算的内容。例如，在下面的配置中，创建了一个记录规则，用于计算 Kafka 主题分区当前偏移量的变化量，并按主题进行分组：

```
groups:
- name: my_record
  interval: 30s
  rules:
  - record: hke:heavy_expr:0211d8a2fcdefee8e626c86ba3916281
    expr:
sum(delta(kafka_topic_partition_current_offset{instance=~'1.1.1.1:9308',
topic=~".+"}[5m])/5) by (topic)
```

在上述代码中，“interval：30s”表示每 30 s 评估一次该规则。规则的名称被设置为“hke:heavy_expr:0211d8a2fcdefee8e626c86ba3916281”，而 expr 字段包含了具体的 PromQL 表达式，该表达式定义了要预计算的内容。

当 Prometheus 处理这些记录规则时，它会像处理警报规则一样进行处理。这意味着 Prometheus 会定期执行这些规则中的表达式，并将计算结果作为新的时间序列数据保存。这样，当需要这些数据时，可以直接查询这些预先计算好的时间序列，而不是重新执行可能更耗时的原始查询。这种方法在构建需要定期更新的仪表板或执行性能密集型查询时尤为有用。

如果是 record，那么将查询到的结果做 tsdb 的 add app.Add(s.Metric, s.T, s.V)，新的 metric_name 使用配置中设置的，同时保留原有结果的 label。具体实现在 prometheus/prometheus/rules/manager.go 中的 func (m *Manager) evalGroup 方法中：

```
func (g *Group) Eval(ctx context.Context, ts time.Time) {
    for i, rule := range g.rules {
        select {
            case <-g.done:
                return
```

```
                default:
            }

            func(i int, rule Rule) {
                sp, ctx := opentracing.StartSpanFromContext(ctx, "rule")
                sp.SetTag("name", rule.Name())
                defer func(t time.Time) {
                    sp.Finish()

                    since := time.Since(t)
                    g.metrics.evalDuration.Observe(since.Seconds())
                    rule.SetEvaluationDuration(since)
                    rule.SetEvaluationTimestamp(t)
                }(time.Now())

                g.metrics.evalTotal.WithLabelValues(groupKey(g.File(), g.Name())).Inc()

                vector, err := rule.Eval(ctx, ts, g.opts.QueryFunc, g.opts.ExternalURL)
                if err != nil {
                    if _, ok := err.(promql.ErrQueryCanceled); !ok {
                    level.Warn(g.logger).Log("msg", "Evaluating rule failed",
"rule", rule, "err", err)
                }
                    g.metrics.evalFailures.WithLabelValues(groupKey(g.File(),
g.Name())).Inc()
                    return
                }

            if ar, ok := rule.(*AlertingRule); ok {
                ar.sendAlerts(ctx, ts, g.opts.ResendDelay, g.interval,
g.opts.NotifyFunc)
            }
            var (
                numOutOfOrder = 0
                numDuplicates = 0
            )

            app := g.opts.Appendable.Appender()
            seriesReturned := make(map[string]labels.Labels,
len(g.seriesInPreviousEval[i]))
            defer func() {
                if err := app.Commit(); err != nil {
                    level.Warn(g.logger).Log("msg", "Rule sample appending
failed", "err", err)
                    return
                }
                g.seriesInPreviousEval[i] = seriesReturned
            }()
```

```
        for _, s := range vector {
              if _, err := app.Add(s.Metric, s.T, s.V); err != nil {
                 switch errors.Cause(err) {
                    case storage.ErrOutOfOrderSample:
                       numOutOfOrder++
                       level.Debug(g.logger).Log("msg", "Rule evaluation result discarded", "err", err, "sample", s)
                    case storage.ErrDuplicateSampleForTimestamp:
                       numDuplicates++
                       level.Debug(g.logger).Log("msg", "Rule evaluation result discarded", "err", err, "sample", s)
                     default:
                       level.Warn(g.logger).Log("msg", "Rule evaluation result discarded", "err", err, "sample", s)
                     }
              } else {
                 seriesReturned[s.Metric.String()] = s.Metric
              }
    }
```

通过上述代码可以看到，如果是 alert，则走报警的流程；如果是 record，则将结果写入 tsdb 中。

### 3. 配置预聚合

基于机器的平均 CPU 利用率来计算集群的平均 CPU 利用率，配置如下：

```
avg(1 - avg(rate(node_cpu_seconds_total{job=~"node_exporter",mode="idle"}[2m])) by (instance)) * 100
```

通过上述表达式可以看到，需要先计算出每个机器的平均 CPU 利用率，然后计算集群的平均 CPU 利用率，这时可以使用预聚合实现。

接着编写 record.yml，代码如下：

```
cat <<EOF > /opt/app/prometheus/record.yml
groups:
   - name: example
     rules:
     - record: node_avg_cpu_usage
       expr: avg(1 - avg(rate(node_cpu_seconds_total{job=~"node_exporter",mode="idle"}[2m])) by (instance)) * 100
EOF
```

编写完成后，需要使用 promtool 检查语法是否正确，命令如下：

```
[root@master prometheus]# ./promtool check rules record.yml
Checking record.yml
    SUCCESS: 1 rules found
```

最后，修改 Prometheus 主配置文件，并加入 record，此时 Prometheus 会自动加载

record.yml 文件。在 Prometheus 的页面查询数据时，可以看到，已经有了 node_avg_cpu_usage 指标，如图 11-11 所示。

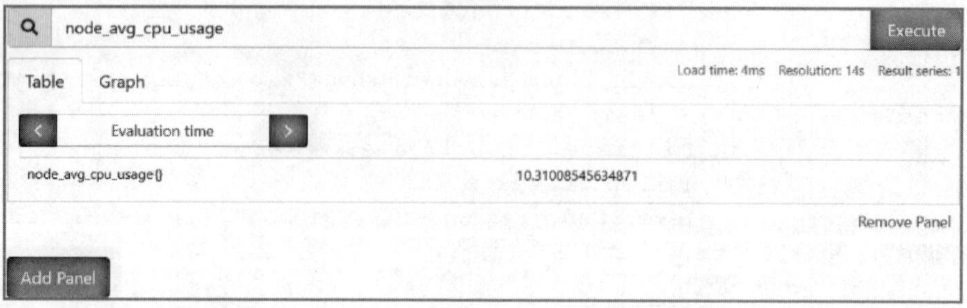


图 11-11

**注意**：预聚合并不能解决所有问题。如果 instance_query 本身就包含高基数数据，那么预聚合可能无法完全消除查询的复杂性。在处理高基数数据时，需要仔细考虑预聚合的效果以及实际查询性能的提升。在这种情况下，可能需要采用其他策略来优化查询，例如，选择更具针对性的标签过滤条件、限制查询时间范围或使用其他优化技术。

## —— 小　结 ——

本章主要介绍了 Prometheus 的存储机制，包括本地存储和远程存储，以及如何使用预聚合来优化查询性能。Prometheus 的存储机制是其核心功能之一，它通过本地存储的方式提供了高效的时间序列数据存储和查询能力。本地存储的设计利用了数据压缩、时间分片和全文搜索索引等技术，为 Prometheus 的高性能查询提供了基础支持。然而，本地存储机制也存在一些局限性，特别是在数据持久性和长期存储方面。为了解决这些问题，Prometheus 提供了远程存储接口，使用户能够选择适合自己需求的存储解决方案，从而在保持 Prometheus 简单性的同时，扩展其存储能力。

# 第 12 章　高可用 Prometheus 实战

在当今高度分布式的系统环境中，监控和指标收集是确保系统稳定性和性能的关键要素。Prometheus 作为一款开源的监控和告警工具，在这个领域发挥着巨大的作用。然而，随着系统规模的增大，单一的 Prometheus 实例可能会成为瓶颈，因此高可用性变得至关重要。本章将深入探讨几种实现 Prometheus 高可用性的方案，以构建强大且可靠的 Prometheus 监控系统。

## 12.1　为何需要 Prometheus 的高可用性

对于企业级或大规模分布式系统而言，实现 Prometheus 高可用性（HA）是保证监控系统稳定性和可靠性的重要步骤。以下是实施 Prometheus 高可用性的几个关键理由以及其带来的好处：

① 数据持久性与防止数据丢失：在生产环境中，监控数据的持久性至关重要。如果依赖单个 Prometheus 实例，一旦发生故障，所有历史数据可能丢失，导致分析和故障排查困难。通过构建高可用架构，可以在多个实例或分布式存储中复制数据，确保数据的安全和持久性。

② 故障恢复与容错性：单个实例的故障可能导致监控中断。高可用配置确保即使某个实例不可用，其他实例可以继续提供监控服务，实现快速故障恢复和提升系统容错能力。

③ 负载均衡与性能扩展：高可用集群可以平衡负载并并行处理查询，提高性能和响应速度。此外，分布数据负载避免了单个实例性能瓶颈。

④ 满足大规模需求：对于大型系统，单个 Prometheus 实例可能无法处理大量数据和查询负载。高可用集群通过多实例协作，满足大规模监控需求，确保监控系统的伸缩性和可扩展性。

⑤ 避免单点故障：单实例是潜在的单点故障源。通过多节点部署，高可用架构避免了此风险，提升系统可用性和稳定性。

⑥ 支持多地域部署：跨多地域或云供应商部署时，高可用架构可确保各地区监控系统的稳定运行。

综上，Prometheus 高可用性的实施不仅提升了系统的故障容忍和负载均衡能力，还支持了无缝的系统维护和升级，是确保监控系统稳定、数据安全、快速响应故障以及满足大规模运营需求的关键。

## 12.2 Prometheus Federation 联邦集群

Prometheus Federation 联邦集群是实现跨多个 Prometheus 集群的查询和聚合的高可用性机制，它允许用户在不同的 Prometheus 实例之间共享指标数据，并在单个查询中汇总这些数据。这对于跨不同数据中心、区域或环境进行全局性监控非常有用。

下面通过设置多个 Prometheus 实例（其中一个充当联邦服务器）来介绍实现联邦集群的步骤和原理。 Primary Prometheus 负责收集和汇总其他实例的指标数据，其架构组件包括：

- Primary Prometheus：这是整个联邦架构的中心。它通常是一个拥有更大存储和计算资源的 Prometheus 实例，用于聚合和查询来自多个子 Prometheus 实例的指标数据。
- Secondary Prometheus：这些是位于分布式系统不同部分的 Prometheus 实例。每个 Prometheus 都独立地监控其所在区域的应用程序和基础设施，并将采集到的指标数据暴露给 Primary Prometheus。

通过以上分析，构建了一个分布式、高可用的监控系统，如图 12-1 所示。

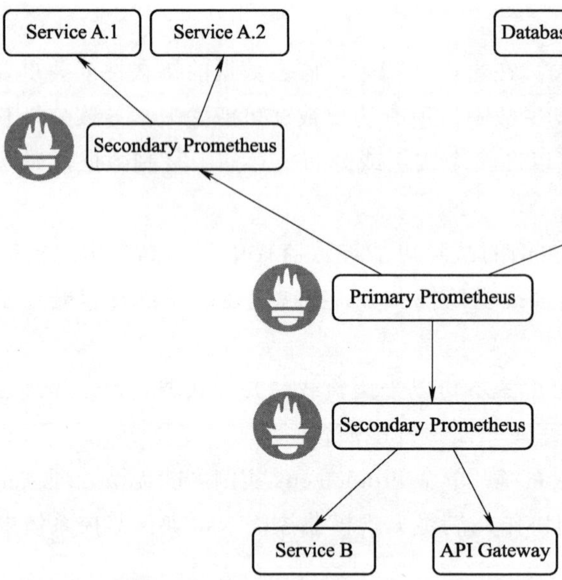


图 12-1

该监控系统具有如下优势：

- 简单实现：不需要引入大量的额外组件，可以快速搭建高可用系统。
- 分级架构：不同级别的 Prometheus 可以处理不同粒度的指标，减轻单一节点的压力。

**注意**：联邦节点可能会出现延迟，因为数据需要从不同节点汇总。此外，需要对联邦节点进行配置和管理，增加一定的复杂性。

### 12.2.1 联邦集群搭建步骤

了解了 Primary Prometheus 的组件功能，下面介绍联邦集群的搭建步骤。

（1）设置主/子 Prometheus

首先需要设置一个主 Prometheus 和一个或多个子 Prometheus。主 Prometheus 负责进行全局查询和聚合，而子 Prometheus 负责收集和存储本地数据。

（2）配置联邦规则

在主 Prometheus 的配置文件中，需要配置联邦规则（federation rule）。这些规则指定了从子 Prometheus 实例收集数据的方式，包括数据源和筛选条件。

（3）配置子 Prometheus

在子 Prometheus 的配置文件中，需要启用 Prometheus Federation，并将子实例注册到主 Prometheus。

（4）启动 Prometheus 实例

启动所有 Prometheus 实例（主实例和子实例）。

（5）查询和聚合

使用主 Prometheus 实例进行查询和聚合操作。通过查询指标数据并从子 Prometheus 实例中汇总结果，可以实现全局性的监控和分析。

除了上面的方式之外，还有一种情况是单个的采集数据量非常大，例如，要采集上万个节点的监控指标数据，这种情况即使已经进行了分区，但是对于单个 Prometheus 来说压力非常大，这时需要按照任务的不同实例进行划分，利用 Prometheus 的 relabel 功能，通过 hash 取模的方式可以确保当前 Prometheus 只采集当前任务的一部分实例的监控指标。示例代码如下：

```
#prometheus 配置......
relabel_configs:
    - source_labels: [__address__]
      modulus: 4          # 将节点分片成 4 个组
      target_label: __tmp_hash
      action: hashmod
    - source_labels: [__tmp_hash]
      regex: ^1$          # 只抓第 2 个组中节点的数据(序号 0 为第 1 个组)
      action: keep
```

### 12.2.2 联邦集群的工作原理

Prometheus Federation 的工作原理基于以下几个关键组件和步骤：

① 数据采集：子 Prometheus 实例负责从目标应用程序、服务或主机中采集指标数据，与常规的 Prometheus 数据采集过程类似。

② 数据存储：子 Prometheus 实例将采集的指标数据存储到本地数据库中。

③ 联邦规则配置：主 Prometheus 实例的配置文件中包含了联邦规则，这些规则定义了从子 Prometheus 实例获取数据的方式。规则中包括数据源的地址、端点和可能的标签筛选条件。

④ 数据抓取：主 Prometheus 根据配置的联邦规则，定期从子 Prometheus 实例抓取数据。抓取的数据经过汇总和聚合，可以应用标签匹配和数据转换。

⑤ 查询和展示：用户可以使用主 Prometheus 实例进行查询和分析。主 Prometheus 将查询发送到子 Prometheus 实例，获取所需的数据，然后将数据汇总并返回给用户。

Prometheus Federation 允许在全局范围内跨多个 Prometheus 实例进行查询和聚合，从而实现全局性的监控和分析。这对于具有分布式架构、多个数据中心或区域的应用程序非常有用，使得能够在一个统一的界面下查看和分析所有数据。

### 12.2.3 联邦集群的特点和用途

Prometheus Federation 是一种强大的架构模式，用于实现分布式监控和全局查询。它允许多个远程 Prometheus 实例协同工作，将数据聚合在一个中央 Prometheus 上，从而提供了灵活、可扩展的分布式监控解决方案。然而，在使用 Prometheus Federation 时需要考虑数据传输延迟、网络和安全性等因素。

#### 1. 联邦集群的优势

Prometheus Federation 的优势如下：

- 分布式监控：Prometheus Federation 允许用户建立一个分布式的监控系统，适用于大规模、跨区域的应用程序和基础设施。
- 数据隔离：每个远程 Prometheus 可以独立地监控其区域，确保数据隔离和局部性。
- 数据聚合：中央 Prometheus 聚合来自多个远程 Prometheus 的数据，使用户可以在一个位置进行全局查询和分析。
- 灵活性：可以根据需要添加或删除远程 Prometheus，以适应系统的变化和扩展。
- 性能分散：通过将数据采集和处理分散到多个远程 Prometheus，可以降低单个 Prometheus 实例的负载，提高性能。

#### 2. 联邦集群的缺点

尽管如此，Prometheus Federation 也有一些缺点，包括：

- 延迟：由于数据需要从远程 Prometheus 传输到中央 Prometheus，可能会引入一些延迟。这需要在查询和分析时考虑。
- 网络和安全性：Federation 涉及数据在网络上的传输，因此需要考虑网络连接性和数据的安全性。

● 配置管理：确保正确配置中央和远程 Prometheus，以确保数据正确且有效地传输和聚合。

3．联邦集群的用途

对于小规模集群和大规模集群可以采用不同的方案，但是其中有一个非常重要的部分就是远程存储，想要保证数据的持久化就必须使用远程存储。第 11 章中介绍了 Prometheus 远程存储方案，下面介绍基于主备的高可用方案以及目前比较流行的方案——Thanos，它完全兼容 Prometheus API，提供统一查询聚合分布式部署 Prometheus 数据的能力，同时也支持数据长期存储到各种对象存储（如 S3、阿里云 OSS 等）以及降低采样率来加速大时间范围的数据查询。

# 12.3　基于主备的高可用方案

在实现高可用的 Prometheus 部署方案中，主要考虑到了服务的可用性、数据持久化、性能扩展和功能分区等因素。下面介绍基于主备的高可用（HA）方案，结合远程存储和联邦集群的策略，以及实例级别的功能分区。

## 12.3.1　基本 HA：确保服务可用性

在 Prometheus 的 HA 设计中，采用了基本的主备架构，以确保服务的可用性。这是通过部署多个 Prometheus Server 实例并采集相同的 Exporter 目标实现的。每个 Prometheus 实例独立运行，定期从 Exporter 中拉取监控数据，从而分散了单点故障的风险。其工作原理如图 12-2 所示。

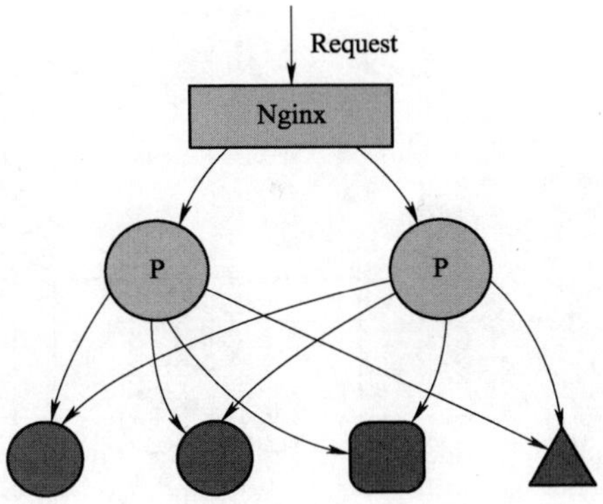


图 12-2

这种基本 HA 模式仅确保了 Prometheus 服务的可用性，并未解决 Prometheus Server 之间的数据一致性和数据持久化问题。适用于规模较小且不需要长期存储监控数据的场景。

## 12.3.2　基本 HA+远程存储：实现数据持久化

为了解决 Prometheus Server 之间的数据一致性和数据持久化问题，Prometheus 引入了远程存储功能。通过远程存储可以将采集到的监控数据保存到第三方存储服务，以实现数据的持久化。远程存储提供了远程写入和远程读取两种模式，如图 12-3 所示。

在基本 HA 模式的基础上，通过添加远程存储支持，监控数据被保存在第三方存储上。这不仅保障了数据的持久性，还可以迅速恢复数据以应对 Prometheus 服务器的宕机或数据丢失。这种模式同样支持 Prometheus Server 的迁移。适用于规模较小、需要数据持久化和可迁移性的场景。

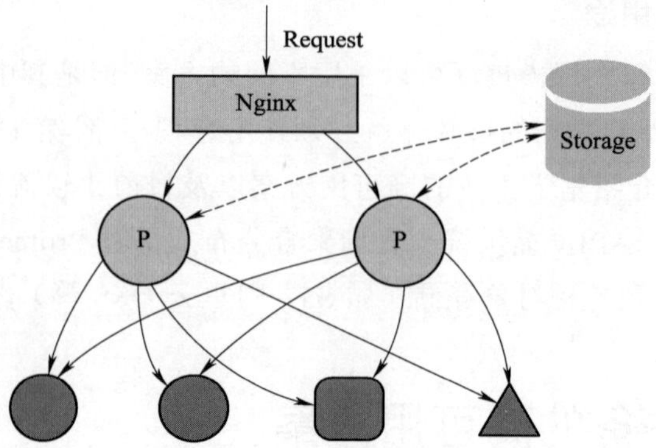


图 12-3

### 12.3.3 基本 HA+远程存储+联邦集群：性能扩展与功能分区

当单个 Prometheus Server 无法处理大规模的采集任务时，可以通过 Prometheus 联邦集群的方式将监控任务划分到不同的 Prometheus 实例，实现功能分区，如图 12-4 所示。

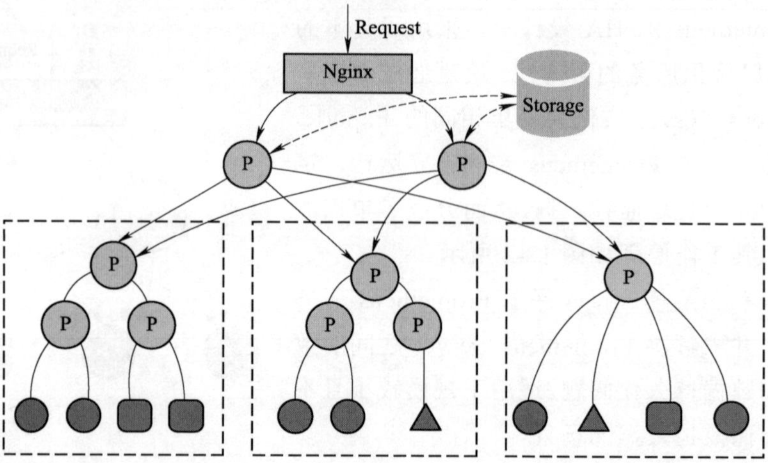


图 12-4

这种方式适用于以下两种场景：

① 单数据中心 + 大量采集任务：利用联邦集群将不同类型的监控任务分配到不同的 Prometheus 子实例，最后由上层 Prometheus 实现数据的汇聚。

② 多数据中心：在多数据中心情况下，每个数据中心部署独立的 Prometheus 实例负责本地的采集任务，最终由中心 Prometheus 实现多数据中心数据的聚合。

### 12.3.4　实例级别功能分区

在某些极端情况下，单个采集任务的目标数量巨大，使得通过联邦集群进行功能分区已无法有效处理。此时，可考虑在实例级别进行功能分区，如图 12-5 所示。

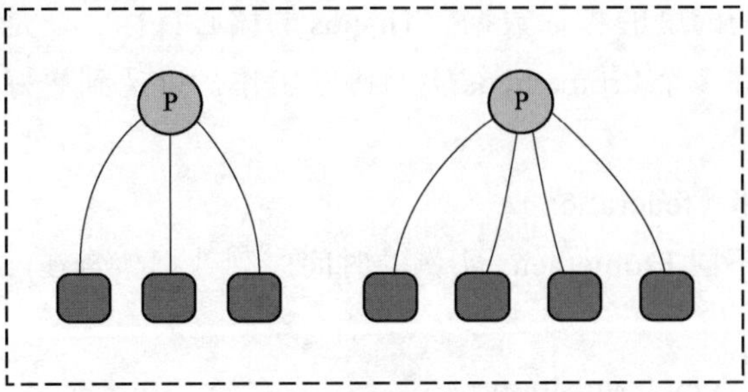


图 12-5

图 12-5 展示了将同一监控任务的不同实例数据分配到不同的 Prometheus 实例中。通过 relabel 设置，确保当前 Prometheus Server 只采集部分实例的监控数据。中心 Prometheus Server 负责将分散的数据聚合到任务级别。示例代码如下：

```
global:
    external_labels:
        slave: 1
scrape_configs:
    - job_name: some_job
      relabel_configs:
      - source_labels: [__address__]
        modulus:       4
        target_label:  __tmp_hash
        action:        hashmod
      - source_labels: [__tmp_hash]
        regex:         ^1$
        action:        keep
```

通过以上策略，用户可以根据不同的需求和场景构建高可用的 Prometheus 集群，确保监控数据的稳定性、持久性和性能扩展。

## 12.4　基于 Thanos 的 Prometheus 高可用性方案

在现代分布式系统中，监控和指标收集是确保系统稳定性和性能的关键。Prometheus 作为一款功能强大的开源监控工具，受到了广泛的关注和应用。然而，随着系统规模的增大，单一的 Prometheus 实例可能会面临性能瓶颈和可用性挑战。为了构建一个高可用性的监控系统，Thanos 提供了一个强大的解决方案。下面深入探讨基于 Thanos 的 Prometheus 高可用性方案，为用户提供实现强大且稳定的监控集群的指导。

### 12.4.1 Thanos 简介

在深入了解 Thanos 如何实现 Prometheus 高可用性之前，先了解一下 Thanos 是什么。

Thanos 是一个开源项目，旨在扩展 Prometheus 的功能，特别是关注在大规模环境中处理高容量和长时间跨度的指标数据。Thanos 的核心目标之一是提供一个可扩展、高可用的监控系统，允许多个 Prometheus 实例协同工作，以达到更好的性能和可靠性。它主要具有以下功能：

（1）跨集群联邦（federation）

Thanos 可以将不同 Prometheus 实例的时间序列数据聚合在一起，实现跨数据中心的联邦查询。

（2）长期存储（long term storage）

Thanos 可以将 Prometheus 的时间序列数据备份到对象存储系统（如 S3、GCS 等），实现历史数据的长期存储。

（3）高可用查询（highly available query）

在 Thanos Query 前置负载均衡，可以实现 Prometheus 查询层的高可用。

（4）规则托管（rule hosting）

Thanos Rule 组件可以持久化和查询 Prometheus 配置的告警规则。

（5）压缩下采样（downsampling & compaction）

Thanos 可以对时间序列数据进行压缩和下采样，减少存储空间占用。

（6）易扩展性（easy scalability）

各个 Thanos 组件可以轻松横向扩展，快速应对数据增长。

Thanos 的主要组件与功能说明见表 12-1。

表 12-1 Thanos 主要组件与功能说明

| 组件名称 | 功能说明 |
|---|---|
| Thanos Sidecar | 负责从 Prometheus 实例中获取数据并备份到对象存储中 |
| Thanos Store | 实现对象存储层，从 Sidecar 上传的数据中提供一致的对象存储 API |
| Thanos Query | 实现 Prometheus 查询层的高可用，可以水平扩展，同时提供直接查询对象存储的功能 |
| Thanos Rule | 实现 Prometheus 规则的多副本和高可用托管 |
| Thanos Compact | optional 组件，用于优化对象存储中的数据块并提高查询效率 |
| Thanos Receiver | optional 组件，负责接收和抓取多个 Prometheus 实例的数据到一个 Thanos 集群中 |
| Thanos Ruler | 实现多租户模式下的高可用 Prometheus 规则 |
| Thanos Bucket | 添加新的对象存储桶到 Thanos 集群 |

其实核心的 Sidecar+Query 就已经可以运行，其他组件只是为了实现更多的功能。通过组合这些组件，Thanos 实现了 Prometheus 的数据备份、持久化，并提供了可靠、可扩

展、弹性的 Prometheus 监控能力。可以轻松构建一个具备高可用性、长期存储能力和易扩展性的大规模 Prometheus 监控系统。它非常适合多数据中心的超大规模监控场景。

### 12.4.2 Thanos 如何实现 Prometheus 高可用性

Thanos 实现 Prometheus 高可用性的核心机制是通过分布式存储和查询来解决指标数据的持久化和访问问题。接下来梳理一下基于 Thanos 的 Prometheus 高可用性方案的关键特点和步骤。

（1）分布式存储

Thanos 允许将多个 Prometheus 实例的指标数据存储到一个共享的分布式存储后端，例如，对象存储（如 Amazon S3、Google Cloud Storage 等）或分布式文件系统。这样，指标数据将持久化保存，即使某个 Prometheus 实例发生故障也不会丢失数据。

（2）数据复制

通过 Thanos 的数据复制机制，可以将指标数据从一个 Prometheus 实例复制到其他实例。这样，即使某个实例不可用，其他实例仍然可以继续访问数据并提供监控服务。数据复制还有助于提高查询性能，因为查询可以在多个实例上并行执行。

（3）集中式查询

Thanos 提供了一个集中式查询系统，允许在所有 Prometheus 实例的数据上执行查询。这样，我们可以从一个集中的查询端点获取跨实例的指标数据，而无须直接连接到每个实例。集中式查询提高了查询的效率和可用性。

（4）故障恢复

如果某个 Prometheus 实例发生故障，我们可以轻松地将查询切换到其他实例，从而实现故障恢复。这种方式下，可以快速恢复监控服务而不会中断。

### 12.4.3 Thanos 架构模式

从使用角度来看，Thanos 提供了 Sidecar 和 Receiver 两种模式来支持高可用性和长期数据存储。Thanos 通过 Sidecar 和 Receiver 两种模式，为 Prometheus 提供了一个全面、可扩展的监控解决方案。这不仅确保了数据的高可用性和可靠性，还大大增强了 Prometheus 在大规模部署和长期数据存储方面的能力。

#### 1. Receiver 模式

Thanos Receiver 实现了 Prometheus 远程写 API，它构建在现有的 Prometheus TSDB 之上，并保持其实用性，同时通过长期存储、水平可伸缩性和下采样扩展其功能。Prometheus 实例被配置为连续地向它写入指标，然后 Thanos Receiver 默认每 2 小时将时间序列格式的监控数据块上传到一个对象存储的桶中。Thanos Receiver 同样暴露了 Store

API，以便 Thanos Querier 可以实时查询接收到的指标。Thanos Receiver 的工作原理如图 12-6 所示。

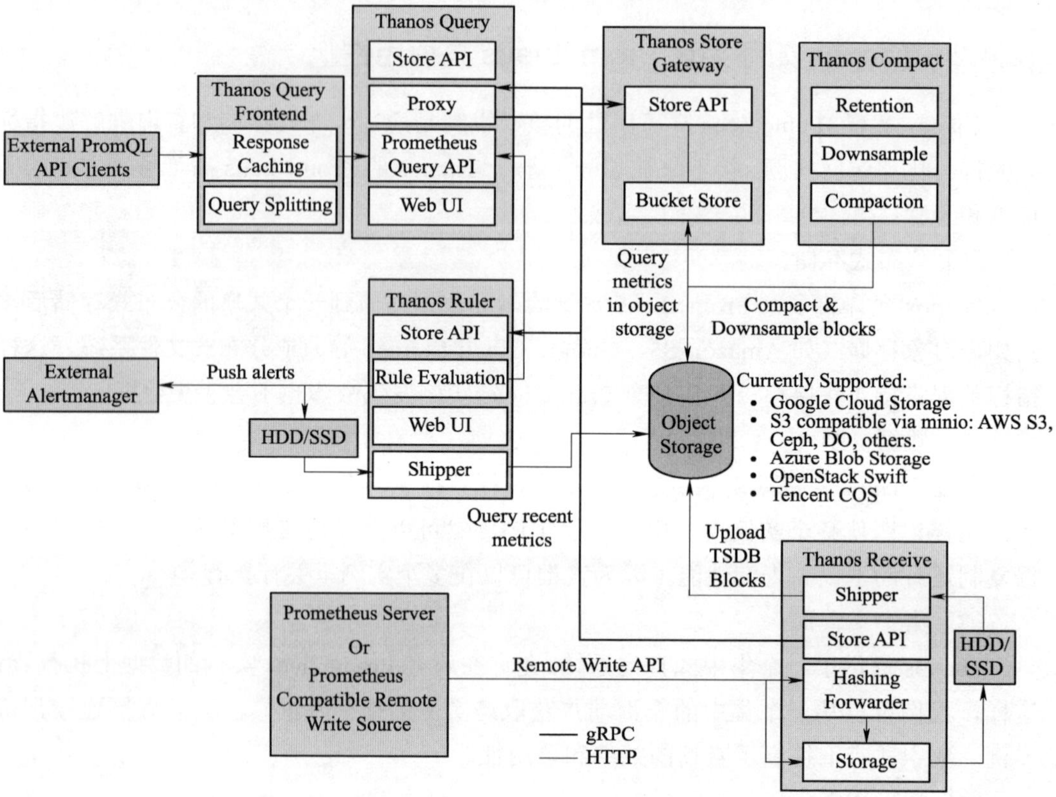


图 12-6

结合图 12-6，梳理一下 Thanos Receiver 的功能和优势。

（1）数据接收和存储

Thanos Receiver 负责接收来自多个 Prometheus 实例的指标数据，并将这些数据存储在可横向扩展的后端存储中，比如对象存储（如 Amazon S3、Google Cloud Storage 等）或分布式文件系统（如 HDFS）等。

（2）数据去重和压缩

Thanos Receiver 会执行数据去重和压缩，以减少存储占用和传输成本。它会识别和过滤掉重复的数据点，确保每个数据点只存储一次。

（3）数据持久性

接收到的指标数据将持久存储在后端存储系统中，从而确保数据的持久性和可靠性。即使 Prometheus 实例出现故障，数据也不会丢失。

（4）高可用性

Thanos Receiver 支持多副本和冗余部署，从而实现高可用性。如果一个 Receiver 实例发生故障，其他实例仍然可以继续接收和存储数据。

（5）数据分发和查询

存储在 Thanos Receiver 中的数据可以被 Thanos 查询组件（如 Thanos Querier）查询和分析。这允许用户跨不同 Prometheus 实例执行全局性的查询操作，而无须直接访问每个 Prometheus 实例。

Thanos Receiver 是 Thanos 生态系统中的一个重要组件，为 Prometheus 用户提供了一个高度可用、弹性的指标数据接收和存储解决方案。它允许用户将来自不同 Prometheus 实例的数据集中存储、去重和压缩，从而实现全局性的监控和查询。Thanos Receiver 的高可用性和数据持久性使其成为处理大规模分布式监控数据的理想选择。

### 2. Sidecar 模式

在 Sidecar 模式中，每个 Prometheus 实例都有一个 Thanos Sidecar，该 Sidecar 负责将指标数据复制到一个或多个远程存储后端（如对象存储、分布式文件系统等）。查询时，Thanos Querier 可以直接从远程存储后端获取数据，而无须连接到每个 Prometheus 实例。Sidecar 模式的工作原理如图 12-7 所示。

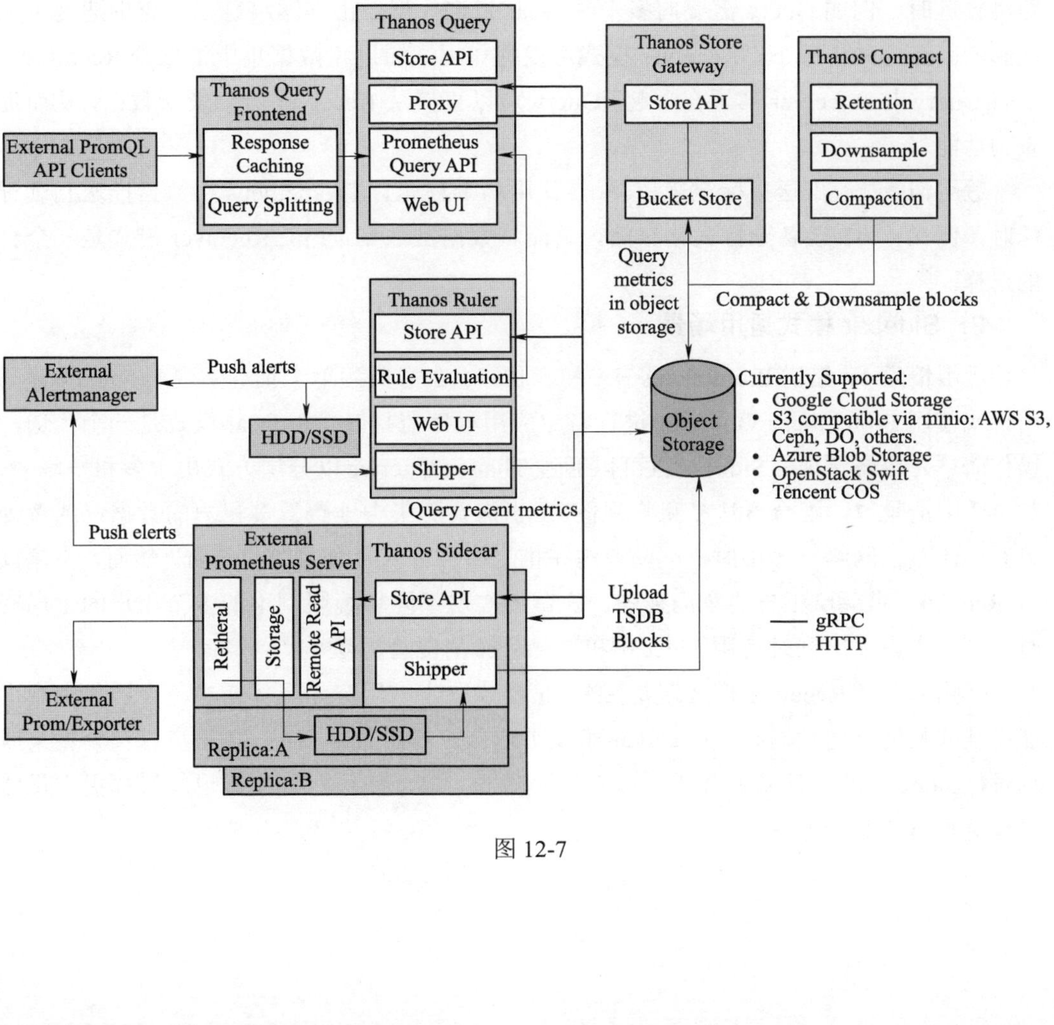


图 12-7

同样，结合图 12-7 来梳理一下 Sidecar 模式的特点。

（1）去中心化数据复制

每个 Prometheus 实例都有一个 Sidecar，将数据复制到远程存储后端，实现了数据的冗余和去中心化。

（2）分散查询压力

查询由 Thanos Querier 处理，可以从远程存储后端获取数据，分散了查询压力。

（3）数据可用性

即使某个 Prometheus 实例失效，其他实例的数据仍然可用，不会导致数据丢失。

### 12.4.4 Receiver 模式 vs Sidecar 模式：优势和选择

Receiver 和 Sidecar 两种模式都能够帮助 Prometheus 实现高可用性和长期数据存储。然而，在做出选择时，需要根据具体的架构需求和资源分配来权衡利弊。

#### 1. Receiver 模式适用场景

**适用情景 1：**集中查询性能提升。当 Query 与分布在多个数据中心的 Sidecar 之间的距离较远时，例如 Query 需要向多个 Sidecar 查询数据，由于网络延迟，查询速度可能受到影响。在这种情况下，Receiver 模式可发挥作用。通过将数据集中汇聚到 Receiver，然后将 Query 与 Receiver 部署在一起，Query 可以直接从 Receiver 查询最新数据，从而提升查询性能。

**适用情景 2：**推送指标至远程。当使用场景只允许 Prometheus 将数据推送到远程存储时，例如，IoT 设备无持久化存储，只能将数据推送到远程，Receiver 模式是一个合适的选择。

#### 2. Sidecar 模式适用场景

**适用情景 1：**集群 Prometheus HA 和多租户。在需要为单个集群实现 Prometheus 高可用性或使用 Prometheus Operator 进行特定应用程序监控时，Sidecar 模式是一个优选。它操作简单，轻量集成。Sidecar 也可以通过 Thanos Querier 以分层方式用于多租户场景。

**适用情景 2：**混合方法多租户视图。当需要更集中地查看多租户的数据，或者处于只有出流量的网络环境中时，可以考虑在推送指标方式后使用 Receiver。然而，不建议使用 Receiver 实现单租户的全局视图。在试图实现不同环境限制下的多个租户的全局视图时，可以考虑采用同时使用 Sidecar 和 Receiver 的混合方法。

因此，选择 Receiver 模式还是 Sidecar 模式取决于用户的具体需求。需要集中查询性能提升或只能推送数据时，Receiver 可能更适合。对于集群 HA、多租户以及轻量集成等场景，Sidecar 模式可能更合适。在某些情况下，混合使用两种模式也能发挥更大优势，实现更丰富的监控方案。

### 12.4.5　实践案例：实施基于 Thanos 高可用性方案

在部署基于 Thanos 的 Prometheus 高可用性方案前，首先需要完成以下准备工作和关键步骤。

#### 1. 准备工作和关键步骤

在开始部署之前，需要满足以下要求和环境准备：

- Kubernetes 集群至少拥有三个节点，本实例以 GKE 集群为例；
- 配置 Ingress Controller 和 Ingress 对象；
- 创建用于 Thanos 组件访问对象存储的凭证，如 GCS（Google cloud starage）存储；
- 创建两个 GCS 存储，命名为 prometheus-gcs 和 thanos-ruler；
- 创建一个服务账户并授予“存储对象管理员”角色；
- 下载并保存名为 thanos-gcs-credentials.json 的 JSON 格式密钥文件；
- 使用 Kubernetes Secret 创建密钥以供 Kubernetes 使用。

接下来，以 Sidecar 模式为例，实施基于 Thanos 的 Prometheus 高可用性方案，关键步骤如下：

步骤 1：配置 Thanos 存储后端。在每个 Prometheus 实例中，配置 Thanos 存储后端以将指标数据存储到共享的分布式存储系统中；

步骤 2：配置数据复制。在需要复制数据的 Prometheus 实例之间配置数据复制机制，确保数据在多个实例之间同步；

步骤 3：配置集中式查询。部署一个 Thanos 查询实例，配置所有 Prometheus 实例将查询请求发送到该实例。这将集中化查询并提高查询效率；

步骤 4：监控和维护。定期监控 Thanos 集群的健康状况，确保存储后端和查询实例正常运行。在需要时进行扩展或维护操作。

#### 2. Prometheus 配置

在部署 Thanos 之前，需要先配置 Prometheus。由于 Thanos 是无侵入的，仍需部署自己的 Prometheus 实例。Prometheus 采集的是地域 A 的监控数据。Prometheus 配置 web.enable-lifecycle 需要开启，用于热加载 reload 配置，retention 保留 2 小时，Prometheus 默认 2 小时会生成一个 block，Thanos 会把这个 block 上传到对象存储。Prometheus 中的采集配置如下：

```
global:
   scrape_interval:     60s
   evaluation_interval: 60s
   external_labels:
       region: 'A'
       replica: 0
```

```
rule_files:
scrape_configs:
    - job_name: 'prometheus'
      static_configs:
      - targets: ['0.0.0.0:9090']

    - job_name: 'demo-scrape'
      metrics_path: '/metrics'
      params:
      ...
```

在部署 Thanos Sidecar 组件之前，进行适当的配置是关键，以确保数据准确捕获并传输。以下是配置过程的关键步骤及其详细解释：

（1）定义外部标签和副本标识

① 在 Prometheus 的配置中，需要声明 external_labels。这些标签用于识别集群的地理位置或其他重要属性。

② 在多副本环境中运行时，需要定义每个副本的唯一标识符。例如，可以设置 replica："0"、replica："1"和 replica："2"等，确保每个副本捕获相同的数据，但具有不同的副本标识。这有助于 Thanos Sidecar 识别和区分不同的 Prometheus 实例。

（2）配置 Prometheus 实例

① 必须开启 Prometheus 的管理 API 和生命周期管理选项。通过添加启动参数--web.enable-admin-api'和'--web.enable-lifecycle，可以动态地加载配置更改和进行其他管理任务。

② 这些选项允许 Thanos Sidecar 动态地与 Prometheus 实例交互，例如，在不停止 Prometheus 服务的情况下重载配置文件。

以上步骤完成后，Thanos Sidecar 组件就能够更有效地与 Prometheus 集成，确保数据的正确捕获和传送至长期存储解决方案中。这些配置步骤对于实现 Prometheus 和 Thanos 的高可用性及可靠性是至关重要的。

（3）部署 Sidecar 组件：数据传送与持久化

接下来介绍部署 Sidecar 组件的关键步骤，这是整个架构的核心。Sidecar 组件在 Kubernetes 中被作为 Prometheus Server Pod 的 Sidecar 容器来部署，它们共同运行在同一个 Pod 中。Sidecar 组件具有以下两个关键作用。

① 实现 Thanos 的 Store API。Sidecar 组件通过使用 Prometheus 的远程读取 API，实现了 Thanos 的 Store API。这意味着 Query 组件可以将 Prometheus 服务器视为时间序列数据的另一个来源，无须直接与 Prometheus API 进行交互。这种方式起到了 Sidecar 的拦截作用，为后续的查询组件提供了数据源。

② 可选的持久化设置。还可以选择配置 Sidecar，在 Prometheus 每两小时生成一次

TSDB 块时，将这些块上传到对象存储桶中。这个过程确保了历史数据的持久性，并通过对象存储允许长期的数据查询。然而，需要注意的是，这并不意味着 Prometheus 完全无状态。如果 Prometheus 崩溃并重新启动，会丢失最近两小时的指标数据。但如果 Prometheus 有多个副本，这会减少数据丢失的风险。

如果要使用对象存储来长期保存数据，那么就要先准备一下对象存储的配置信息（thanos-objectstorage-secret.yaml），比如使用腾讯云 COS 来存储，代码如下：

```
apiVersion: v1
kind: Secret
metadata:
  name: thanos-objectstorage
  namespace: thanos
type: Opaque
stringData:
  objectstorage.yaml: |
    type: ALIYUNOSS
    config:
      endpoint: "oss-cn-hangzhou-internal.aliyuncs.com"
      bucket: "thanos"
      access_key_id: "***********"
      access_key_secret: "*************"
```

就需要给 Prometheus 加上 Thanos Sidecar，准备 Prometheus 的配置文件如下：

```
kind: Service
apiVersion: v1
metadata:
  name: prometheus-headless
  namespace: thanos
  labels:
    app.kubernetes.io/name: prometheus
spec:
  type: ClusterIP
  clusterIP: None
  selector:
    app.kubernetes.io/name: prometheus
  ports:
  - name: web
    protocol: TCP
    port: 9090
    targetPort: web
  - name: grpc
    port: 10901
    targetPort: grpc
---
```

```yaml
apiVersion: apps/v1
kind: StatefulSet
metadata:
  name: prometheus
  namespace: thanos
  labels:
    app.kubernetes.io/name: thanos-query
spec:
  serviceName: prometheus-headless
  podManagementPolicy: Parallel
  replicas: 2
  selector:
    matchLabels:
      app.kubernetes.io/name: prometheus
  template:
    metadata:
      labels:
        app.kubernetes.io/name: prometheus
    spec:
      serviceAccountName: prometheus
      securityContext:
        fsGroup: 2000
        runAsNonRoot: true
        runAsUser: 1000
      affinity:
        podAntiAffinity:
          requiredDuringSchedulingIgnoredDuringExecution:
          - labelSelector:
              matchExpressions:
              - key: app.kubernetes.io/name
                operator: In
                values:
                - prometheus
            topologyKey: kubernetes.io/hostname
      containers:
      - name: prometheus
        image: quay.io/prometheus/prometheus:v2.15.2
        args:
        - --config.file=/etc/prometheus/config_out/prometheus.yaml
        - --storage.tsdb.path=/prometheus
        - --storage.tsdb.retention.time=10d
        - --web.route-prefix=/
        - --web.enable-lifecycle
        - --storage.tsdb.no-lockfile
        - --storage.tsdb.min-block-duration=2h
        - --storage.tsdb.max-block-duration=2h
        - --log.level=debug
```

```
              ports:
              - containerPort: 9090
                name: web
                protocol: TCP
              livenessProbe:
              # ...
            - name: thanos
              image: quay.io/thanos/thanos:v0.11.0
              args:
               - sidecar
               - --log.level=debug
               - --tsdb.path=/prometheus
               - --prometheus.url=http://127.0.0.1:9090
               - --objstore.config-file=/etc/thanos/objectstorage.yaml
               - --reloader.config-file=/etc/prometheus/config/prometheus.
yaml.tmpl
               - --reloader.config-envsubst-file=/etc/prometheus/config_out/
prometheus.yaml
               - --reloader.rule-dir=/etc/prometheus/rules/
               env:
               - name: POD_NAME
                 valueFrom:
                    fieldRef:
                       fieldPath: metadata.name
               ports:
               - name: http-sidecar
                 containerPort: 10902
               - name: grpc
                 containerPort: 10901
               livenessProbe:
                  httpGet:
                     port: 10902
                     path: /-/healthy
               readinessProbe:
                  httpGet:
                     port: 10902
                     path: /-/ready
               volumeMounts:
               # ...
           volumes:
           - name: prometheus-config-tmpl
             configMap:
                defaultMode: 420
                name: prometheus-config-tmpl
           - name: prometheus-config-out
             emptyDir: {}
           - name: prometheus-rules
             configMap:
```

```
              name: prometheus-rules
          - name: thanos-objectstorage
            secret:
              secretName: thanos-objectstorage
  volumeClaimTemplates:
  - metadata:
      name: prometheus-storage
      labels:
        app.kubernetes.io/name: prometheus
    spec:
      accessModes:
      - ReadWriteOnce
        resources:
          requests:
            storage: 200Gi
        volumeMode: Filesystem
```

上面的配置文件中，使用了 StatefulSet 来部署 Prometheus，这样可以保证每个 Prometheus 副本都有唯一的标识符。另外，还为 Prometheus 配置了一个 Service，这样就可以通过 Service 访问 Prometheus。

Sidecar 配置非常简单，只需要声明 prometheus.url 和数据地址即可。如果希望将数据存储在对象存储中（这也是推荐的做法），则需要配置 objstore.config-file，其中包含对象存储的账户信息。

另外，一定不要忘记为每个 Prometheus 副本（0 号和 1 号）都配备一个相应的 Sidecar 组件。如果是 Pod 运行方式，可以将 Sidecar 作为容器加入。对于主机部署方式，只需指定 Prometheus 端口即可。

**注意**：Sidecar 组件是无状态的，可以部署多个副本，多个 Sidecar 组件可以访问相同的 Prometheus 数据，从而保障了拓展性。然而，如果是 Pod 运行，多个 Sidecar 实例可能并不是必要的，因为 Sidecar 和 Prometheus 可以作为同生共死的伙伴。

另外，Sidecar 组件会读取 Prometheus 每个块中的 meta.json 信息，然后添加 Thanos 特有的元数据信息并上传到块存储中。

（4）部署查询组件

在完成 Sidecar 部署并获得了三个相同的数据副本后，可以考虑安装查询组件。查询组件（Query）实现了 Prometheus 的 HTTP v1 API，使用户能够像使用 Prometheus 的图形界面一样，通过 PromQL 查询 Thanos 集群中的数据。

简单来说，Sidecar 暴露了 Store API，Query 组件从多个 Store API 中收集数据，进行查询并返回结果。Query 组件是完全无状态的，因此可以水平扩展。

另外，http-address 表示查询组件本身的端口，因为它是一个 Web 服务。一旦启动，就可以在浏览器中输入地址以访问查询界面，如图 12-8 所示。

图 12-8

选择 Stores 选项卡，可以看到与哪些 Sidecar 进行了连接。图 12-8 所示的查询页面上有两个复选框，其含义如下：

- deduplication：是否去重。默认勾选表示进行去重，相同数据只会显示一次。如果不勾选，replica0 和 replica1、replica2 完全相同的数据会显示为三条记录。
- partial response：是否允许部分响应。默认情况下允许部分响应。这里涉及一种一致性的权衡，例如，在三个副本中，如果一个副本挂掉或超时，查询可能会导致一个副本没有响应。允许部分响应时，将会返回其余两个副本的数据。这会减弱数据的一致性，但是保持了可用性。默认情况下，允许部分响应。

（5）部署存储网关组件

在前面的过程中，细心的读者可能已经注意到，在第三步中，./thanos query 命令中存在一个“--store”参数，其值为 xxx:19914，而不是之前一直提到的三个副本。这里的 19914 是接下来要介绍的存储网关（store gateway）组件。

在第二步的 Sidecar 配置中，如果配置了对象存储 objstore.config-file，数据将会定期上传到对象存储桶中，本地数据仅保留两小时。但是，如果要查询两小时前的数据，怎么办呢？数据不再由 Prometheus 控制，那么如何从对象存储桶中检索数据，并提供与之前完全相同的查询呢？

存储网关主要与对象存储进行交互，从中检索已持久化的数据。与 Sidecar 类似，存储网关也实现了 Store API，因此查询组件可以从存储网关查询历史数据。

grpc-address 参数表示存储 API 暴露的端口，也就是 Query 命令中 --store 参数配置的端口。由于存储网关需要从网络上拉取大量历史数据加载到内存中，因此会消耗大量的 CPU 和内存资源。这个组件在 Thanos 面世初期曾受到一些质疑，但目前的性能还是相当不错的。尽管如此，在实际使用过程中可能会遇到一些问题，这些问题将在后面进行介绍。

存储网关也可以无限拓展，可以从同一个对象存储中拉取数据。

到这一步，基本上已经完成了 Thanos 的基本使用流程。至于压缩（compact）和对象存储桶的校验等功能，虽然重要，但并不是核心功能。在这里只是进行了简单的压缩部署，而对于规则（rule）组件，暂时不作详细说明。

（6）查看数据

部署完成后，可以通过以下命令验证 Pod 是否正常运行。

```
$ kubectl get pods -o wide -l thanos-store-api="true"
NAME                    READY   STATUS    RESTARTS AGE    IP          NODE
NOMINATED NODE   READINESS GATES
prometheus-0             2/2     Running    0       100m   10.0.28.2   test-
pool-1-129cbe11-jdnv    <none>            <none>
prometheus-1             2/2     Running    0       14h    10.0.27.2   test-
pool-1-2533d318-kxkd    <none>            <none>
prometheus-2             2/2     Running    0       31h    10.0.12.2   test-
pool-1-1e9884dd-27gc    <none>            <none>
thanos-ruler-0           1/1     Running    0       100m   10.0.27.8   test-
pool-1-2533d318-kxkd    <none>            <none>
thanos-store-gateway-0   1/1     Running    0       14h    10.0.12.4   test-
pool-1-6e9849dd-27gc    <none>            <none>
```

在上述 Pod 中，prometheus-0、prometheus-1、prometheus-2 是 Sidecar 组件，thanos-store-gateway-0 是存储网关组件，thanos-ruler-0 是规则组件。接下来将 Thanos Querier 添加为 Grafana 中的数据源，并开始创建仪表板，如图 12-9 所示。

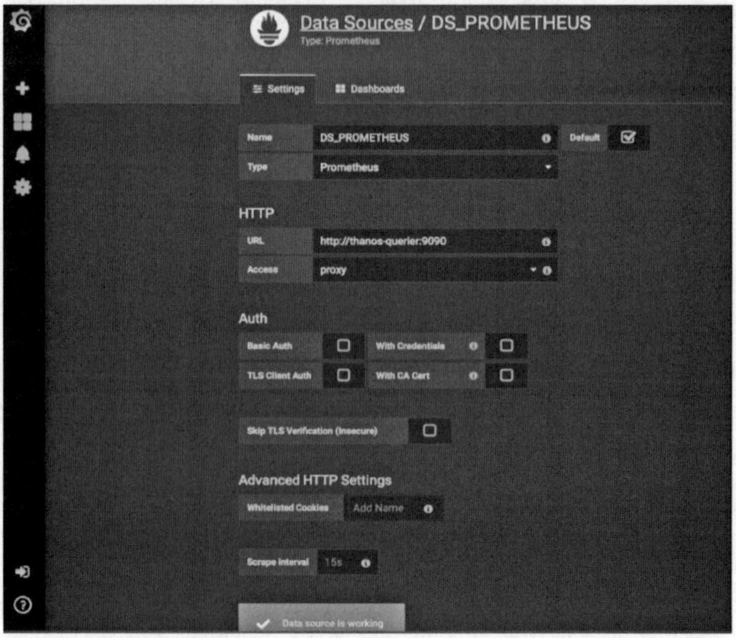


图 12-9

有了多地域多副本的数据，可以结合 Grafana 构建全局视图，例如，按地域和集群查看 etcd 的性能指标，多副本的 etcd 机器上的各种性能。图 12-10 所示为 kubernetes cluster monitoring dashboard，可以看到，可以按地域、集群和机器查看核心组件的监控。

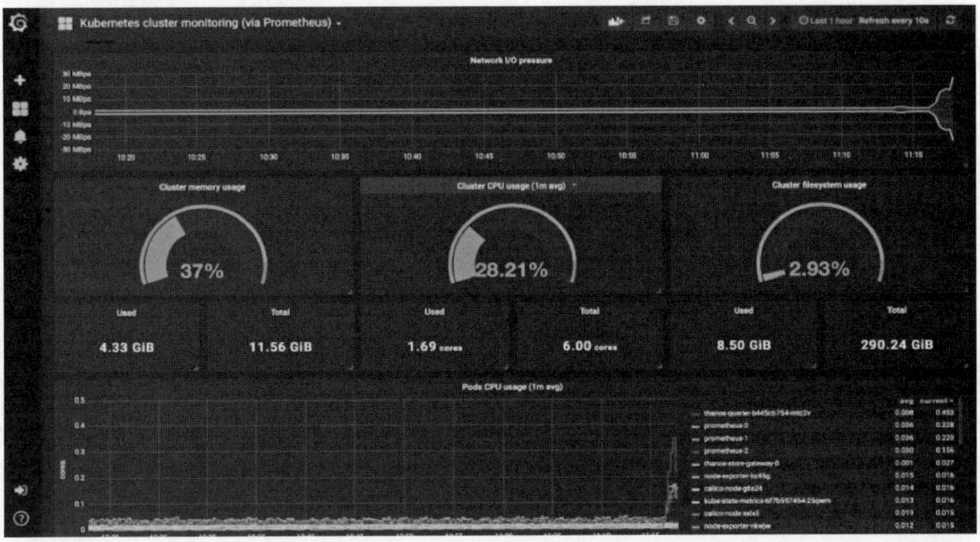


图 12-10

进一步，按地域、集群和机器查看核心组件的监控，例如，多副本 master 机器上的各种性能如图 12-11 所示

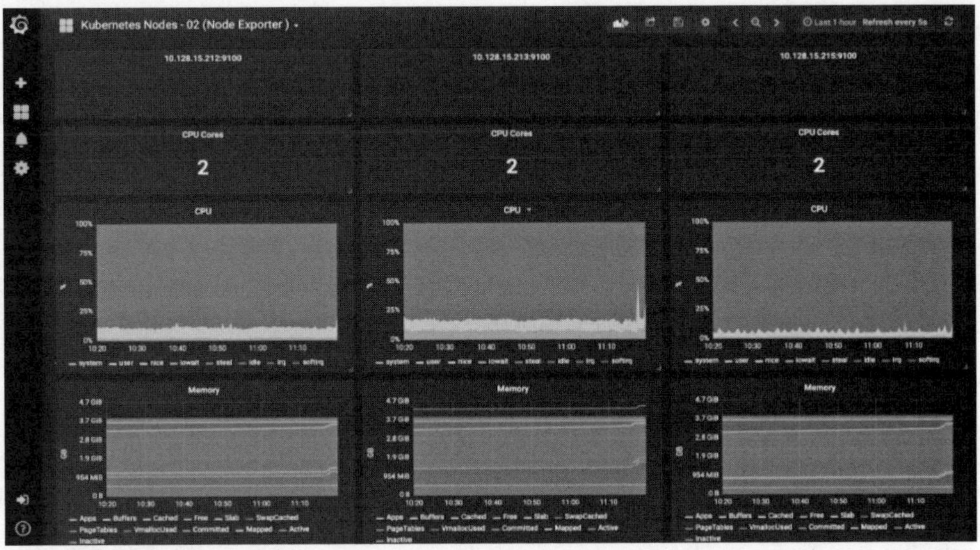


图 12-11

在将所有数据聚合在一起后，可以在一个集中的界面上查看所有视图。这些监控面板对于系统管理员至关重要，因为它们提供了关于各节点性能和健康状况的重要信息，有

助于及时发现和解决问题，保障系统的稳定运行。通过这些数据，管理员可以监控资源使用趋势，确保集群内部各服务的高可用性和性能优化。

除了上述内容，还可以监控以下面板：

- 机器监控：node-exporter、process-exporter；
- Pod 资源使用情况：cAdvisor；
- Docker、kube-proxy、kubelet 的监控；
- 调度器、控制器管理器、etcd、API 服务器的监控；
- kube-state-metrics 的元信息；
- Kubernetes 事件（Events）；
- mtail 等日志监控。

基于 Thanos 的 Prometheus 高可用性方案为构建强大且稳定的监控集群提供了可靠的解决方案。通过分布式存储、数据复制和集中式查询等机制，可以确保指标数据的持久性、高可用性和快速查询。无论面对大数据量、大规模的分布式系统，还是需要处理故障和恢复，Thanos 都能助用户构建强大的 Prometheus 高可用性监控系统，为应用提供持续的监控支持。

## —— 小　结 ——

实现 Prometheus 的高可用性对于构建强大的监控和告警系统至关重要。不同的方案适用于不同的场景和需求，用户可以根据自己的系统架构和规模选择合适的方案。无论选择哪种方案，高可用性的设计都需要综合考虑容错性、负载均衡、性能和维护等方面，以确保监控系统始终可靠地为应用提供支持。通过学习本章内容，可对 Prometheus 高可用性方案有更清晰的理解，能够在实际应用中更好地应用和配置。通过合理的架构和设计，可以构建出稳定、高效且具有弹性的 Prometheus 监控集群，为应用提供全面的可观测性支持。

# 第 13 章　全方位监控 Kubernetes 集群

随着云原生概念的逐渐普及，Kubernetes 在云原生时代呈现出越来越重要的地位，成为云原生应用必不可少的管理平台和运行基础。Kubernetes 提供了编排管理容器的通用机制，大大简化了容器的部署、扩缩容、服务发现、负载均衡等管理工作。降低了云原生应用的学习和使用门槛。因此，对应用的监控也转移到云原生架构上，且包括云原生架构中涉及的众多基础组件的监控。Kubernetes 提供了容器化应用的编排管理，Prometheus 为容器化监控提供了支持，两者的结合可实现云原生架构下的端到端监控。Prometheus 和 Kubernetes 在云原生环境下实现了更好的监控解决方案，共同推动着云原生架构的发展。它们在云原生监控中发挥着越来越重要的作用。本章将会介绍 Kubernetes 的相关概念、安装使用，以及对集群资源进行监控。

## 13.1　Kubernetes 介绍

Kubernetes 通过提供应用容器的编排管理、基础设施高效利用、微服务和 DevOps 支持等功能，极大地简化了云原生环境下的应用开发、部署和管理，成为云原生应用不可或缺的容器管理平台和运行基础。下面介绍 Kubernetes 的相关背景，概念以及其组成。

### 13.1.1　项目部署发展历程

项目部署经历了三个时代的发展：传统部署时代、虚拟化部署时代和容器部署时代，如图 13-1 所示。

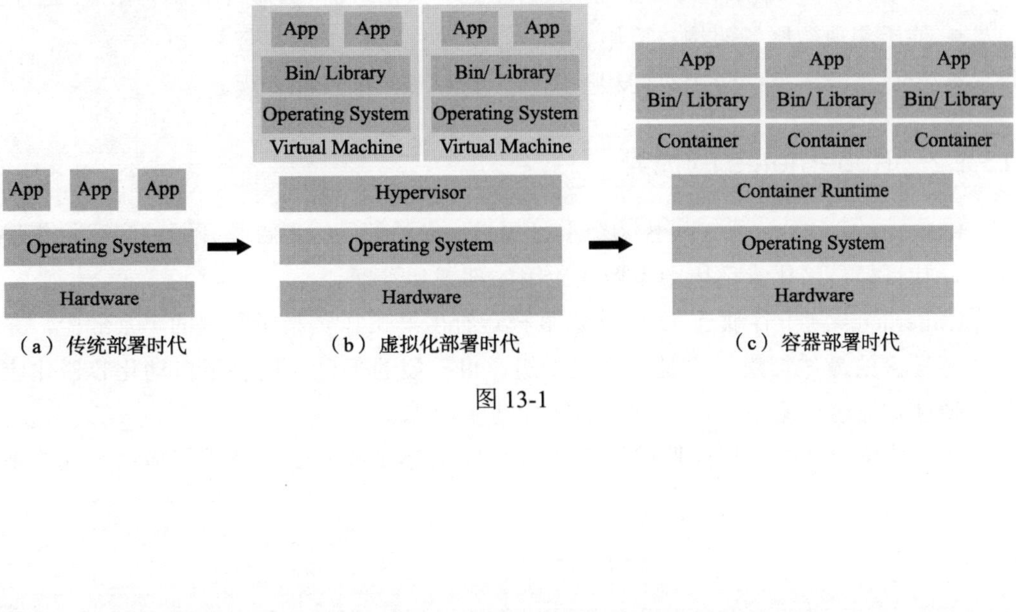


图 13-1

### 1. 传统部署时代

早期，组织直接在物理服务器上运行应用程序。由于无法为物理服务器中的应用程序定义资源边界，可能导致资源分配问题和应用程序之间的性能干扰。为解决此问题，不同应用程序需部署在不同物理服务器上，但成本高且扩展性差。

### 2. 虚拟化部署时代

引入虚拟化技术后，可以在单个物理服务器上运行多个虚拟机（VM）。VM之间相互隔离，提高了安全性。虚拟化提高了物理服务器资源利用率，实现了更优的可扩展性。每个VM是一个完整的计算机系统，在虚拟硬件上运行自己的操作系统。

### 3. 容器部署时代

容器与VM类似，提供轻量级隔离，应用程序之间共享操作系统，使其具有更高的运行效率。容器具有自己的文件系统、CPU、内存等，可移植性强，适合微服务架构。

相较于VM，容器具有更高的部署效率、服务管理抽象级别更高、与基础设施解耦等优势，成为云原生应用的理想部署方式。它实现了以应用为中心的管理，使应用的开发、测试、部署更敏捷高效。容器之所以流行起来，主要归功于其如下优势：

- 提高应用打包和部署效率：与虚拟机镜像相比，容器镜像创建更简单高效；
- 支持持续集成和部署：借助镜像不可变性，可以进行快速回滚，使容器镜像构建和部署更加可靠、频繁；
- 分离应用开发和基础设施：在构建时打包应用为容器，而不是在部署时创建，将应用和基础设施解耦；
- 提供更好的可观测性：不仅可以观测操作系统级指标，还可以查看应用运行状态和应用指标；
- 提供一致的运行环境：容器化应用可以在不同环境中保持一致的运行状态；
- 具有高可移植性：可以在各种Linux发行版、本地、云等环境跨平台运行；
- 实现应用中心化管理：从在虚拟硬件上运行操作系统，上升到在操作系统上运行应用；
- 便于实现微服务架构：应用解耦为多个小服务，便于动态管理；
- 提供资源隔离：应用之间相互隔离，更可预测的性能表现。

## 13.1.2 Kubernetes的优势

Kubernetes（k8s，用8代替8个字符ubernete的缩写）是谷歌开源的容器化集群管理系统，其目标是简化云环境中容器化应用的部署和管理。

Kubernetes基于谷歌近15年来大规模运行生产工作负载所积累的丰富经验，并吸收了开源社区的最佳实践。它是一个轻量级、可扩展的平台，提供了自动化容器化应用部署、弹性扩缩容、服务发现和负载均衡等功能。

相较传统通过脚本和插件进行应用部署的方式，Kubernetes实现了应用与底层基础设施的解耦，使应用生命周期管理更加敏捷和高效。其具有如下优势：

- 自动部署和扩缩容：根据实际需求调度容器，实现应用规模的弹性调整；
- 应用组织抽象化：将应用容器组织为一个逻辑单元，实现统一管理；
- 环境一致性：应用容器化后可以实现开发、测试、生产环境的一致性；
- 高可移植性：容器与操作系统解耦，可跨平台运行；
- 微服务友好：便于应用的服务拆分、解耦和动态管理。

综上，Kubernetes 是一个轻量、灵活的开源容器管理平台。它极大地简化了多主机、多容器应用的部署和管理，可以有效提高应用和服务的敏捷性、可扩展性、高可用性。

## 13.2　Kubernetes 的功能特性

Kubernetes 作为一个开源的容器编排和管理平台，提供了一系列强大的功能，使得容器化应用的部署和管理变得更加高效、灵活。下面介绍 Kubernetes 的主要功能特性。

### 1. 自动装箱

Kubernetes 基于容器应用对资源配置的要求，自动进行容器的部署和管理。它能够根据应用的资源需求，自动将容器分配到合适的节点上，实现资源的有效利用和应用的高效运行。

### 2. 自我修复（自愈能力）

Kubernetes 具有自我修复的能力，能够监测应用容器的健康状态。当容器出现故障或崩溃时，Kubernetes 会自动重新启动容器，确保应用的持续可用性。

### 3. 水平伸缩

Kubernetes 支持水平伸缩，可以根据应用的负载情况，动态调整应用的副本数量。当有大量的请求到来时，可以通过简单的命令或用户界面，将应用的副本数量增加，以满足高负载需求。反之，当负载减轻时，也可以将副本数量减少，实现资源的有效利用。如图 13-2 所示，当应用过度忙碌，会扩展一个应用。

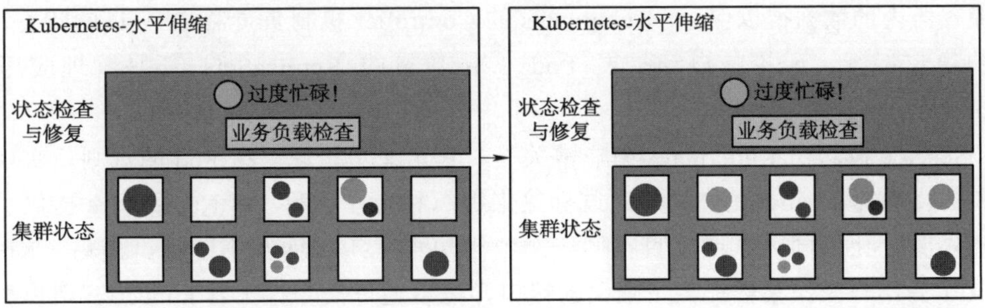


图 13-2

### 4. 服务发现与负载均衡

Kubernetes 内置了服务发现和负载均衡机制，使得应用之间的通信更加便捷。用户无须额外的服务发现机制，Kubernetes 可以自动管理应用之间的通信，并确保请求被均衡地分发到不同的容器实例。

#### 5．滚动更新与版本回退

Kubernetes 支持应用的滚动更新，可以在不影响整体服务的情况下，逐步更新应用的版本。同时，如果更新后的版本出现问题，Kubernetes 也支持快速回退到历史版本，确保应用的稳定性。

#### 6．密钥和配置管理

Kubernetes 允许在不重新构建镜像的情况下，动态地部署和更新应用的密钥和配置。这种热部署的能力使得应用的配置管理更加灵活和高效。

#### 7．存储编排

对于有状态应用而言，数据的持久化非常重要。Kubernetes 支持自动挂载存储系统，并实现数据的持久化。它可以与本地目录、网络存储（如 NFS、Gluster、Ceph 等）以及公共云存储服务无缝集成。

#### 8．批处理

Kubernetes 还支持批处理任务，可以用于执行一次性任务或定时任务，满足批量数据处理和分析的需求。

总的来说，Kubernetes 以其强大的功能和灵活的架构，为容器化应用的部署、管理和扩展提供了全面的支持。无论是规模较小的应用还是复杂的分布式系统，Kubernetes 都能够为其提供可靠的基础设施。

## 13.3 Kubernetes 核心概念解析

Kubernetes 作为一个强大的容器编排平台，涵盖了许多核心概念，这些概念构成了 Kubernetes 的基础架构。

Pod 是 Kubernetes 中的基本构建块，它可以容纳一个或多个紧密相关的容器，这些容器共享资源并能够轻松通信。数据持久性由 Volume 保证，它提供了各种类型的存储方案，确保容器内的数据得以保存。Kubernetes 的 Controller 机制负责监控 Pods 的状态，确保应用的稳定运行，无论是自动扩展 Pod 实例数量的 ReplicaSet，还是管理应用部署的 Deployment 和 StatefulSet。

Service 概念在 Kubernetes 中非常关键，它定义了访问一组 Pod 的规则，实现服务发现和负载均衡。Label 允许用户通过标签来组织和选择资源，而 Namespace 提供了资源的逻辑隔离，让不同团队或项目在同一个物理集群上工作而互不干扰。最后，Kubernetes 的 API 为用户操作集群提供了强大的接口，可以通过命令行工具 kubectl、用户界面或直接的 HTTP 请求来管理资源。

总之，Kubernetes 通过这些核心概念，为现代云原生应用提供了一个可靠、灵活且功能丰富的运行环境，无论是简单的微服务应用还是复杂的分布式系统都能在 Kubernetes 上得到有效管理和自动化运维。

综上所述，Kubernetes 的核心概念构建了一个强大且灵活的容器编排平台，为容器化应用的部署、管理和扩展提供了全面的支持。无论是微服务还是复杂的分布式系统，Kubernetes 都能够为其提供可靠的基础设施和优化的资源管理。

## 13.4　Kubernetes 架构解析

Kubernetes 是一个复杂的分布式系统，其架构可以分为 Master（主控节点）和 Node（工作节点）两部分，如图 13-3 所示，它们协同工作以管理和运行容器化应用。

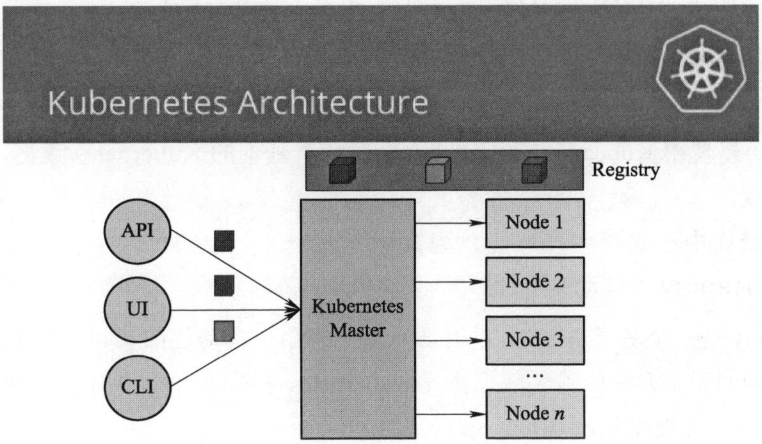


图 13-3

Master 节点是集群的大脑，包含 API Server、Scheduler、Controller Manager 和 etcd 等组件，负责处理用户请求、决定容器部署位置、维护集群状态及存储系统配置。Node 节点则负责执行工作，运行应用的容器，由 Kubelet 和 kube-proxy 等组件组成，管理容器生命周期、处理网络代理和负载均衡。Kubernetes 支持多种容器运行环境（如 Docker 和 Containerd），确保容器高效运行。Fluentd 守护进程，负责日志收集、优化日志管理。整个 Kubernetes 流程涉及多个组件协作，用户通过 kubectl 与集群交互、创建和管理资源，而内部组件则确保这些资源按预期运行，从而实现高效的集群管理和自动化操作。这种架构支撑起现代应用的快速发展，为运维提供了强大的支持。

综合来看，Kubernetes 的架构结合了 Master 节点和 Node 节点的协作，通过各个组件的交互，实现了容器化应用的自动化部署、管理和负载均衡。这种分布式架构为现代应用的构建和运维提供了可靠的基础。

## 13.5　搭建与使用 Kubernetes 集群

在介绍了 Kubernetes 的相关概念、特性之后，下面从集群安装方式、服务器硬件配置要求、Kubernetes 集群架构等方面介绍如何搭建和使用 Kubernetes 集群。

### 13.5.1 Kubernetes 集群安装方式

Kubernetes 是一个强大的容器编排和管理平台，支持多种安装方式，以适应不同的部署需求。有如下一些常见的 Kubernetes 集群安装方式，及其适合的场景。

#### 1. Minikube（本地开发和测试）

Minikube 是一个用于本地开发和测试的单节点 Kubernetes 集群。它可以在本地计算机上快速搭建一个 Kubernetes 环境，方便开发、调试和测试容器化应用。

适用场景：开发人员、测试团队、学习 Kubernetes 基础知识。

#### 2. Kubeadm（快速搭建生产环境）

Kubeadm 是一个用于快速搭建 Kubernetes 集群的工具，它适用于搭建多节点的生产环境集群。可以使用 Kubeadm 在几分钟内创建一个基本的 Kubernetes 集群，并根据需要进行定制化配置。

适用场景：中小规模生产环境、测试环境。

#### 3. Kubespray（自动化部署）

Kubespray 是一个基于 Ansible 的开源项目，可用于自动化部署和管理 Kubernetes 集群。它支持在不同的云平台和操作系统上搭建 Kubernetes 集群，同时提供了更高级的定制化选项。

适用场景：大规模生产环境、多云环境。

#### 4. Managed Kubernetes Services（托管服务）

云服务提供商（如 AWS、GCP、Azure 等）都提供了托管的 Kubernetes 服务，如 Amazon EKS、Google Kubernetes Engine（GKE）、Azure Kubernetes Service（AKS）。这些服务使得用户无须关心底层基础设施，只需专注于部署和管理应用。

适用场景：无须自行管理基础设施，注重应用部署和管理。

#### 5. Custom Installation Scripts（自定义安装脚本）

根据自己的需求编写自定义的安装脚本，以适应特定的部署场景和需求。这需要一定的 Kubernetes 知识和脚本编写能力。

适用场景：需要高度定制化的部署和特殊需求。

总的来说，Kubernetes 的安装方式多样，可以根据自己的需求和情况选择合适的安装方法。无论是本地开发、小规模测试还是大规模生产环境，都有适合的解决方案。在选择安装方式时，建议考虑集群规模、部署复杂度、管理成本等因素，以确保 Kubernetes 集群能够满足自己的需求并顺利运行。

### 13.5.2 测试 Kubernetes 集群

由于 Kubernetes 是容器化技术，用户可以联网下载镜像，用容器的方式进行启动。因此在 Kubernetes 集群中创建一个 pod，验证是否正常运行：

```
kubectl create deployment nginx --image=nginx

kubectl get pod
```

在上面的命令中创建了一个 nginx 的 pod，然后查看一下 pod 的状态，如果出现 Running 状态，表示已经成功运行，如图 13-4 所示。

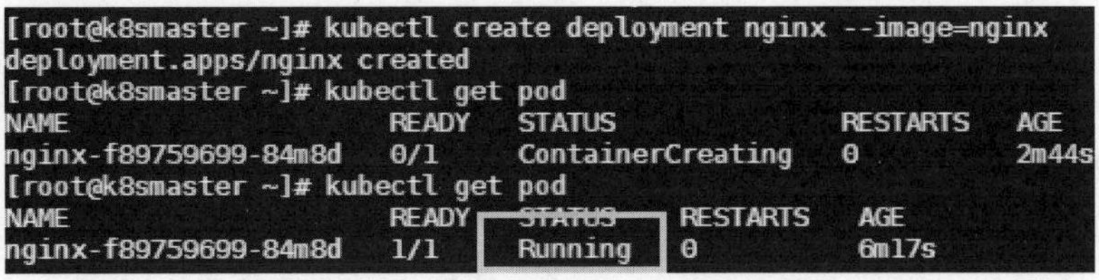


图 13-4

下面需要将端口暴露出去，使得用户可以通过宿主机访问 pod，执行如下命令：

```
kubectl expose deployment nginx --port=80 --type=NodePort

kubectl get pod,svc
```

检查对外的端口，能够看到，已经成功暴露了 80 端口到 30529 上，如图 13-5 所示。

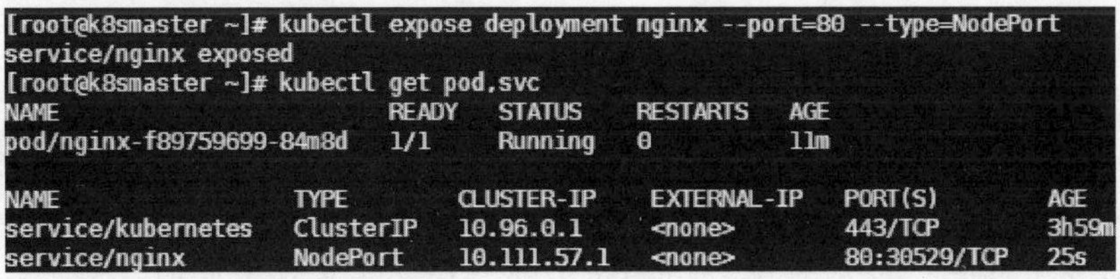


图 13-5

到宿主机浏览器访问如下地址，结果如图 13-6 所示。

```
http://192.168.11.195:30529/
```

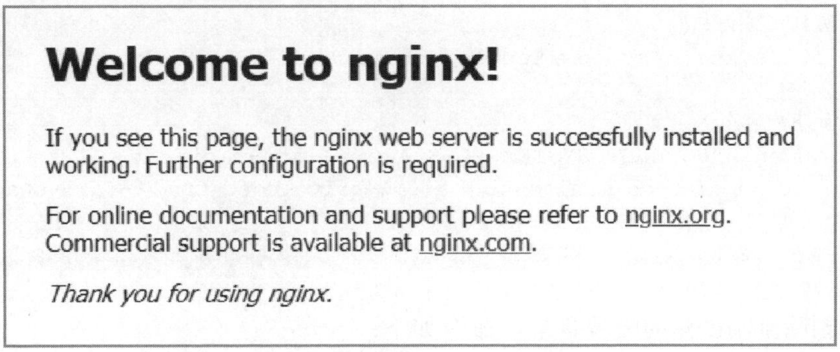


图 13-6

通过图 13-6 可以看到，nginx 已经成功启动。到这里为止，就搭建好了一个单 master 的 Kubernetes 集群。

### 13.5.3 Kubernetes 安装常见问题

相对来说，Kubernetes 比单个组件 Prometheus、Grafana 等要复杂很多，不同的服务器环境和系统会遇到很多问题。我们来梳理一下 Kubernetes 在安装过程中可能遇到的问题。

（1）在执行 Kubernetes init 方法时，出现以下错误：

```
error execution phase preflight: [preflight] Some fatal errors occurred:
    [ERROR NumCPU]: the number of available CPUs 1 is less than the required 2
```

这是因为 VMware 设置的核数为 1，而 Kubernetes 需要的最低核数是 2，调整核数重启系统即可。

（2）在给 node1 节点使用 kubernetes join 命令时，出现以下错误：

```
error execution phase preflight: [preflight] Some fatal errors occurred:
    [ERROR Swap]: running with swap on is not supported. Please disable swap
```

错误原因是需要关闭 swap，如果是临时关闭，可以使用下面命令：

```
swapoff -a
sed -ri 's/.*swap.*/#&/' /etc/fstab
```

这样即可临时关闭 swap。

（3）在给 node1 节点使用 kubernetes join 命令时，出现以下错误：

```
The HTTP call equal to 'curl -sSL http://localhost:10248/healthz' failed with
error: Get http://localhost:10248/healthz: dial tcp [::1]:10248: connect:
connection refused
```

要解决以上问题，首先需要到 master 节点创建一个文件夹，命令如下：

```
#创建文件夹
mkdir /etc/systemd/system/kubelet.service.d
```

文件夹创建完成后，需要创建一个配置文件，添加如下内容：

```
#创建文件
vim /etc/systemd/system/kubelet.service.d/10-kubeadm.conf

#添加如下内容
Environment="KUBELET_SYSTEM_PODS_ARGS=--pod-manifest-
path=/etc/kubernetes/manifests --allow-privileged=true --fail-swap-on=false"

#重置
kubeadm reset
```

然后删除刚刚创建的配置目录，命令如下：

```
rm -rf $HOME/.kube
```

接下来需要重新初始化 master 节点，执行如下命令：

```
kubeadm init --apiserver-advertise-address=192.168.11.195 --image-repository
```

```
registry.aliyuncs.com/google_containers --kubernetes-version v1.18.0 --service-
cidr=10.96.0.0/12  --pod-network-cidr=10.244.0.0/16
```

初始完成后，再回到 node1 节点，执行 kubeadm join 命令，加入 master。添加完成后，使用下面命令查看节点是否成功添加。

```
kubectl get nodes
```

（4）执行查看节点命令时，节点列表显示如下错误提示：

```
Unable to connect to the server: x509: certificate signed by unknown authority
(possibly because of "crypto/rsa: verification error" while trying to verify
candidate authority certificate "kubernetes")
```

这是因为用户之前创建的配置文件还存在，也就是如下这些配置：

```
mkdir -p $HOME/.kube
sudo cp -i /etc/kubernetes/admin.conf $HOME/.kube/config
sudo chown $(id -u):$(id -g) $HOME/.kube/config
```

要解决这个问题，就需要把配置文件删除，然后重新执行，命令如下：

```
rm -rf $HOME/.kube
```

然后再次创建，命令如下：

```
mkdir -p $HOME/.kube
sudo cp -i /etc/kubernetes/admin.conf $HOME/.kube/config
sudo chown $(id -u):$(id -g) $HOME/.kube/config
```

这个问题主要是因为在执行 kubeadm reset 时，没有把 $HOME/.kube 移除掉，再次创建时就会出现问题了。

（5）CentOS 安装 docker 时，出现以下错误提示：

```
Another app is currently holding the yum lock; waiting for it to exit...
```

这是因为 yum 上锁占用，一个应用程序正在锁定 yum，等待退出。解决方法是移除 yum.pid 文件，然后重新安装 docker ，命令如下：

```
rm -f /var/run/yum.pid

yum -y install docker-ce
```

（6）在使用下面命令，添加 node 节点到集群上时，出现以下错误提示：

```
[root@k8smaster ~]# kubeadm join 192.168.11.195:6443 --token
jkcz0t.3c40t0bqqz5g8wsb     --discovery-token-ca-cert-hash
sha256:bc494eeab6b7bac64c0861da16084504626e5a95ba7ede7b9c2dc7571ca4c9e5
W1117 06:55:11.220907   11230 join.go:346] [preflight] WARNING:
JoinControlPane.controlPlane settings will be ignored when control-plane flag
is not set.
[preflight] Running pre-flight checks
    [WARNING IsDockerSystemdCheck]: detected "cgroupfs" as the Docker cgroup
driver. The recommended driver is "systemd". Please follow the guide at
```

```
https://kubernetes.io/docs/setup/cri/
error execution phase preflight: [preflight] Some fatal errors occurred:
    [ERROR FileContent--proc-sys-net-ipv4-ip_forward]:
/proc/sys/net/ipv4/ip_forward contents are not set to 1
[preflight] If you know what you are doing, you can make a check non-fatal with
'--ignore-preflight-errors=...'
To see the stack trace of this error execute with --v=5 or higher
```

出于安全考虑，Linux 系统默认是禁止数据包转发的。所谓转发即当主机拥有多于一块网卡时，其中一块网卡收到数据包，会根据数据包的目的 ip 地址将数据包发往本机另一块网卡，该网卡根据路由表继续发送数据包，这通常就是路由器所要实现的功能。出现以上错误提示的原因就是说 /proc/sys/net/ipv4/ip_forward 文件的值不支持转发（0：禁止，1：转发）。所以我们需要将值修改成 1，命令如下：

```
echo "1" > /proc/sys/net/ipv4/ip_forward
```

修改完成后，重新执行命令即可。

# 13.6 Kubernetes 监控方案

在介绍了 Kubernetes 集群的安装使用后，下面从 Prometheus、Grafana、Alertmanager、kube-state-metrics、node-exporter、cAdvisor、kubelet 等方面介绍 Kubernetes 监控方案。

## 13.6.1 为什么 Prometheus 适合云原生监控

在云原生环境中，监控系统扮演着至关重要的角色，以确保应用程序和基础设施的健康运行。Prometheus 作为一个开源的监控和警报系统，因其特定的特性和设计哲学，非常适合用云原生监控，如图 13-7 所示。

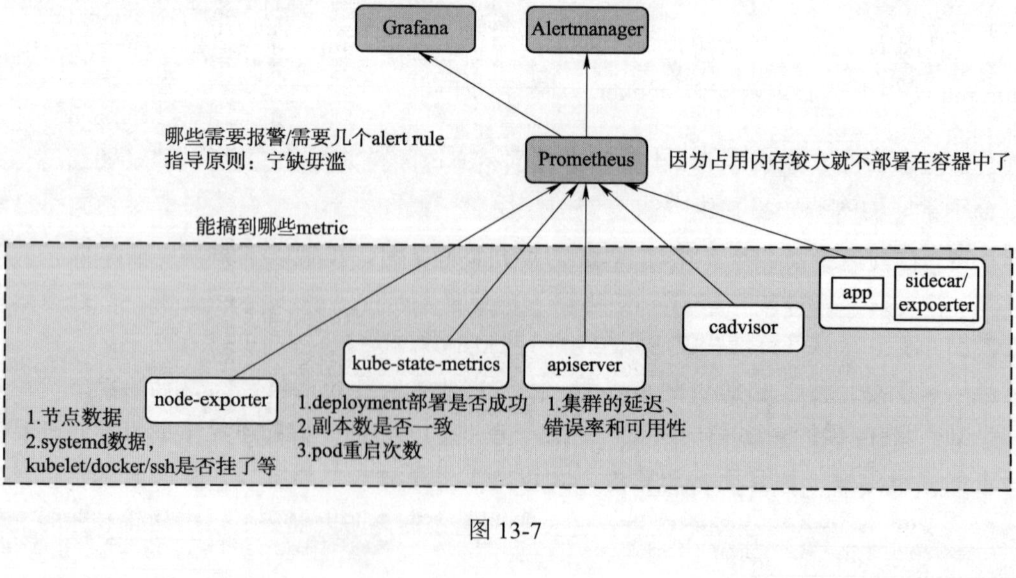


图 13-7

Prometheus 之所以适合云原生监控，主要体现在以下几个方面。

### 1. 数据模型

Prometheus 采用了一种灵活且强大的数据模型，使得它能够有效地收集、存储和查询时间序列数据。在云原生环境中，应用程序和基础设施的组件数量和变化频率往往很大，需要一个监控系统能够轻松地适应这些动态变化。Prometheus 的数据模型支持多维度的标签（labels）和标识，使得用户可以轻松地标识、分类和过滤监控数据，从而更好地理解和分析系统行为。

### 2. 自动服务发现

云原生应用程序通常由大量的微服务组成，它们的实例可能在不同的主机和容器中运行。Prometheus 支持自动服务发现，能够自动识别和监控新的服务实例，无须手动配置。这对于云原生环境中动态变化的服务拓扑来说尤为重要，能够减轻管理员的工作负担。

### 3. 多维度监控

在云原生架构中，应用程序的性能和稳定性往往受到多个因素的影响，如服务间的相互作用、容器资源利用率、网络延迟等。Prometheus 的多维度数据模型使得用户可以将这些因素作为标签，实现更细粒度的监控和分析。这种能力对于诊断问题、优化性能和规划资源分配非常有帮助。

### 4. 强大的查询语言

Prometheus 提供了 PromQL 这一强大的查询语言，使得用户能够对监控数据进行复杂的查询和分析。这对于在云原生环境中快速发现问题、监控趋势和预测行为至关重要。PromQL 支持聚合、过滤、计算和图表生成等功能，帮助用户更好地理解系统状态。

### 5. 水平扩展和高可用性

云原生应用往往需要水平扩展以应对不断变化的负载。Prometheus 支持水平扩展，可以通过添加更多的实例处理大规模监控。同时，Prometheus 还支持数据持久化和高可用性设置，以确保监控数据的安全性和可靠性。

## 13.6.2 Kubernetes 主要监控指标

为了更有效地管理容器化应用，Kubernetes 引入了一系列抽象概念，如 Pod、Deployment、Namespace 和 Service 等。然而，在监控 Kubernetes 集群方面，相较于传统的集群，存在着更复杂的挑战和要求：

① 多维度监控：Kubernetes 集群监控需要关注更多的维度。除了传统物理集群监控外，还需要监控核心服务（如 apiserver、etcd 等）、容器、Pod、Namespace 等层面。

② 动态性：Kubernetes 中容器的频繁销毁和创建导致监控对象不断变化，无法事先预设。这要求监控系统能够动态适应集群中的变化。

③ 大规模数据处理：随着容器规模的急剧增加，监控数据指标也呈现爆炸式增长。如何高效处理和展示海量监控数据成为挑战。

④ 动态扩缩：随着集群规模的变化，监控系统需要具备相应的动态扩展和收缩能力，以确保持续可靠的监控服务。

Kubernetes 与传统虚拟化技术（如 KVM）之间存在一些显著的区别，尤其体现在以下方面：

① CPU 管理差异：Kubernetes 的 CPU 管理方式与传统虚拟化有明显不同，主要因为 Kubernetes 的特性所决定。这导致了 CPU 的监控和管理在 Kubernetes 中具有独特性质。

② 内存异同：虽然内存管理在 Kubernetes 和传统虚拟化中有一些区别，但基本上可以采用相似的方法进行监控和管理。

③ 网络和磁盘：在网络和磁盘方面，Kubernetes 与传统虚拟化之间的差异并不大，用户可以基本沿用相同的理解和方法进行监控。

对于 Kubernetes 中的 Pod 来说，其 CPU 资源管理与传统的独立 CPU 核心分配方式不同。在 Kubernetes 中，CPU 资源总量和使用量通过时间来衡量。尽管 Kubernetes 提供了 CPU 负载指标，但由于实现的粒度限制以及统计误差，在压力测试等情况下，CPU 使用率可能会显示高于 100%。Kubernetes 通过 Completely Fair Scheduler (CFS) Cgroup bandwidth control 来限制 Pod 的 CPU 使用，该机制通过时间片和资源限制实现对 CPU 的管理和调度。

至于内存使用监控，Kubernetes 暴露了不同的内存指标：

- MemUsed：类似于 Linux 中的 used，包括 cache 值；
- WorkingSet：比 MemUsed 稍小，排除了一些"冷数据"，即长时间未被访问的 cache 内存；
- RSS：移除了 cache 内存。

在实际情况下，WorkingSet 通常被视为更为合理的内存使用度量标准。可以通过表 13-1 所示的数据了解 Kubernetes 各组件的 Healthz API 和 Metrics API。

表 13-1 Kubernetes 各组件的 Healthz API 和 Metrics API

| Components | Healthz API | Metrics API |
|---|---|---|
| Apiserver | :6443/healthz | :6443/metrics |
| Controller Manager | :10252/healthz | :10252/ metrics |
| Scheduler | :10251/healthz | :10251/ metrics |
| Kube-proxy | :10249/healthz | :10249/ metrics |
| Kubelet | :10248/healthz | :10250/ metrics |
| ETCD | :2379/healthz | :2379/ metrics |

对 Kubernetes 的监控，主要关注容器基础资源、Kubernetes 资源、Kubernetes 服务组件、业务自定义等指标，具体见表 13-2。

表 13-2　Kubernetes 的监控指标

| 指标类型 | 源 | 应用 | 发现类型 |
| --- | --- | --- | --- |
| 容器基础资源指标 | kubelet 内置 cadvisor metrics 接口 | 查看容器的 CPU、内存利用率等性能指标 | 通过 k8s_sd node 级别直接访问 node IP |
| Kubernetes 资源指标 | kube-stats-metrics（KSM） | 查看 pod 的状态，如 pod 处于 waiting 状态的原因，统计 pod 数量。例如，按 namespace 查看 node 上 pod 的分布情况 | 通过 coreDNS 域名发现 |
| Kubernetes 服务组件指标 | 服务组件 metrics 接口 | 查看 API Server、Scheduler 等核心组件的请求延迟、失败率等 | k8s_sd endpoint 级别 |
| 业务自定义指标 | pod 的 metrics 接口 | 根据具体的业务场景自定义监控指标 | 通过 k8s_sd pod 级别访问 pod IP 的 metrics 路径 |

表 13-2 中所示的指标为 Kubernetes 的监控提供了全面的视图，从容器的基础资源使用情况到服务组件的性能，再到业务层面的指标监控。

Kubernetes 集群监控因其多维度、动态性和规模扩展等特点，与传统的监控方法存在一定区别。针对不同的资源（如内存和 CPU，见图 13-8 和图 13-9），Kubernetes 的监控方式也存在差异，需要结合其特定机制和指标进行合理的监控与管理。图 13-10 则展示了 Kubernetes API 服务器成功响应（HTTP 状态码为 200）的请求率，包括不同类型的请求，如 GET、LIST、PUT、PATCH、DELETE 等操作，以及它们的请求频率。例如，图表显示在特定时间段内、GET 请求的频率是多少次/秒、PUT 请求的频率是多少次等。

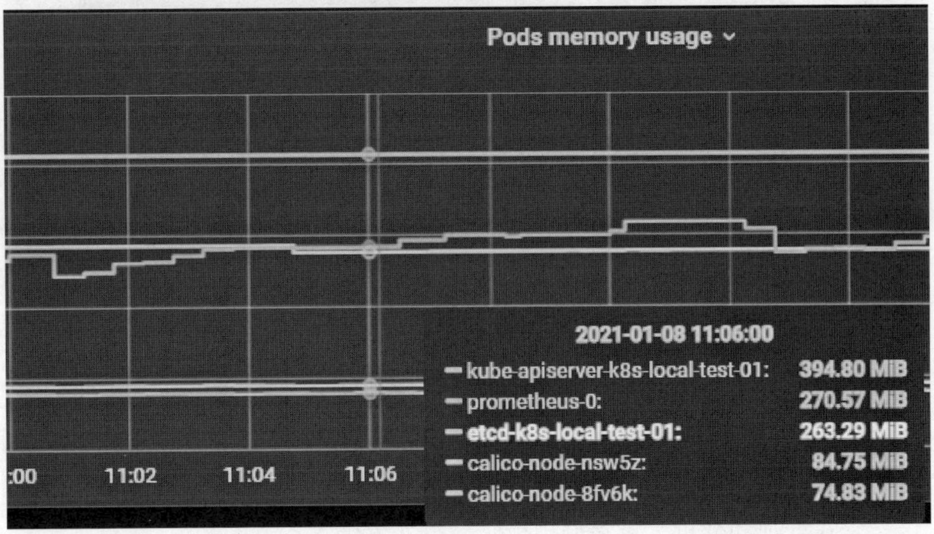


图 13-8

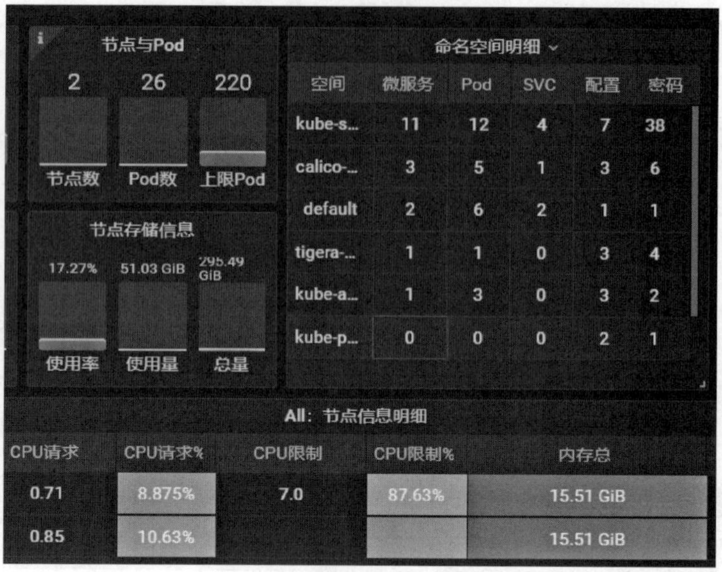


图 13-9

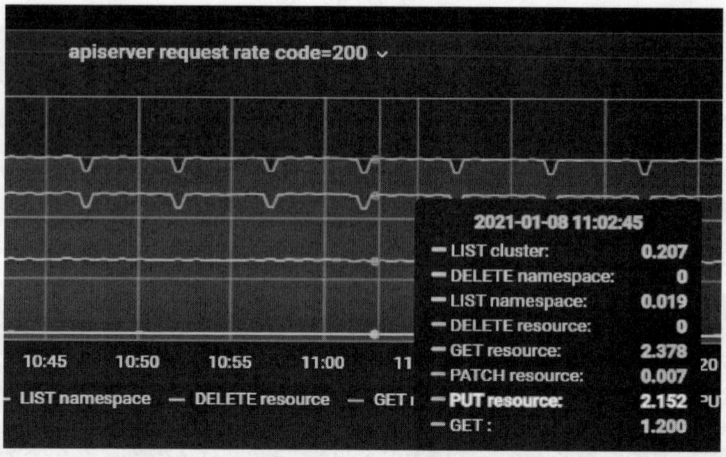


图 13-10

### 13.6.3 监控方案选取

Kubernetes 配合 Prometheus 和 Grafana 搭建监控平台是业界公认的有效方案。首先，Prometheus 是一个开源的监控解决方案，它专为动态容器环境设计，能够与 Kubernetes 无缝集成。它通过服务发现机制自动发现 Kubernetes 中的服务和工作负载，实时收集它们的性能指标。Prometheus 的数据模型和查询语言（PromQL）非常适合处理时间序列数据，这让它在处理和分析大量集群指标时显得尤为强大。

其次，Grafana 是一个跨平台的开源可视化工具，能够与 Prometheus 紧密集成。它提供了一个丰富的仪表板界面，支持多种图表类型，使得用户能够直观地展现和分析从 Prometheus 收集的数据。Grafana 的灵活性和用户友好的设计，使得管理员能够快速构建出直观的监控视图，从而有效地监控和调优 Kubernetes 集群的性能。

此外，这一组合还提供了强大的告警功能。Prometheus 能够根据预定义的规则评估指标数据，当指标达到告警阈值时生成告警。而 Grafana 则能够展示这些告警，并且可以配置多种通知渠道，如邮件、Slack 等，以确保及时响应潜在的系统问题。

最后，Prometheus 和 Grafana 都拥有活跃的社区和生态系统，提供了大量的插件和集成，这意味着 Kubernetes 用户可以非常容易地扩展监控平台的功能，例如，增加对新服务的监控或集成其他日志和告警工具。

综上所述，Prometheus 和 Grafana 的结合为 Kubernetes 提供了一个强大、灵活且易于使用的监控解决方案，可以帮助管理员获得关键的性能洞察，确保集群运行稳定高效。

因此，对于 Kubernetes，采用 Prometheus + Grafana 来搭建监控平台，其架构如图 13-11 所示。

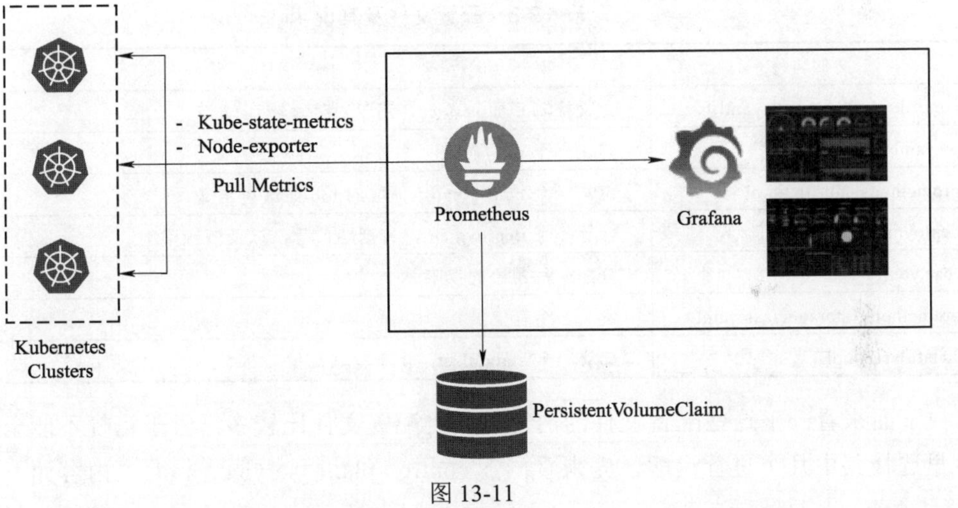


图 13-11

接下来介绍在 Kubernetes 中部署 Prometheus、Grafana 、node-exporter 等必要的监控组件，实现对 Kubernetes 集群的监控。

## 13.6.4 在 Kubernetes 中部署 Prometheus

首先需要部署一个守护进程，用于收集 Kubernetes 集群的指标数据，这里使用 Prometheus Operator 来部署 Prometheus，Prometheus Operator 是一个 Kubernetes 集群的监控工具，它使用 Kubernetes 自定义资源来管理 Prometheus 实例，Prometheus Operator 会自动发现 Kubernetes 集群中的 Service 和 Pod，并为其生成监控目标，从而实现自动化的监控配置。

然后通过 yaml 文件定义部署 Prometheus，配置文件夹如图 13-12 所示。

```
prome_k8s_all_pod
   │   control_plane_service.yaml
   │   prometheus_config.yaml
   │   prometheus_storageclass.yaml
   │   pv.yaml
   │   rbac.yaml
   │   README.md
   │   statsfulset.yaml
   │
   └─kube-stats-metrics
           cluster-role-binding.yaml
           cluster-role.yaml
           deployment.yaml
           service-account.yaml
           service.yaml
```

图 13-12

通过表 13-3 来详细了解一下图 13-12 中的各个文件。

**表 13-3　配置文件及其说明**

| 文件名称 | 说明 |
|---|---|
| control_plane_service.yaml | 定义控制平面 service，用于对外暴露端口 |
| pv.yaml | 定义一个 pv，存储一些数据 |
| prometheus_config.yaml | 定义一个 configmap，抓取的 job 在这里定义 |
| deployment.yaml | 部署一个 deployment，包括端口号，以及资源限制 |
| rbac.yaml | 分配一些角色的权限 |
| prometheus_storageclass.yaml | 定义一个存储类 |
| statsfulset.yaml | 部署一个 statsfulset，用于存储数据 |

下面来看一下这些配置文件的内容，因为配置文件比较多，限于篇幅不能全部展示，这里选择其中几个进行讲解。先来看一下 control_plane_service.yaml ，内容如下：

```
---
apiVersion: v1
kind: Service
metadata:
   namespace: kube-system
   name: kube-scheduler
   labels:
      k8s-app: kube-scheduler
spec:
   selector:
      component: kube-scheduler
   ports:
   - name: http-metrics
     port: 10259
```

```
      targetPort: 10259
      protocol: TCP

---
apiVersion: v1
kind: Service
metadata:
   namespace: kube-system
   name: kube-controller-manager
   labels:
      k8s-app: kube-controller-manager
spec:
   selector:
      component: kube-controller-manager
   ports:
   - name: http-metrics
     port: 10257
     targetPort: 10257
     protocol: TCP

---
apiVersion: v1
kind: Service
metadata:
   namespace: kube-system
   name: kube-etcd
   labels:
      k8s-app: kube-etcd
spec:
   selector:
      component: etcd
      tier: control-plane
   ports:
   - name: http-metrics
     port: 2379
     targetPort: 2379
     protocol: TCP
```

在上面的 Service 中，定义了三个端口，分别是 10259、10257、2379，这三个端口是 kube-scheduler、kube-controller-manager、kube-etcd 的端口，后面操作中会使用到。

此外，部署前需要修改一些配置，pv.yaml 中的节点选择器标签 node01 修改为自己选定的节点，在节点上创建数据目录，命令如下：

```
mkdir -pv /data/prometheus
chown -R nfsnobody:nfsnobody /data/prometheus/

kubectl create secret generic etcd-certs --from-
file=/etc/kubernetes/pki/etcd/healthcheck-client.crt --from-
```

```
file=/etc/kubernetes/pki/etcd/healthcheck-client.key --from-
file=/etc/kubernetes/pki/etcd/ca.crt -n kube-system
```

另外，监控 etcd 需要创建 secret，执行上面的命令即可。然后就可以部署 ksm 和 Prometheus 服务，代码如下：

```
kubectl apply -f prome_k8s_all_pod/kube-stats-metrics
kubectl apply -f prome_k8s_all_pod/
```

进入 Prometheus 目录，包括部署 configmap、deployment、svc 等。

接下来访问测试，访问 node 节点的 8091 端口，如 http://192.168.11.195:8091/targets，打开图 13-13 所示的 Targets 页面且大部分 up 显示为正常。

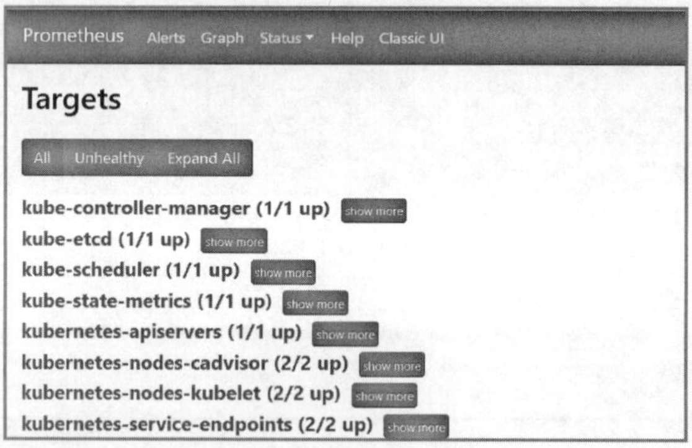


图 13-13

部署完成后，即可看到 Prometheus 的 pod 了，然后通过图 13-14 的命令，能够看到对应的端口。

```
[root@k8smaster prometheus]# kubectl get svc -n kube-system
NAME                 TYPE        CLUSTER-IP      EXTERNAL-IP   PORT(S)                  AGE
kube-dns             ClusterIP   10.96.0.10      <none>        53/UDP,53/TCP,9153/TCP   14h
kube-state-metrics   ClusterIP   None            <none>        8080/TCP,8081/TCP        13h
node-exporter        NodePort    10.111.10.30    <none>        9100:31672/TCP           13h
prometheus           NodePort    10.110.130.47   <none>        9090:30003/TCP           7s
```

图 13-14

## 13.6.5 在 Kubernetes 中部署 Grafana

部署完 Prometheus 后，还需要部署 grafana。同样，继续使用 yaml 文件来部署，Grafana.yaml 配置文件如下：

```
---
apiVersion: v1
kind: PersistentVolumeClaim
metadata:
   name: grafana-pvc
spec:
```

```
  accessModes:
    - ReadWriteOnce
  storageClassName: grafana-storageclass
  resources:
    requests:
      storage: 1Gi
---
apiVersion: apps/v1
kind: Deployment
metadata:
  labels:
    app: grafana
  name: grafana
spec:
  selector:
    matchLabels:
      app: grafana
  template:
    metadata:
      labels:
        app: grafana
    spec:
      securityContext:
        fsGroup: 472
        supplementalGroups:
        - 0
      containers:
        - name: grafana
          image: grafana/grafana:7.5.2
          imagePullPolicy: IfNotPresent
          ports:
            - containerPort: 3000
              name: http-grafana
              protocol: TCP
          readinessProbe:
            failureThreshold: 3
            httpGet:
              path: /robots.txt
              port: 3000
              scheme: HTTP
            initialDelaySeconds: 10
            periodSeconds: 30
            successThreshold: 1
            timeoutSeconds: 2
          livenessProbe:
            failureThreshold: 3
            initialDelaySeconds: 30
            periodSeconds: 10
```

```
                    successThreshold: 1
                    tcpSocket:
                        port: 3000
                    timeoutSeconds: 1
                resources:
                    requests:
                        cpu: 250m
                        memory: 750Mi
                volumeMounts:
                    - mountPath: /var/lib/grafana
                      name: grafana-pv
            volumes:
                - name: grafana-pv
                  persistentVolumeClaim:
                      claimName: grafana-pvc
---
apiVersion: v1
kind: Service
metadata:
    name: grafana-node-port
    labels:
        name: grafana-node-port
spec:
    type: NodePort          #这里代表是 NodePort 类型的
    ports:
    - port: 80              #这里的端口和 clusterIP 对应，供内部访问
        targetPort: 3000    #端口一定要和 container 暴露出来的端口对应
        protocol: TCP
        nodePort: 30000     #所有节点都会开放此端口，此端口供外部调用
    selector:
        app: grafana        #这里选择器一定要选择容器的标签，否则无法访问到容器
---
apiVersion: storage.k8s.io/v1
kind: StorageClass
metadata:
    name: grafana-storageclass
provisioner: kubernetes.io/no-provisioner
volumeBindingMode: WaitForFirstConsumer

---

apiVersion: v1
kind: PersistentVolume
metadata:
    name: grafana-pv
spec:
    capacity:
        storage: 10Gi
```

```
    volumeMode: Filesystem
    accessModes:
    - ReadWriteOnce
    persistentVolumeReclaimPolicy: Retain
    storageClassName: grafana-storageclass
    local:
      path: /data/grafana
    nodeAffinity:
      required:
        nodeSelectorTerms:
        - matchExpressions:
          - key: kubernetes.io/hostname
            operator: In
            values:
          - k8s-node01
```

上述代码中，定义了 Grafana 所需的所有配置，包括 service、pv、pvc、Deployment 等。其中需要注意的是，需要修改一下节点选择器标签，node01 修改为自己的节点，在节点上创建数据目录，接着在 Grafana 配置文件下执行如下命令，进而部署 Grafana，如图 13-15 所示。

```
#在节点上创建数据目录
mkdir -pv /data/grafana

kubectl apply -f grafana/
```

```
[root@k8smaster grafana]# kubectl apply -f grafana_k8s.yaml
persistentvolumeclaim/grafana-pvc created
deployment.apps/grafana created
service/grafana-node-port created
storageclass.storage.k8s.io/grafana-storageclass created
persistentvolume/grafana-pv created
```

图 13-15

部署完成后，使用图 13-16 所示的命令查看。通过查看相应的 pod、service 的状态，来确认自己的操作。

```
[root@k8smaster grafana]# kubectl get pod,svc
NAME                           READY   STATUS    RESTARTS   AGE
pod/grafana-576984779c-pg284   1/1     Running   0          15m
pod/nginx-f89759699-ds85p      1/1     Running   1          13h

NAME                        TYPE        CLUSTER-IP      EXTERNAL-IP   PORT(S)        AGE
service/grafana-node-port   NodePort    10.98.236.126   <none>        80:30000/TCP   15m
service/kubernetes          ClusterIP   10.96.0.1       <none>        443/TCP        14h
service/nginx               NodePort    10.97.0.141     <none>        80:32468/TCP   13h
```

图 13-16

接着访问测试 node 节点所定义的 30000 端口，这是因为将 3000 映射到 30000 上面，所以访问 30000 端口即可，如 http://192.168.11.195:30000/?orgId=1，添加 Prometheus 数据源，如果 Prometheus 是 hostnetwork 的，直接写节点的 ip:port 即可。

### 13.6.6 在 Kubernetes 中部署 node-exporter

接下来在 Kubernetes 中部署 node-exporter 配置文件，代码如下：

```
---
apiVersion: apps/v1
kind: DaemonSet
metadata:
  name: node-exporter
  namespace: kube-system
  labels:
    k8s-app: node-exporter
spec:
  selector:
    matchLabels:
      k8s-app: node-exporter
  template:
    metadata:
      labels:
        k8s-app: node-exporter
    spec:
      containers:
      - image: prom/node-exporter
        name: node-exporter
        ports:
        - containerPort: 9100
          protocol: TCP
          name: http
---
apiVersion: v1
kind: Service
metadata:
  labels:
    k8s-app: node-exporter
  name: node-exporter
  namespace: kube-system
spec:
  ports:
  - name: http
    port: 9100
    nodePort: 31672
    protocol: TCP
  type: NodePort
  selector:
    k8s-app: node-exporter
```

上面的配置中，定义了一个 DaemonSet，用于部署 node-exporter，同时定义了一个 service，用于对外暴露端口。然后执行如下命令，部署 node-exporter。

```
kubectl create -f node-exporter.yaml
```

查看服务的状态，如图 13-17 所示。

```
[root@k8smaster grafana]# kubectl get svc -n kube-system
NAME                 TYPE        CLUSTER-IP      EXTERNAL-IP   PORT(S)                  AGE
grafana              NodePort    10.99.222.229   <none>        3000:30788/TCP           15s
kube-dns             ClusterIP   10.96.0.10      <none>        53/UDP,53/TCP,9153/TCP   13h
kube-state-metrics   ClusterIP   None            <none>        8080/TCP,8081/TCP        12h
node-exporter        NodePort    10.111.10.30    <none>        9100:31672/TCP           12h
prometheus           NodePort    10.103.97.62    <none>        9090:30003/TCP           12h
```

图 13-17

通过图 13-17 可以看到，node-exporter 的 pod 已经启动，然后访问测试 node 节点的 31672 端口。

## 13.6.7　配置数据源并导入监控面板

接下来打开 Grafana，然后配置数据源，如图 13-18 所示。

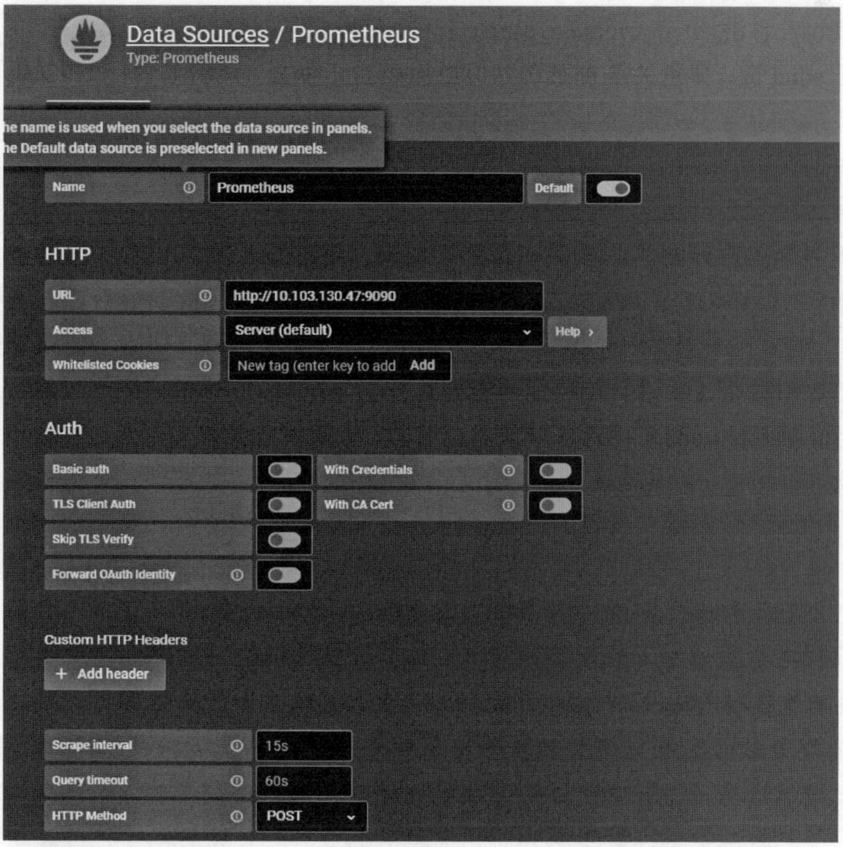


图 13-18

接下来导入数据显示模板。这里使用的是 Grafana 官方模板，可以在 Grafana 的官方网站上找到，如图 13-19 所示。

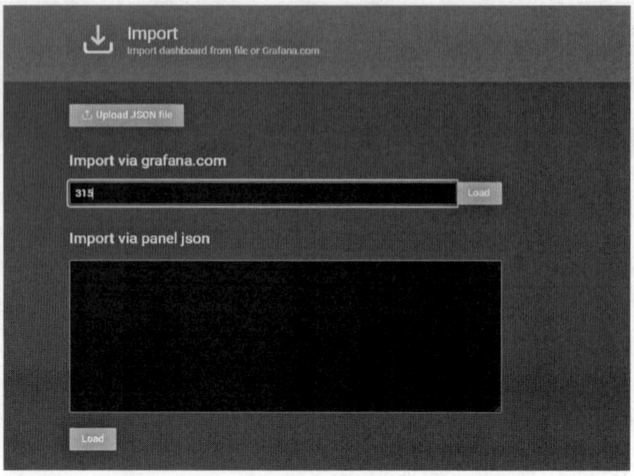


图 13-19

首先编辑导入设置，修改数据源为 Prometheus，然后导入模板，如图 13-20 所示。

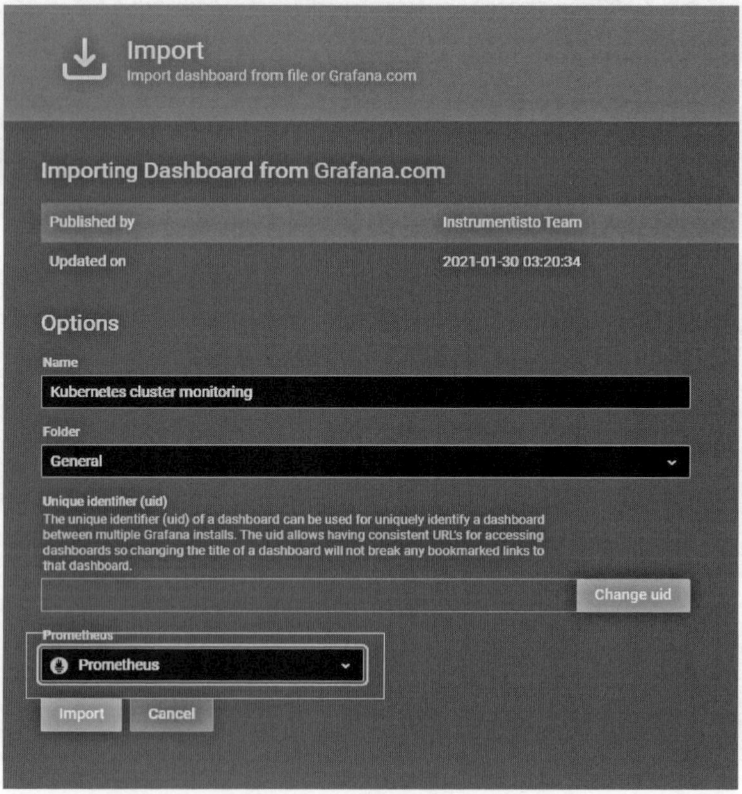


图 13-20

操作完成后，即可看到导入的 k8s cluster monitoring 模板，如图 13-21 所示。

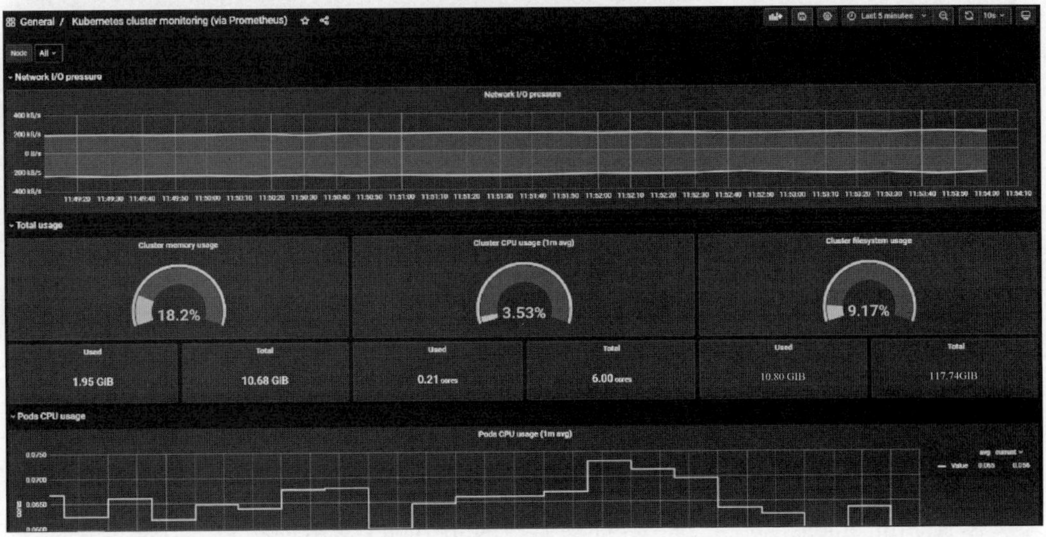


图 13-21

对于 apiserver 等组件，可以通过 Grafana 查看其监控指标，首先导入模板 12006，如图 13-22 所示。

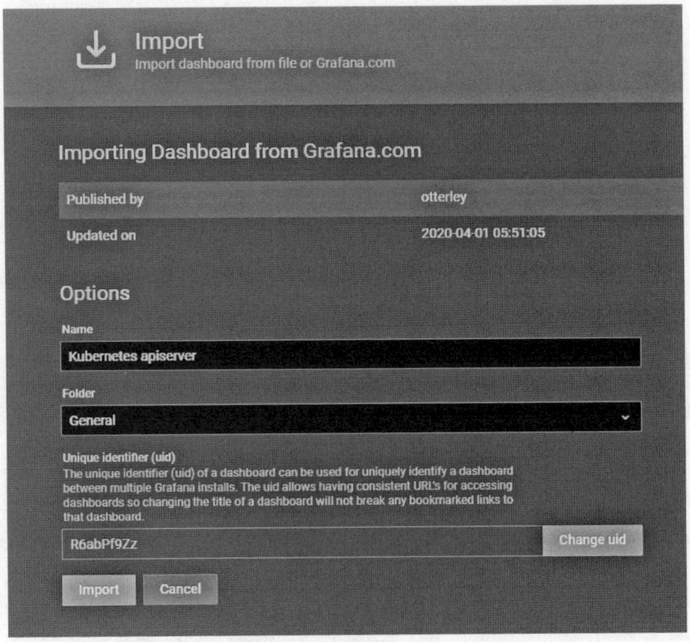


图 13-22

设置好保存，即可看到 apiserver 的监控指标，如图 13-23 所示。

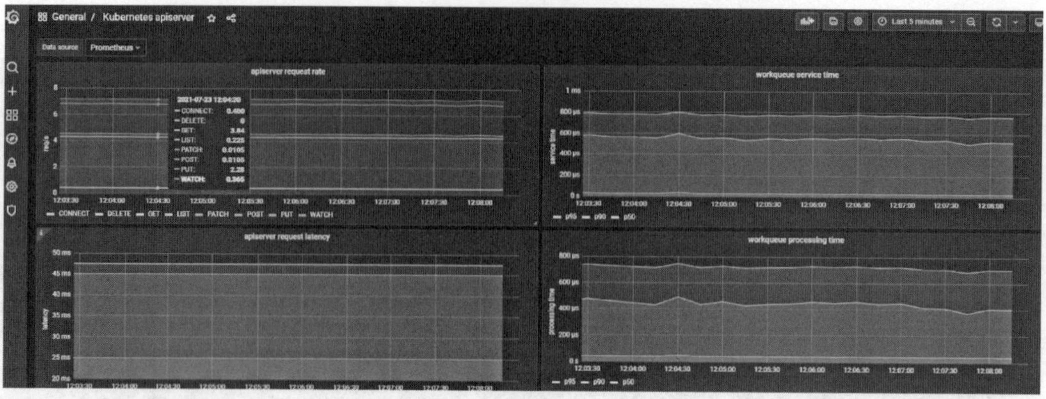


图 13-23

## 13.7 使用分布式日志系统完善 Kubernetes 的全访问监控

尽管 Prometheus 监控系统已经能够监控 Kubernetes 集群的状态，但是其主要用于实时监控应用和基础设施的状态和性能。它更关注指标的时间序列数据，可以用来检测问题和进行性能优化。分布式日志系统在某些方面相比 Prometheus 监控系统具有一些优势，特别是在处理和分析文本日志数据、提供上下文信息、长期存储和回溯、多源数据集成以及异常和故障分析方面具有显著的优势。它们与 Prometheus 监控系统相互补充，可以在应用开发和运维中发挥重要作用。下面介绍如何在 Kubernetes 集群中部署分布式日志系统，以及如何使用分布式日志系统来完善 Kubernetes 的全访问监控。

### 13.7.1 为什么需要分布式日志系统

在以前的项目中，如果想要在生产环境中通过日志定位业务服务的 Bug 或者性能问题，则需要运维人员使用命令逐个服务实例去查询日志文件，这样导致的结果就是：排查问题的效率非常低。

在微服务架构中，服务多实例部署在不同的物理机上，各个微服务的日志也被分散存储在不同的物理机。集群足够大的话，使用上述传统方式查阅日志就变得非常不合适。因此需要集中化管理分布式系统中的日志，其中有开源的组件如 Syslog，用于将所有服务器上的日志收集汇总。

然而集中化日志文件之后，我们面临的是对这些日志文件进行统计和检索，比如哪些服务有报警和异常，这些都需要有详细的统计。所以，在以前出现线上故障时，经常会看到开发和运维人员下载服务的日志，并基于 Linux 下的一些命令（如 grep、awk 和 wc 等）进行检索和统计。这样的方式不仅工作量大、效率低，而且对于要求更高的查询、排序和统计等操作，以及庞大的机器数量，难免会有点力不从心。

## 13.7.2　容器的日志收集方式

对于容器的日志收集，需要思考以下几个问题：

问题 1：Kubernetes 中收集日志与传统条件下的日志收集有什么区别？

问题 2：收集哪些日志？

问题 3：确定收集日志类型之后又是怎么去收集的？

首先，需要明确一点，Kubernetes 中的日志收集与传统条件下的日志收集有很大的区别。在传统条件下，可以通过 SSH 登录到服务器上，然后使用 tail 命令查看日志。但是在Kubernetes 中，无法直接登录到容器中，因此需要通过其他方式来收集日志。如果日志放到容器内部，会随着容器删除而被删除。容器数量很多，按照传统的查看日志方式已不太现实。

### 1. 容器日志的分类

容器的日志有很多不同的类型，针对 Kubernetes 本身而言有三种。

① 资源运行时的 event 事件。比如在Kubernetes 集群中创建 pod 之后，可以通过 kubectl describe pod 命令查看 pod 的详细信息。

② 容器中运行的应用程序自身产生的日志。如 tomcat、nginx、php 的运行日志。这也是官方以及网上多数文章介绍的部分。

③ Kubernetes 各组件的服务日志：这些日志记录了 Kubernetes 自身组件（如 kubelet）的运行情况，可以通过系统命令（如 systemctl status kubelet）查看。

### 2. Kubernetes 的日志收集方式

在 Kubernetes 中，容器的日志默认输出到控制台，Docker 和 Kubernetes 都提供了日志的采集和管理能力。对于那些存储到本地的日志，目前还没有统一的最佳实践进行采集。通常情况下，对于新增的 Pod 属性信息（如日志文件路径、日志源），需要一个类似于传统环境的采集流程来处理变化，如图 13-24 所示。因此，日志管理策略需要根据 Kubernetes 集群的具体情况和需求来制定，以确保日志的有效收集、存储和分析。

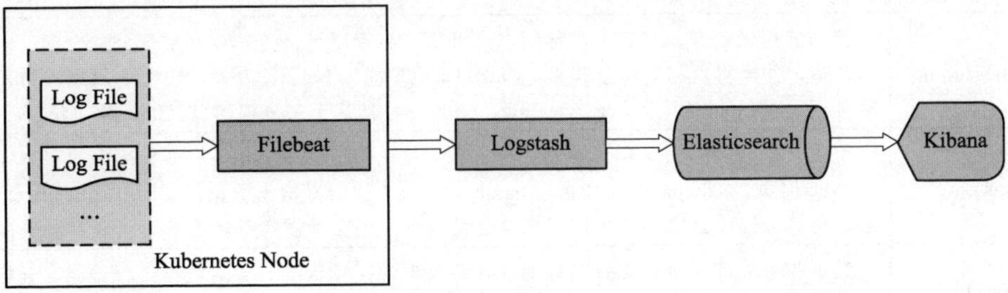


图 13-24

一般来说，常用的日志收集方案有以下几种：

① 容器外收集。将宿主机的目录挂载为容器的日志目录，然后在宿主机上收集。

② 容器内收集。node 上部署日志的收集程序，比如用 daemonset 方式部署，对本节点容器下的目录进行采集。并且把容器内的目录挂载到宿主机目录上面。即对本节点 /var/log/kubelet/pods 和 /var/lib/docker/containers/ 两个目录下的日志进行采集。

③ 网络收集。容器内应用将日志直接发送到日志中心，比如 Java 程序可以使用 log4j2 转换日志格式并发送到远端。

④ 在 Pod 中附加专用日志收集的容器。每个运行应用程序的 Pod 中增加一个日志收集容器，使用 emtyDir 共享日志目录让日志收集程序读取到。

官方使用的是最后一种方式，将 ElesticSearch 和 kibana 都运行在 Kubernetes 集群中，然后用 daemonset 运行 fluentd。

### 13.7.3 ELKB 分布式日志系统

ELKB 是一套分布式日志系统的典型架构（见图 13-25），各组件互相协作，实现从多种数据源收集日志、解析处理、存储查询与分析、可视化的完整功能，构成了一个强大、灵活的分布式日志处理解决方案。它易于扩展和部署，被广泛应用于日志监控、安全分析、业务数据分析等场景。

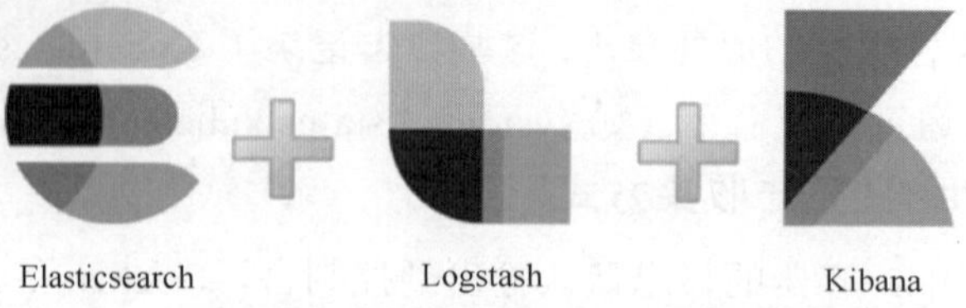


图 13-25

ELKB 日志系统的组成见表 13-4。

表 13-4　ELKB 日志系统的组成

| 组件名称 | 说明 |
|---|---|
| Elasticsearch | 分布式搜索引擎。具有高可伸缩、高可靠、易管理等特点。可以用于全文检索、结构化检索和分析，并能将这三者结合起来。Elasticsearch 基于 Lucene 开发，现在使用最广的开源搜索引擎之一，Wikipedia 、StackOverflow、Github 等都基于它来构建自己的搜索引擎 |
| Kibana | 可视化平台。Kibana 用于搜索、分析和可视化存储在 Elasticsearch 指标中的日志数据，是一个 Web 网页。Kibana 利用 Elasticsearch 的 REST 接口来检索数据，调用 Elasticsearch 存储的数据，将其可视化。它不仅允许用户自定义视图，还支持以特殊的方式查询和过滤数据 |
| Logstash | 数据收集处理引擎。支持动态地从各种数据源搜集数据，并对数据进行过滤、分析、丰富、统一格式等操作，然后存储以供后续使用 |
| Filebeat | 轻量级数据收集引擎。基于原先 Logstash-fowarder 的源码改造出来。换句话说，Filebeat 就是新版的 Logstash-fowarder |

ELKB 架构下，我们把 Logstash 实例与 Elasticsearch 实例直接相连。Logstash 实例直接通过 Input 插件读取数据源数据（如 Java 日志、Nginx 日志等），经过 Filter 插件进行过滤日志，最后通过 Output 插件将数据写入 ElasticSearch 实例中。具体如图 13-26 所示。

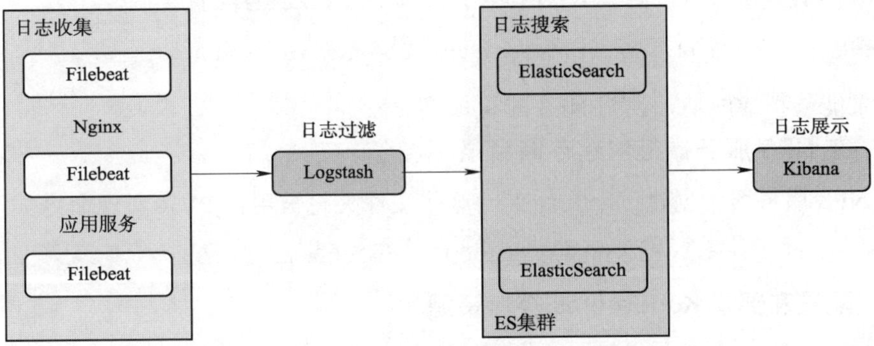


图 13-26

如果日志的量很大，Logstash 会遇到资源占用高的问题，为解决该问题，引入了 Filebeat。Filebeat 是基于 logstash-forwarder 的源码改造而成，用 Go 语言编写，无须依赖 Java 环境，效率高，占用内存和 CPU 比较少，非常适合作为 Agent 运行在服务器上。

Filebeat 所消耗的 CPU 只有 Logstash 的 70%，但收集速度为 Logstash 的 7 倍。从应用实践来看，Filebeat 确实用较低的成本和稳定的服务质量，解决了 Logstash 的资源消耗问题。

## 13.7.4　前置条件：数据存储持久化

在 Kubernetes 中，数据持久化是通过持久卷（persistent volumes，PVs）和持久卷声明（PVCs）实现的。在这个过程中，需要一个稳定的存储后端（如 NFS 服务器）。

下面以在 Kubernetes 集群中配置 NFS 服务器为例，介绍数据存储持久化的实现。

### 1. 选择并设置 NFS 服务器

首先，选择一台节点（如 Node1：192.168.11.196）作为 NFS 服务器。在此节点上安装 NFS 和 RPCBIND，创建共享目录，并启动相关服务。配置文件 /etc/exports 中应指定共享目录及其权限。

```
# 在所有节点上安装 NFS 和 RPCBIND
yum -y install nfs-utils rpcbind
# 创建共享目录
mkdir -pv /ifs/kubernetes
# 启用并启动服务
systemctl enable rpcbind
systemctl enable nfs
systemctl start nfs
# 修改 NFS 共享配置
echo "/ifs/kubernetes *(rw,no_root_squash)" >> /etc/exports
```

```
# 重启NFS服务
exportfs -r
```

### 2. 测试 NFS 服务器

在集群的其他节点上测试 NFS 挂载，以确保 NFS 服务配置正确。

```
mount -t nfs 192.168.11.196:/ifs/kubernetes /mnt/
```

如果能够挂载成功，说明 NFS 配置成功。

### 3. 在 NFS 服务器上创建存储目录

在 NFS 服务器上创建三个文件夹，这些文件夹将被用作 PV，实现命令如下：

```
mkdir -pv /ifs/kubernetes/{pv00001,pv00002,pv00003}
```

### 4. 配置和部署 Kubernetes 存储资源

在 Kubernetes 集群上部署存储相关的资源。首先是存储类（StorageClass），它定义了如何动态分配 PV。然后是部署包含 PVC 的 Pod，以及相应的访问控制。

```
# 生产动态存储卷
kubectl apply -f class.yaml
# 生成pods
kubectl apply -f deployment.yaml
# 赋权
kubectl apply -f rbac.yaml
# 最后自动创建存储卷
kubectl apply -f deployment-pvc.yaml
# 验证效果
kubectl get pv,pvc
```

### 5. 验证部署

使用“kubectl get pv,pvc”命令验证 PV 和 PVC 是否已正确创建和绑定。

最终实现如图 13-27 所示，可以看到 pv 和 pvc 都已经创建成功了。

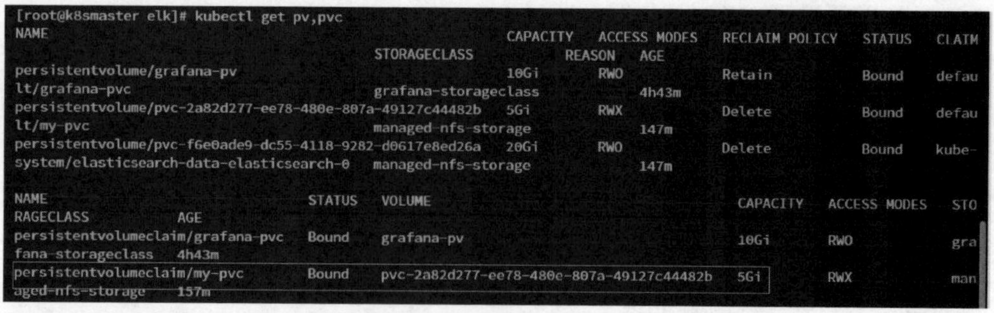


图 13-27

通过上述步骤，在 Kubernetes 集群中配置 NFS 作为持久化存储解决方案，并确保 Pod 可以正常挂载 PV 来存储它们的数据。这样，即使 Pod 被重新调度到其他节点，它们的数据也能保持持久化和一致性。

### 13.7.5　搭建日志平台

依据上面创建的 pv 存储，启动如下服务：

```
#启动 es
kubectl apply -f  elasticsearch.yaml

#filebeat.yaml
kubectl apply -f  filebeat.yaml

#kibana.yaml
kubectl apply -f  kibana.yaml
```

根据上面的部署，查看对应的 pod 和 svc 情况，如图 13-28 所示。

```
[root@k8smaster elk]# kubectl get pod,svc -n kube-system
NAME                                        READY   STATUS    RESTARTS   AGE
pod/coredns-7ff77c879f-2tzrh                1/1     Running   0          5h16m
pod/coredns-7ff77c879f-zslx2                1/1     Running   0          5h16m
pod/elasticsearch-0                         1/1     Running   0          100m
pod/etcd-k8smaster                          1/1     Running   0          5h16m
pod/filebeat-2gx5f                          1/1     Running   0          159m
pod/filebeat-5rvd2                          1/1     Running   0          159m
pod/k8s-logs-7qqmt                          1/1     Running   0          20m
pod/k8s-logs-fkhmj                          1/1     Running   0          20m
pod/kibana-7969dcf648-cvsvx                 1/1     Running   0          97m
pod/kube-apiserver-k8smaster                1/1     Running   0          5h16m
pod/kube-controller-manager-k8smaster       1/1     Running   0          5h16m
pod/kube-flannel-ds-jtn9k                   1/1     Running   0          5h14m
pod/kube-flannel-ds-krf94                   1/1     Running   0          5h14m
pod/kube-flannel-ds-nvr6h                   1/1     Running   0          5h14m
pod/kube-proxy-5fhxx                        1/1     Running   0          5h15m
pod/kube-proxy-dfbpt                        1/1     Running   0          5h16m
pod/kube-proxy-lxvsf                        1/1     Running   0          5h15m
pod/kube-scheduler-k8smaster                1/1     Running   0          5h16m
pod/node-exporter-ch95r                     1/1     Running   0          4h50m
pod/node-exporter-pkn6h                     1/1     Running   0          4h50m
```

图 13-28

在图 13-28 中可以看到，elasticsearch、filebeat 和 kibana 都已经正常部署。通过 Kibana 容器对外暴露的 30601 端口进行访问，如图 13-29 所示。

图 13-29

接下来就是建立索引，索引名为“filebeat-7.3.2-*”，如图 13-30 所示。

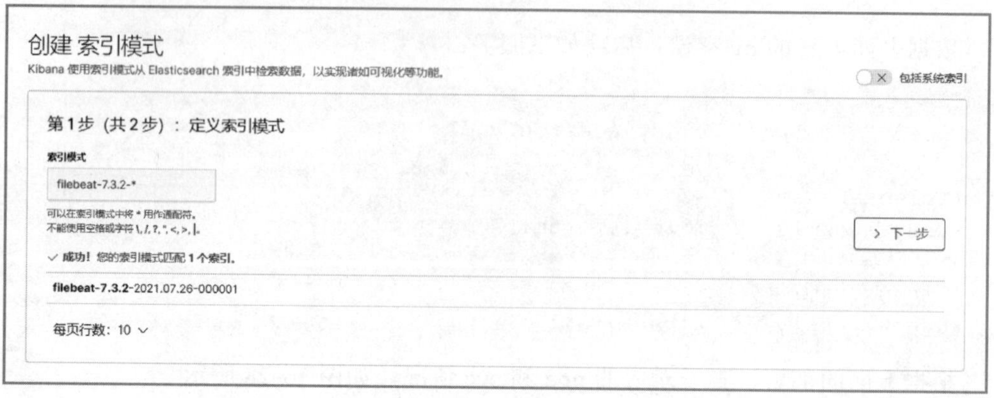


图 13-30

索引建立成功之后，出现 Elasticsearch 索引管理，如图 13-31 所示。

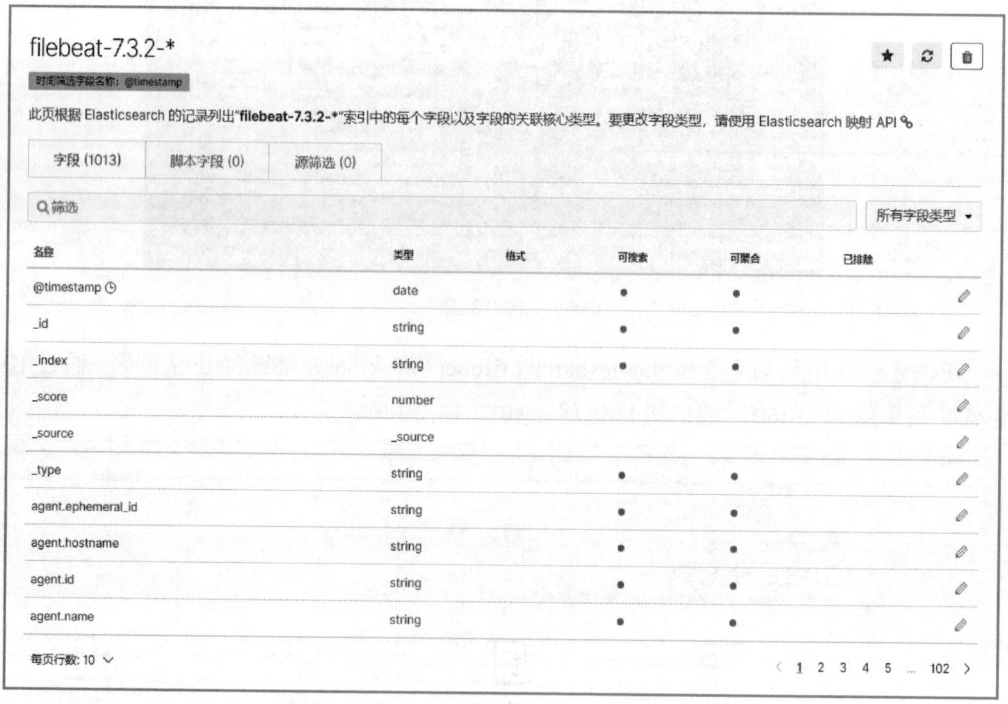


图 13-31

接着在 Kibana 中进行检索，检索结果如图 13-32 所示。

通过图 13-32，可以看到 Kubernetes 的一些 pod、命名空间、service 的日志已经全都收集到，如图 13-33 所示。

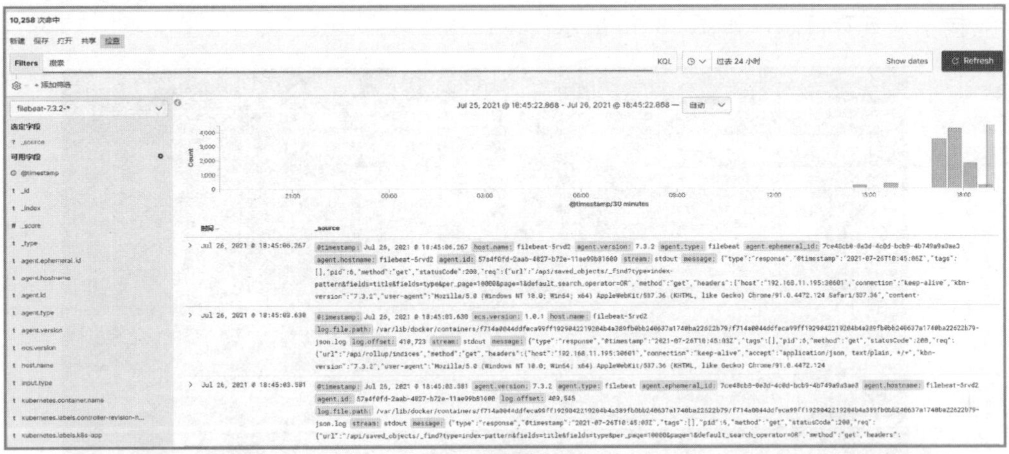

图 13-32

```
[root@k8smaster elk]# kubectl create deployment webdemo --image=nginx
deployment.apps/webdemo created
[root@k8smaster elk]# kubectl expose deployment webdemo --port=80 --target-port=80 --name=webdemo --type=NodePort
service/webdemo exposed
```

图 13-33

下面的命令创建了一个 nginx 的 pod，然后对外暴露了 80 端口。

```
kubectl create deployment webdemo --image=nginx
kubectl expose deployment webdemo --port=80 --target-port=80 --name=webdemo
--type=NodePort
```

接下来进行访问测试。查看 webdemo 的端口号，如图 13-34 所示。

```
NAME                        TYPE        CLUSTER-IP      EXTERNAL-IP   PORT(S)        AGE
service/grafana-node-port   NodePort    10.109.212.40   <none>        80:30000/TCP   5h7m
service/kubernetes          ClusterIP   10.96.0.1       <none>        443/TCP        6h26m
service/nginx               NodePort    10.97.24.3      <none>        80:30381/TCP   6h20m
service/webdemo             NodePort    10.105.156.67   <none>        80:32008/TCP   85m
```

图 13-34

通过图 13-34，发现 webdemo 的端口号为 32008，接下来进行访问测试，命令如下：

```
curl http://192.168.11.195:32008/
```

经过测试，端口可以正常访问，如图 13-35 所示。

图 13-35

接下来查看日志，如图 13-36 所示。

图 13-36

在 Kibana 中，可以看到自己的访问记录已经被记录下来，如图 13-37 所示。

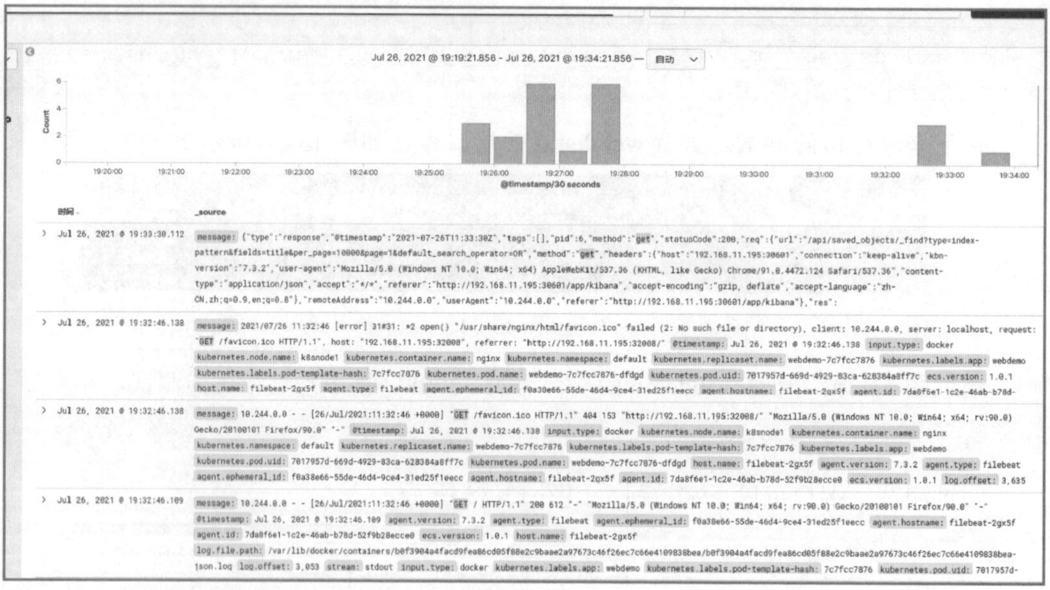


图 13-37

成功获取日志之后，再看看 Kubernetes 组件日志的收集，命令如下：

```
kubectl apply -y config.yaml
```

对应的 config.yaml 文件如下：

```
apiVersion: v1
kind: ConfigMap
metadata:
  name: k8s-logs-filebeat-config
  namespace: kube-system

data:
  filebeat.yml: |
    filebeat.inputs:
      - type: log
        paths:
          - /var/log/messages
        fields:
          app: k8s
          type: module
        fields_under_root: true

    setup.ilm.enabled: false
    setup.template.name: "k8s-module"
    setup.template.pattern: "k8s-module-*"

    output.elasticsearch:
      hosts: ['elasticsearch.kube-system:9200']
      index: "k8s-module-%{+yyyy.MM.dd}"

---
apiVersion: apps/v1
kind: DaemonSet
metadata:
  name: k8s-logs
  namespace: kube-system
spec:
  selector:
    matchLabels:
      project: k8s
      app: filebeat
  template:
    metadata:
      labels:
        project: k8s
        app: filebeat
    spec:
      containers:
      - name: filebeat
        image: elastic/filebeat:7.3.2
```

```
   args: [
     "-c", "/etc/filebeat.yml",
     "-e",
   ]
   resources:
     requests:
       cpu: 100m
       memory: 100Mi
     limits:
       cpu: 500m
       memory: 500Mi
   securityContext:
     runAsUser: 0
   volumeMounts:
   - name: filebeat-config
    mountPath: /etc/filebeat.yml
    subPath: filebeat.yml
   - name: k8s-logs
    mountPath: /var/log/messages
volumes:
- name: k8s-logs
 hostPath:
   path: /var/log/messages
- name: filebeat-config
 configMap:
   name: k8s-logs-filebeat-config
```

在上面的配置文件中，首先定义了一个 configmap，然后定义了一个 DaemonSet，用于部署 filebeat，部署完的 webdemo 信息如图 13-38 所示。

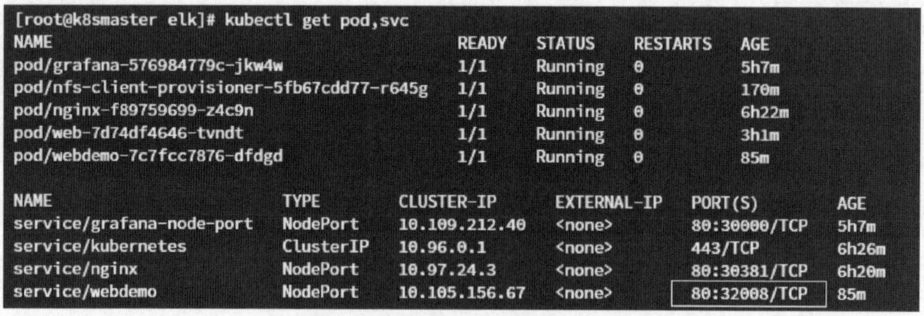

```
[root@k8smaster elk]# kubectl get pod,svc
NAME                                          READY   STATUS    RESTARTS   AGE
pod/grafana-576984779c-jkw4w                  1/1     Running   0          5h7m
pod/nfs-client-provisioner-5fb67cdd77-r645g   1/1     Running   0          170m
pod/nginx-f89759699-z4c9n                     1/1     Running   0          6h22m
pod/web-7d74df4646-tvndt                      1/1     Running   0          3h1m
pod/webdemo-7c7fcc7876-dfdgd                  1/1     Running   0          85m

NAME                           TYPE        CLUSTER-IP       EXTERNAL-IP   PORT(S)        AGE
service/grafana-node-port      NodePort    10.109.212.40    <none>        80:30000/TCP   5h7m
service/kubernetes             ClusterIP   10.96.0.1        <none>        443/TCP        6h26m
service/nginx                  NodePort    10.97.24.3       <none>        80:30381/TCP   6h20m
service/webdemo                NodePort    10.105.156.67    <none>        80:32008/TCP   85m
```

图 13–38

接下来创建 Kibana 的索引。通过图 13-39 和图 13-40 的操作，创建了名为“k8s-module-*”的索引。

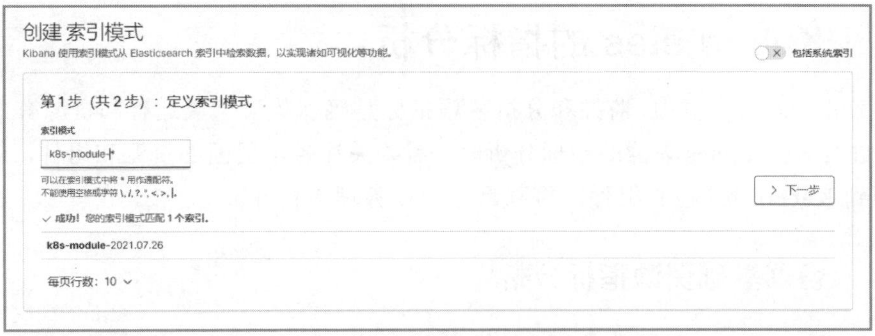


图 13-39

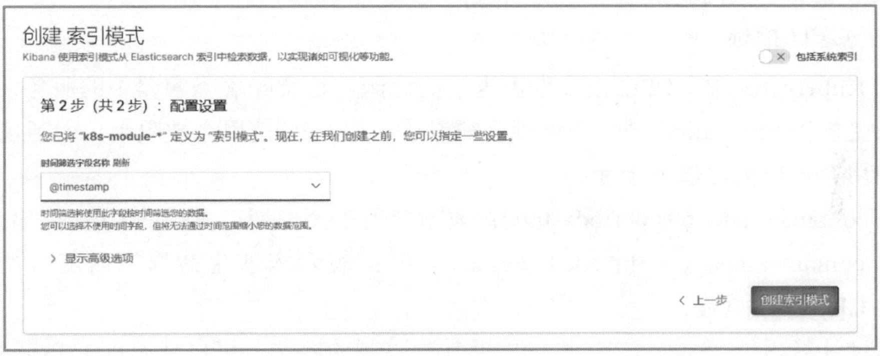


图 13-40

接下来查看日志，如图 13-41 所示。

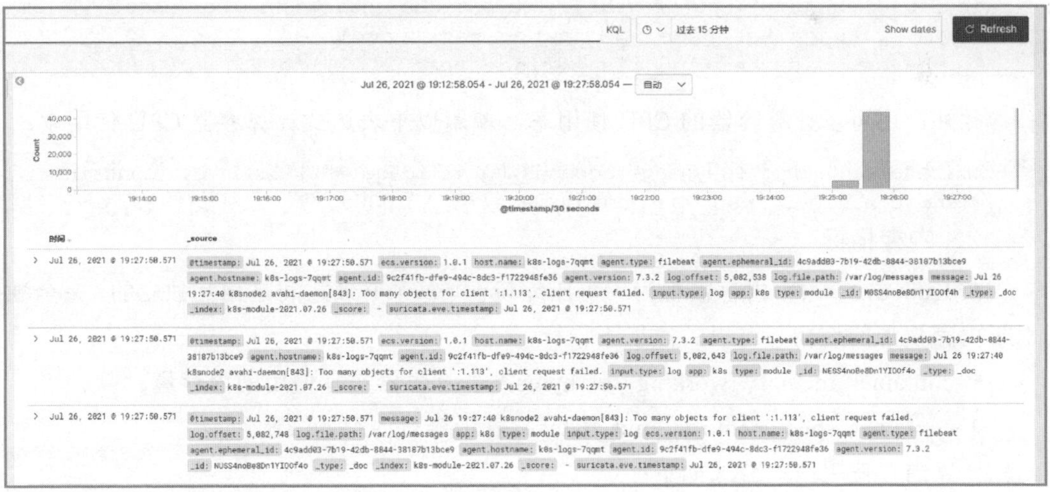


图 13-41

在图 13-41 中可以看到，Kubernetes 组件日志已经被收集到。总的来说，这种组合为 Kubernetes 提供了一套全面的监控解决方案，既能满足实时监控需求，又能提供历史数据分析和故障诊断的功能，从而确保了集群的性能和可靠性。

# 13.8 Kubernetes 的指标分析

在 Kubernetes 集群中，监控和分析各项指标是确保集群健康运行和资源有效利用的关键。在进行 Kubernetes 集群的指标分析时，需要关注各个层面的资源和组件，从容器的基础资源到 Kubernetes 核心组件，再到具体的业务埋点指标。

## 13.8.1 容器基础资源指标分析

在 Kubernetes 中，容器是最基本的资源单位，因此首先需要关注容器的基础资源指标，如 CPU、内存、网络和磁盘等。

### 1. CPU 指标

在 Kubernetes 中，CPU 被视为可压缩的资源，这意味着当容器中的服务使用的 CPU 超过设定的限制（limits）时，Pod 不会被终止，但 CPU 使用会被限制。为了优化 CPU 资源的使用，可以关注以下指标：

- container_cpu_cfs_periods_total：表示容器生命周期内度过的 CPU 周期总数。
- container_cpu_cfs_throttled_periods_total：表示容器生命周期内度过的受限制的 CPU 周期总数。

通过计算超过 25%的 CPU 执行周期受到限制的容器，可以使用以下 PromQL 表达式实现：

```
100 * sum by(container_name, pod_name, namespace)
(increase(container_cpu_cfs_throttled_periods_total{container_name!=""}[5m]))
/ sum by(container_name, pod_name, namespace)
(increase(container_cpu_cfs_periods_total[5m])) > 25
```

此外，还可以计算容器的 CPU 使用率，使用以下表达式计算容器 CPU 使用率：

```
sum(rate(container_cpu_usage_seconds_total{image!=""}[1m])) by (container, pod)
/ (sum(container_spec_cpu_quota{image!=""}/100000) by (container, pod) ) * 100
```

### 2. 内存指标

在 Kubernetes 中，内存被视为不可压缩资源，每个 Pod 之间是相互独立的，完全独占。对于内存资源的使用，可以关注以下指标：

- container_memory_working_set_bytes：表示容器实际使用的内存量。
- container_spec_memory_limit_bytes：表示容器内存的限制。

计算内存使用率的公式如下：

```
(container_memory_working_set_bytes / container_spec_memory_limit_bytes) * 100
```

### 3. 网络和磁盘指标

容器的网络和磁盘流量也是需要监控的重要指标。比如容器的网络流量可以使用以下指标：

- rate(container_network_receive_bytes_total[1m])：容器的网络入流量。
- rate(container_network_transmit_bytes_total[1m])：容器的网络出流量。

文件系统使用率可以计算如下：

```
(container_fs_usage_bytes / container_fs_limit_bytes) * 100
```

### 13.8.2 Kubernetes 对象资源指标分析

在 Kubernetes 监控中，对各种核心资源的指标进行分析至关重要。

Pod 作为运行容器的基本单元，监控其状态指标可以帮助用户迅速诊断并解决问题。例如，kube_pod_status_phase 指标反映了 Pod 的生命周期阶段，非运行状态可能暗示配置错误或资源问题；kube_pod_container_status_waiting 及其原因指标则能帮助用户了解容器启动延迟的具体原因；而 kube_pod_container_status_restarts_total 则记录了容器重启的次数，这对于排查不稳定的服务至关重要。

Node 的监控指标同样关键，因为它们直接影响 Pod 的运行。例如，kube_node_status_allocatable_CPU_cores 和 kube_node_status_allocatable_memory_bytes 指标告诉用户节点还能分配多少 CPU 和内存资源，这对于资源规划和故障预防至关重要。而 kube_node_spec_taint 则揭示了节点上可能设置的污点，这可能会阻止 Pod 在该节点上调度。

对于 Kubernetes 的服务组件，如 API 服务器，它们的稳定性和性能直接影响整个集群的运行效率。apiserver 的监控指标非常丰富，包括延迟、请求量（QPS）、错误数和饱和度等黄金指标。通过监控这些指标，可以评估 API 服务器的健康状况和性能状况，及时发现潜在的瓶颈和问题。例如，较高的请求延迟或错误率可能意味着需要优化 API 服务器的配置或增加资源。

总之，通过全面监控 Kubernetes 的对象资源和服务组件指标，能够确保集群的健康和效率，及时响应可能出现的各种问题。这种监控策略是保持 Kubernetes 集群稳定性和高可用性的关键部分。

## —— 小　　结 ——

本章简要介绍了 Kubernetes 及其在云原生时代的重要性，并详细演示了使用 kubeadm 在多节点上搭建 Kubernetes 集群的过程。首先，阐述了 Kubernetes 的基本概念、工作原理及其在实现应用容器化管理方面的优势。Kubernetes 通过提供应用容器的编排、资源管理等功能，极大地简化了云原生环境下的应用部署与管理。然后，按步骤介绍了使用 kubeadm 工具在多台机器上快速搭建 Kubernetes 集群的详细过程。从初始化主节点，到在工作节点上执行加入操作，可完整地体现集群的部署过程。接着，讲解了如何在已建集群内部署 Prometheus 和 Grafana，配置 Prometheus 自动发现 Kubernetes 资源并采集相关指标数据，同时导入 Grafana 监控面板展示集群的核心指标。这实现了对 Kubernetes

集群资源利用率、容器运行状态、网络流量等方面的全面监控。

通过学习本章内容，读者可以掌握 Kubernetes 和 Prometheus 的基本用法，以及如何将它们有机结合进行云原生架构的监控。Kubernetes 的自动化部署和动态扩缩容提高了监控难度，而 Prometheus 支持服务发现和自动重新配置，可以轻松适应 Kubernetes 的应用变更。Prometheus 和 Kubernetes 在云原生环境下实现了更好的监控解决方案，共同推动着云原生架构的发展。它们在云原生监控中发挥着越来越重要的作用。